全国专业技术人员计算机应用能力考试专用教材

Windows XP操作系统
5日通 题库版(双色)

全国专业技术人员计算机应用能力考试专家委员会 编著

全国专业技术人员计算机应用能力考试指导中心 监制

主　编: 詹永刚

编委会: 文　敏 王晓东 王喜军 刘　波 孙　振 张　爽
李　洋 李倩倩 杨先峰 尚延萍 郑学文

電子工業出版社

Publishing House of Electronics Industry

北京·BEIJING

内 容 简 介

本书以我国人力资源和社会保障部人事考试中心颁布的最新版《全国专业技术人员计算机应用能力考试考试大纲》为依据，在多年研究该考试命题特点及解题规律的基础上编写而成。

本书共 7 章。第 1 章 ~ 第 7 章根据 Windows XP 科目的考试大纲要求，分类归纳了 7 个方面的内容，主要包括 Windows XP 基础、Windows XP 的基本操作、Windows XP 的资源管理、系统设置与管理、网络设置与使用、Windows XP 实用程序和多媒体娱乐。每一章节均严格按照考试大纲的要求，对考点进行逐一讲解。各考点按照"考点级别 + 考点分析 + 操作方式 + 真题解析"的结构进行讲解，每章最后提供"操作方式一览表"，方便考生快速查找各考点的操作方式；同时提供"通关真题"题目，供考生上机自测练习或进行模拟测试。

本书配套的模拟考试光盘不仅提供上机考试模拟环境及 11 套试题（共 423 道题），还提供实战教程、专项训练、全真考试、5 日学习法、错题必纠、个人中心等模块，供考生在备考的不同阶段使用。

本书适合报考全国专业技术人员计算机应用能力考试《中文 Windows XP 操作系统》科目的考生使用，也可作为大中专院校相关专业的教学辅导书或各类相关培训班的教材。

图书在版编目（CIP）数据

Windows XP 操作系统 5 日通题库版 : 双色 / 全国专业技术人员计算机应用能力考试专家委员会编著.
—北京 : 电子工业出版社，2011.6
全国专业技术人员计算机应用能力考试专用教材
ISBN 978-7-121-13647-4

Ⅰ. ①W… Ⅱ. ①全… Ⅲ. ①Windows 操作系统 – 资格考试 – 习题集 Ⅳ. ①TP316.7-44

中国版本图书馆 CIP 数据核字(2011)第 100314 号

责任编辑：胡辛征
印　　刷：
装　　订：沈阳美程在线印刷有限公司
出版发行：电子工业出版社
北京市海淀区万寿路 173 信箱　邮编：100036
开　　本：787 × 1092　1/16　　印张：16　　字数：370 千字
印　　次：2011 年 6 月第 1 次印刷
定　　价：89.00 元（含光盘 1 张）

凡所购买电子工业出版社图书有缺损问题，请向购买书店调换。若书店售缺，请与本社发行部联系，联系及邮购电话：（010）88254888。

质量投诉请发邮件至 zlts@phei.com.cn，盗版侵权举报请发邮件至 dbqq@phei.com.cn。

服务热线：（010）88258888。

前　言

为了适应国家加快信息化建设的要求，提高计算机应用水平及信息资源利用，更好地为各类专业技术人员提供科学评价服务。根据《关于全国专业技术人员计算机应用能力考试科目更新有关问题的通知》（人社厅发[2010]19 号）精神，从 2010 年 7 月 1 日起，全国专业技术人员计算机应用能力考试科目由 25 个调整为 22 个，详情如下：

- **停用 6 个考试科目**

《中文 Windows 98 操作系统》
《Word 97 中文字处理》
《Excel 97 中文电子表格》
《PowerPoint 97 中文演示文稿》
《计算机网络应用基础》
《AutoCAD(R14)制图软件》

- **新增 3 个考试科目**

《Photoshop CS4 图像处理》
《FrontPage 2003 网页设计与制作》
《用友（T3）会计信息化软件》

- **升级和题库更新 5 个考试科目**

《中文 Windows XP 操作系统》
《Word 2003 中文字处理》
《Excel 2003 中文电子表格》
《PowerPoint 2003 中文演示文稿》
《Internet 应用》

为了使广大专业技术人员在较短时间内熟悉、适应考试环境，掌握考试内容和应试方法，有效解决备考过程中出现的实际问题。依据最新全国专业技术人员计算机应用能力考试大纲，添知赢教育编写（开发）了本系列丛书及配套智能考试培训软件。本套丛书具有以下 5 个特点，使广大考生能“最简单快捷、最省时省力”地通过考试、掌握计算机知识，提高计算机应用能力。

1. 紧扣考试大纲，明确考试要点

本章考点：根据教育部最新大纲编写，使读者更准确地把握考题的方向。

考点级别：根据大纲总结出考点出现的级别、概率。

考点分析：分析历年考题，把握出题点。

真题解析：精选数百道历年的常考试题，覆盖全面，命题思路明确，易于读者深刻理解相关知识点及其实际应用，并配有精确单步提示和大量图解，以图片展示实际操作的每一步，不必担心零基础的问题。

2. 融入典型实用技巧

操作提示：向考生提示题目操作过程中的易出错点。

触类旁通：考点相关的出题点，触类旁通的同时又环环相扣。

3. 视角独特，实用性强

操作方式：以每一个小节为单位提炼出考题的操作方式供读者预习、归纳，清晰明了。

本章操作方式一览表：提炼出本章每一小节的常考操作方式供读者复习总结，一览无余。

4. 采取“理论＋实例＋操作”学习模式

知识量高度浓缩，我们在编写本套丛书时尽量弱化理论，避开枯燥的纯文字讲解，而将其融汇到实例与操作中，采取“理论＋实例＋操作”的模式学习。但是，适当的理论学习是必不可少的，只有这样，考生才能具备触类旁通的能力。其中，在讲解操作的时候方法全面，增大考生通过考试的几率。

5. 配套智能考试培训软件

本丛书配套的智能考试培训软件，帮助考生提前熟悉上机考试环境及方式，可供考生复习时使用，进一步突破考试中的重点难点，在考试时做到胸有成竹。

衷心祝愿大家在考试中取得好成绩。同时，对于书中出现的疏忽及不足之处，恳请业界专家、学者和使用本书的读者批评、指正。

全国专业技术人员计算机应用能力考试专家委员会　编著
全国专业技术人员计算机应用能力考试指导中心　监制
2011年6月

考 试 大 纲

第 1 章　Windows XP 基础

一、内容提要

本章内容包括 Windows XP 的启动、注销和退出，Windows XP 的桌面组成及桌面图标的操作，输入法的使用和设置，以及键盘和帮助系统的使用。

二、考试基本要求

（一）掌握的内容

掌握 Windows XP 的启动、注销和退出；掌握 Windows XP 帮助系统的使用。

（二）熟悉的内容

熟悉各种输入法的切换方式以及动态键盘的使用。

（三）了解的内容

了解 Windows XP 桌面图标的基本操作；了解键盘的使用；了解中、英文标点符号，以及全角、半角字符的输入。

第 2 章　Windows XP 的基本操作

一、内容提要

本章内容包括 Windows XP 的窗口、菜单、工具栏和对话框的组成与相关操作，以及任务栏、“开始”菜单的设置和使用。

二、考试基本要求

（一）掌握的内容

掌握窗口的组成，窗口显示界面的调整，窗口标题栏、滚动条等的基本操作；掌握菜单和快捷菜单的操作；掌握工具栏的使用；掌握对话框的操作，包括选项卡、命令按钮、文本框、列表框、下拉式列表框、复选框、单选按钮等的操作；掌握任务栏及程序图标区的操作；掌握“开始”菜单的基本操作。

（二）熟悉的内容

熟悉工具栏的设置；熟悉任务栏属性的设置。

（三）了解的内容

了解窗口信息区的使用；了解状态栏的显示／隐藏。

第3章　Windows XP 的资源管理

一、内容提要

本章主要内容为 Windows XP 中的文件管理和磁盘管理。包括使用“资源管理器”和“我的电脑”对文件和文件夹进行管理，“搜索”功能的使用，回收站的管理和操作，应用程序的管理，任务管理器的使用，以及磁盘的管理与维护。

二、考试基本要求

（一）掌握的内容

掌握用“资源管理器”和“我的电脑”对文件及文件夹进行新建、复制、移动、重命名和删除等基本操作；掌握“搜索”功能的使用；掌握回收站的使用；掌握应用程序的运行方式。

（二）熟悉的内容

熟悉“资源管理器”和“我的电脑”的外观调整；熟悉文件夹的工作方式和内容显示方式的设置；熟悉磁盘管理与维护的基本操作。

第4章　系统设置与管理

一、内容提要

本章主要内容为控制面板的使用，包括显示管理、用户帐户管理、添加／删除程序、添加／删除组件、添加新硬件、鼠标设置、打印机管理、日期和时间设置、区域和语言设置、字体设置以及本机安全策略设置等。

二、考试基本要求

（一）掌握的内容

掌握显示属性的设置，包括设置桌面主题、更改桌面背景和颜色、定制桌面、设置屏幕保护等；掌握鼠标的设置；掌握打印机的添加和设置方法，以及打印机管理器的使用；掌握语言及输入法的添加和删除，以及日期格式、时间格式、数字格式、货币格式的设置；掌握系统日期／时间设置；掌握本机常用安全策略的设置与管理；掌握添加新帐户、修改已有帐户信息等基本操作。

（二）熟悉的内容

熟悉区域的设置，熟悉设置显示器的分辨率和颜色质量；熟悉添加、更改和删除应用程序操作。

（三）了解的内容

了解字体的安装和删除；了解 Windows 组件的添加和删除操作；了解添加新程序和新硬件的方法。

第 5 章　网络设置与使用

一、内容提要

本章主要内容包括局域网的设置与网上邻居的使用；Windows XP 中网络连接的配置；自动更新操作；使用 Windows XP 配置家庭或小型办公网络的方法；Windows 防火墙的使用等。

二、考试基本要求

（一）掌握的内容

掌握 Windows XP中网络连接的配置方法及 Intenet 属性设置。

（二）熟悉的内容

熟悉 Windows XP配置家庭或小型办公网络的方法；熟悉网上邻居的使用，熟悉文件夹、磁盘的共享操作；熟悉 Windows XP 的自动更新操作；熟悉 Windows 防火墙的使用。

（三）了解的内容

了解局域网的设置。

第 6 章　Windows XP 实用程序

一、内容提要

本章主要内容为 Windows XP 附件的使用，包括记事本、画图、写字板、通讯簿、计算器等实用程序的使用，以及剪贴簿查看器、放大镜和屏幕键盘等辅助工具的使用。

二、考试基本要求

（一）掌握的内容

掌握记事本、画图、写字板、通讯簿实用程序的使用。

（二）熟悉的内容

熟悉计算器实用程序的使用。

（三）了解的内容

了解硬拷贝操作；了解剪贴簿查看器的使用；了解 Windows 辅助工具放大镜和屏幕键盘的使用。

第 7 章　多媒体娱乐

一、内容提要

本章主要内容为多媒体娱乐工具的使用，包括多媒体播放器 Windows Media Player、影像处理软件 Windows Movie Maker 和录音机的使用。

二、考试基本要求

（一）掌握的内容

掌握多媒体播放器 Windows Media Player 的使用；掌握录音机的使用。

(二) 熟悉的内容

熟悉影像处理软件 Windows Movie Maker 的使用。

(三) 了解的内容

了解多媒体播放设备的设置。

目 录

第1章 Windows XP 基础

Windows XP 中文全称为视窗操作系统体验版。是 Microsoft（微软）公司发布的一款视窗操作系统。与以往版本的 Windows 操作系统相比，它具有功能强大、操作简易及界面友好等特点。本章主要介绍 Windows XP 中文版的启动与退出、鼠标和键盘的使用、帮助系统的使用及中文输入法的设置和使用。

本章考点

掌握的内容★★★

启动 Windows XP
注销 Windows XP
退出 Windows XP
在对话框中获取帮助信息
在“帮助和支持中心”窗口获取帮助信息

熟悉的内容★★

切换输入法
动态键盘的使用

了解的内容★

Windows XP 桌面图标的基本操作
鼠标的使用
键盘的使用
中、英文标点符号，全角、半角字符的输入。

1.1 启动 Windows XP

启动 Windows XP 常见的有加电启动、重新启动、安全模式启动和复位启动 4 种。

1.1.1 加电和复位启动 Windows XP

在计算机没有开启电源的情况下启动就称做加电启动。具体操作为打开计算机显示器和主机电源，在计算机自检过后，计算机会自动进入 Windows XP 启动画面，如果用户安装 Windows XP 时设置了多用户使用同一台计算机，将出现用户选择的登录界面，单击要登录的用户名，输入用户设置的密码后将进入 Windows XP 桌面。

复位启动是指已进入到操作系统界面，由于系统运行中出现异常且无法正常重新启动时所采用的一种重新启动计算机的方法。具体操作是按下主机上的“RESET”按钮。

考点级别：★

考点分析：

在考试环境下已经启动了计算机并已经进入了操作系统，所以一般不会考查加电启动和复位启动。

1.1.2 重新启动 Windows XP

考点级别：★★★

考点分析：

重新启动是考试中最基本的考点，在单独考查此知识点外，还经常与登录等考点复合出现。应该重点掌握此考点的所有操作方法。

操作方式

类别	菜单	单击	快捷菜单	快捷键	其他方式
重新启动 Windows XP	【开始】→【关闭计算机】			【Alt+F4】	

真 题 解 析

◇**题　　目：**请重新启动计算机。

◇**考查意图：**考查重新启动计算机的方法。

◇**操作方法：**

1 打开“关闭计算机”对话框，可以通过以下方法打开：

- 单击 Windows XP 桌面左下角的 开始 按扭，在弹出的菜单中单击【关闭计算机】按钮，如图 1-1 所示。
- 在桌面状态下，使用快捷键【Alt+F4】。

2 在弹出的“关闭计算机”对话框中单击【重新启动】按钮。如图 1-2 所示。

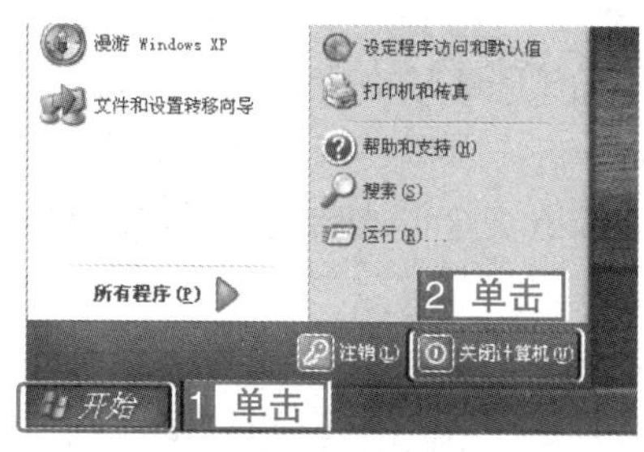

图 1-1 “开始”菜单

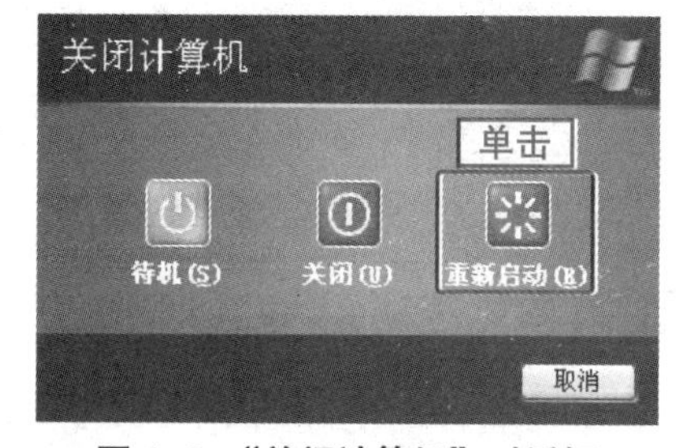

图 1-2 “关闭计算机”对话框

1.1.3 进入安全模式

考点级别：★★★

考点分析：

本考点与 Windows XP 启动相似，在考试中一般不会直接考查这部分的内容，常见与“重新启动”等操作复合出题。

操作方式

类别	菜单	单击	快捷菜单	快捷键	其他方式
进入安全模式	【开始】→【关闭计算机】			【F8】	

真 题 解 析

◇**题　　目：**进入安全模式。

◇**考查意图：**考查进入安全模式的方法。

◇**操作方法：**

1 在 Windows XP 开始系统运行之前，按下键盘上的【F8】键，会进入如图 1-3 所示的“Windows 高级选项菜单”界面。

2 使用键盘上的光标键将高亮显示条移动到“安全模式”，按【Enter】键确认，便可进入 Windows XP 的安全模式，如图 1-4 所示。

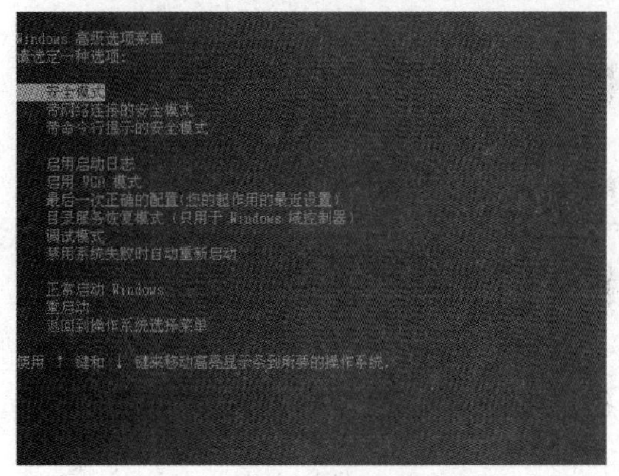

图 1-3　Windows 高级选项菜单

图 1-4　Windows XP 安全模式

1.2　注销 Windows XP

注销 Windows XP 的目的是让其他用户使用计算机，可以通过注销和切换用户两种方法来实现。

考点级别：★★★

考点分析：

Windows XP 的注销操作是考试中经常考查的内容，在考题中会明确地要求用户进行注销操作还是切换用户操作，在考试的时候请仔细阅读题目。

操作方式

类别	菜单	单击	快捷菜单	快捷键	其他方式
注销 Windows XP	【开始】→【注销】				

真题解析

◇题　　目：请“注销”当前用户，使用“zyg”用户登陆。

◇考查意图：考查注销的方法。

◇操作方法：

1 单击桌面左下角的开始按扭，单击【注销】按钮。

2 在“注销 Windows”对话框中，单击【切换用户】按钮，如图 1-5 所示。在“用户登录界面”单击用户“zyg”。如图 1-6 所示。

图 1-5 “注销 Windows”对话框

图 1-6 使用“zyg”用户登录

触类旁通

切换用户和注销这两种方法的操作相似，区别在于返回选择登录用户的界面前是否关闭正在运行的程序。

1.3 退出 Windows XP

当用户不再使用计算机时，一定要先退出中文版 Windows XP 系统，然后再关闭主机电源，否则会丢失文件或破坏程序，如果用户在没有退出 Windows 系统的情况下就关闭主机电源，系统将认为是非法关机，当下次再开机时，系统会自动执行自检程序。

考点级别：★★★

考点分析：

启动、注销和退出 Windows XP 这 3 个考点如果在考试中出现，一般情况下只考其中的一个。

操作方式

类别	菜单	单击	快捷菜单	快捷键	其他方式
退出 Windows XP	【开始】→【关闭计算机】			【Alt+F4】	

真 题 解 析

◇题　　目：退出 Windows XP，关闭计算机。

◇考查意图：考查关闭计算机的方法。

◇操作方法：

1 可以通过以下方法打开“关闭计算机”对话框。

- 单击 Windows XP 桌面左下角的“开始”按钮，在弹出的菜单中单击【关闭计算机】按钮，打开“关闭计算机”对话框，如图 1–7 所示。
- 在桌面状态下，使用快捷键【Alt+F4】。

2 在弹出的“关闭计算机”对话框中单击【关闭】按钮。如图 1–8 所示。

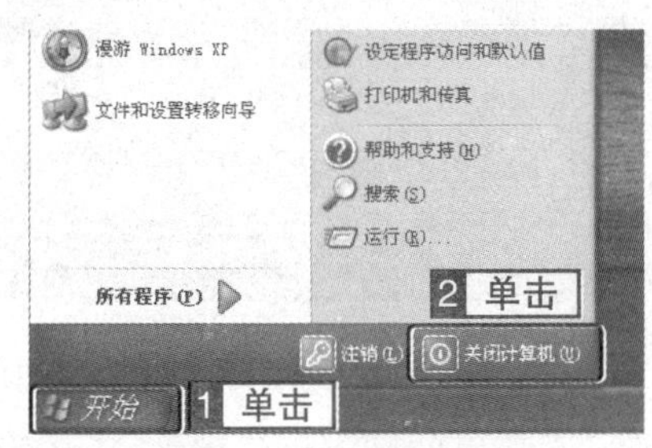

图 1–7　“开始”菜单

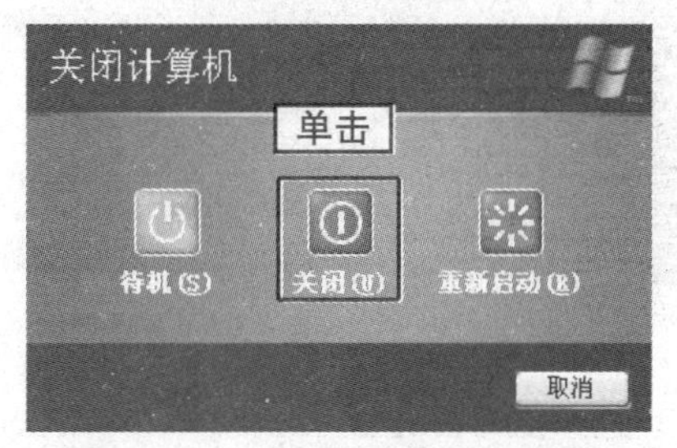

图 1–8　“关闭计算机”对话框

触类旁通

在“关闭计算机”对话框中还有“待机”命令，当单击【待机】按钮后，计算机将进入低功耗状态，计算机的显示器和硬盘都被自动关闭，并且用户可根据需要随时将计算机方便地恢复到待机之前的工作状态。

1.4　鼠标与键盘的操作

鼠标和键盘是 Windows 系统中重要的输入设备。Windows 的所有操作几乎都是由鼠标和键盘来操作的。

1.4.1　鼠标的操作

鼠标的操作主要有移动、单击、双击、右击和拖动 5 种。

考点级别：★

考点分析：

熟练掌握鼠标的操作是使用 Windows 的基础。在考试中一般不会直接考查鼠标的操作，但是考生在整个考试的过程中随时都在用鼠标进行各种操作，所以应该熟练掌握。

真 题 解 析

◇**题 目 1**：将“我的电脑”图标移动到屏幕右上角。

◇**考查意图**：本题主要考查鼠标拖动的操作。

◇**操作方法**：

1 将鼠标指针移动到“我的电脑”图标上。

2 按下鼠标左键不释放，移动鼠标至屏幕右上角后，释放鼠标左键，如图 1-9 所示。

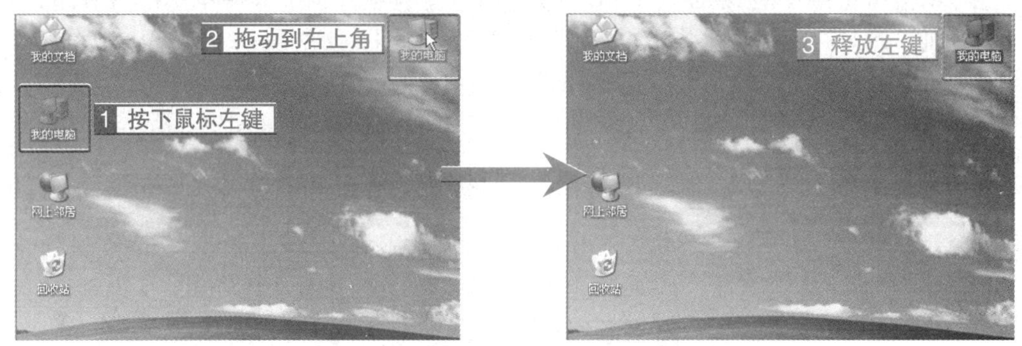

图 1-9 移动“我的电脑”图标到右上角

◇**题 目 2**：通过右键快捷菜单打开“任务栏和「开始」菜单属性”窗口。

◇**考查意图**：本题主要考查鼠标单击和右击的操作。

◇**操作方法**：

1 将鼠标指针移动到任务栏上。

2 单击鼠标右键，在弹出的快速菜单中将鼠标指针移动到【属性】命令上，然后单击，如图 1-10 所示。

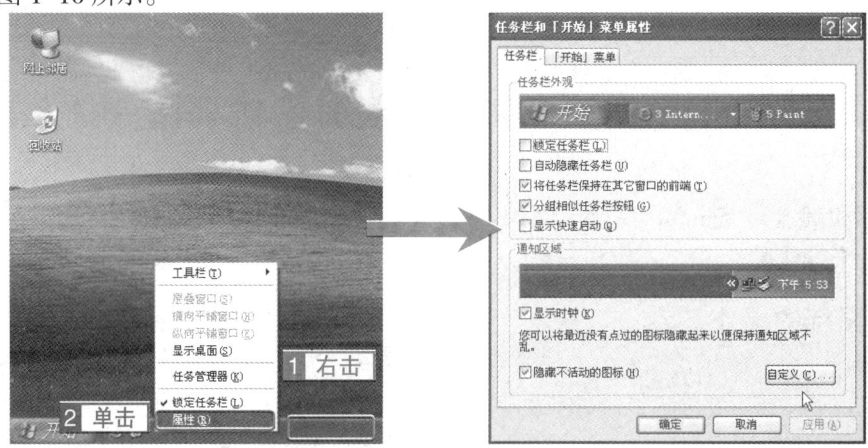

图 1-10 通过“任务栏”快捷菜单打开“任务栏和「开始」菜单属性”窗口

1.4.2 键盘的操作

键盘的操作主要有单键和组合键操作两种。

考点级别：★

考点分析：

该考点一般不会单独考查键盘单键的使用，通常是与其他考点相结合进行命题。考生应重点掌握组合键的使用，熟记并能灵活运用组合键进行操作。

单键操作就是按下键盘上的一个按键后，然后释放。组合键操作是指同时按下两个或多个键。在本书中约定用【A+B】的形式来表示组合键，如【Ctrl+C】，表示同时按下【Ctrl】和【C】键。

触类旁通

表 1-1 常用键盘操作

键位	功能	键位	功能
Enter	确认	Alt+F4	关闭当前窗口
Esc	取消	Ctrl+C	复制
Delete	删除	Ctrl+X	剪切
Caps Lock	大 / 小写状态切换	Ctrl+V	粘贴
Insert	插入 / 改写状态切换	Ctrl+A	全选
Ctrl+Esc	打开“开始”菜单	Ctrl+Shift	输入法切换
Ctrl+Alt+Del	启动任务管理器	Ctrl+Space	中 / 英输入法切换
Ctrl+.	中 / 英文标点切换	Shift+Space	半角 / 全角切换

1.5 中文输入法的使用

Windows XP 提供了多种汉字输入法，系统安装成功后，汉字输入法便会自动显示在输入法列表中。

1.5.1 切换输入法

考点级别：★★

考点分析：

该考点的考查概率较高，通常情况下主要考查使用“语言栏”工具栏切换输入法的操作，很少考查使用快捷键的方法切换输入法。如果考题中没有指明具体的方式，可以先用“语言栏”来操作，遇到无法切换的情况，再用快捷键的方式来操作。

操作方式

类别	菜单	单击	快捷菜单	快捷键	其他方式
切换输入法		“语言栏”工具栏		【Ctrl+Shift】	

真题解析

◇题　　目：当前输入法设为“双拼”，请切换为“微软拼音输入法”。

◇考查意图：本题主要考查切换输入法的方法。

◇操作方法：

方法一

1 在“语言栏”上，单击表示“双拼”输入法的按钮。

2 在菜单中，单击“中文（简体）– 微软拼音输入法 3.0 版”按钮。如图 1–11 所示。

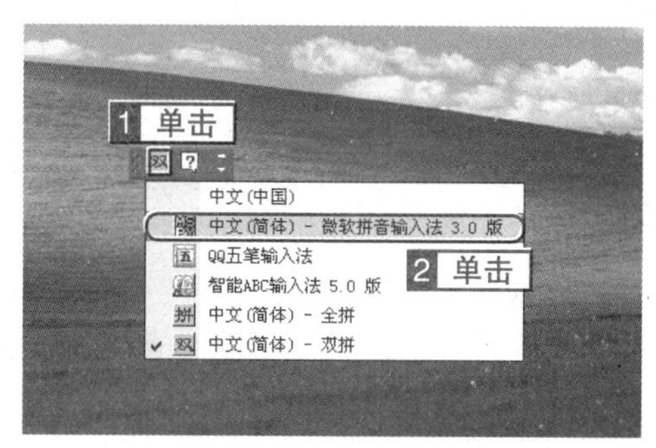

图 1–11　切换到“微软拼音输入法”

方法二

重复使用快捷键【Ctrl+Shift】，直到切换到“微软拼音输入法”为止。

1.5.2　语言栏的最小化与还原操作

系统安装成功后，“语言栏”默认是独立显示在桌面右下角的，但有时为了操作方便，可以把“语言栏”最小化到任务栏中，在需要时从任务栏中还原到桌面上。

考点级别：★★

考点分析：

本考点的命题形式比较简单，操作方法也很简单，记住操作的规律就可以了。一般在考试中经常考查最小化的操作。

操作方式

类别	菜单	单击	快捷菜单	快捷键	其他方式
语言栏的最小化与还原		“语言栏”			

真题解析

◇题　　目：设置在任务栏上显示“语言栏”。

◇考查意图：本题考查的是“语言栏”的最小化方法。

◇操作方法：

单击“语言栏”工具栏上的【最小化】按钮。如图 1–12 所示。

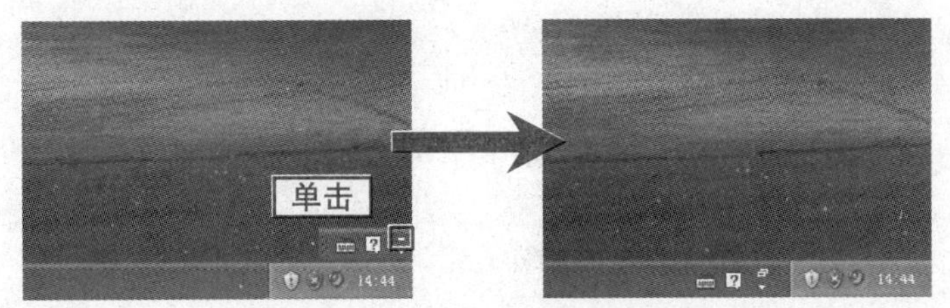

图 1-12　“语言栏”最小化操作

触类旁通

在“语言栏”最小化到任务栏中时，要想还原“语言栏”可以单击【还原】按钮即可。

1.5.3　中文输入法快捷键的设置

由于从“语言栏”寻找和使用【Ctrl+Shift】切换中文输入法很不方便，Windows XP 提供了给输入法设置快捷键的方法。通过快捷键可以快速地切换到常用的中文输入法。

考点级别：★

考点分析：

本考点在考试中不经常出现，主要考查输入法快捷键的设置或“关闭 Caps Lock”按键的设置。考生应该掌握打开设置对话框的各种方法，及设置输入快捷键的方法。

操作方式

类别	菜单	单击	快捷菜单	快捷键	其他方式
输入法快捷键设置		“语言栏”中的【选项】按钮→【设置】	“语言栏”快捷菜单→【设置】		“控制面板”→【日期、时间、语言和区域设置】→【区域和语言选项】→【语言】→【详细信息】

真　题　解　析

◇**题　　目：**给输入法“智能 ABC”设置快捷键为【Ctrl+Shift+3】。

◇**考查意图：**本题考查定义输入法快捷键的方法。

◇**操作方法：**

1 通过以下方法中的一种打开“文字服务和输入语言”对话框。

- 单击“语言栏”中的【选项】按钮，然后单击“选项菜单”中的【设置】命令。
- 右击“语言栏”，在弹出的“语言栏”快捷菜单中选择【设置】命令。
- 在“控制面板”中单击【日期、时间、语言和区域设置】项目分类，在打开的“日期、时间、语言和区域设置”窗口中单击【区域和语言选项】项目，在弹出的“区域和语言选项”对话框中选择“语言”选项卡，在“语言”选项卡中单击 详细信息(D)... 按钮。

2 单击 键设置(K)... 按钮，弹出“高级键设置”对话框。

3 在“高级键设置”对话框中选择“智能ABC”输入法，然后单击 更改按键顺序(C)... 按钮。

4 在弹出的“更改按键顺序”对话框中，选中“启用按键顺序”复选项，选择“CTRL”单选项，在“键”下拉菜单中选择“3”。单击 确定 按钮，返回“高级键设置”对话框。

5 单击“高级键设置”对话框中 确定 按钮，返回“文字服务和输入语言”对话框，再单击 确定 按钮，完成设置。如图1–13所示。

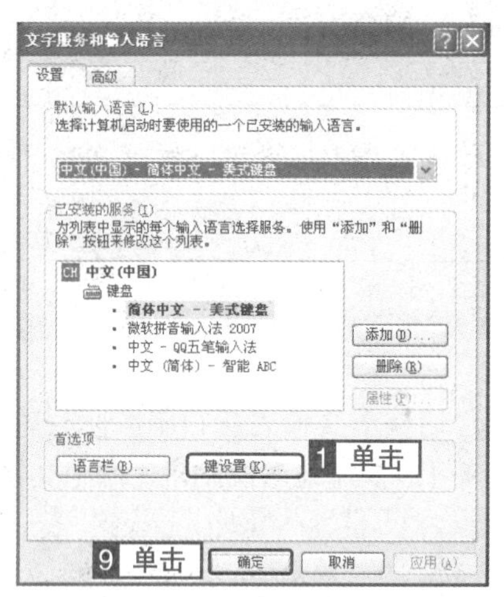

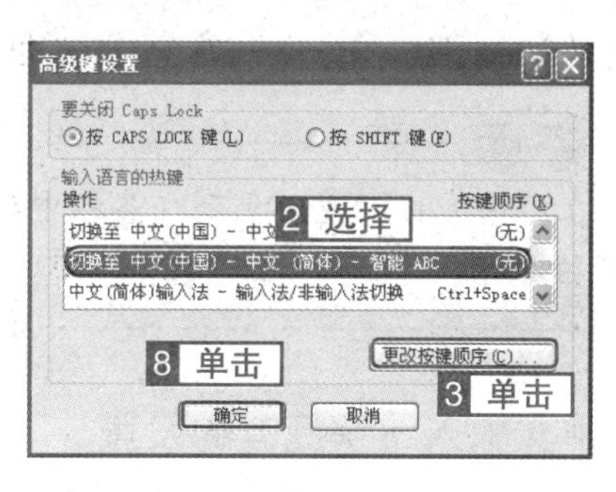

图1–13　定义输入法“智能ABC”的快捷键为【Ctrl+Shift+3】

1.5.4　中文输入法工具栏的使用

中文输入法工具栏的使用主要包括中英文切换、输入方式切换、全角半角输入方式切换、中英文标点切换和动态键盘切换按钮的操作。

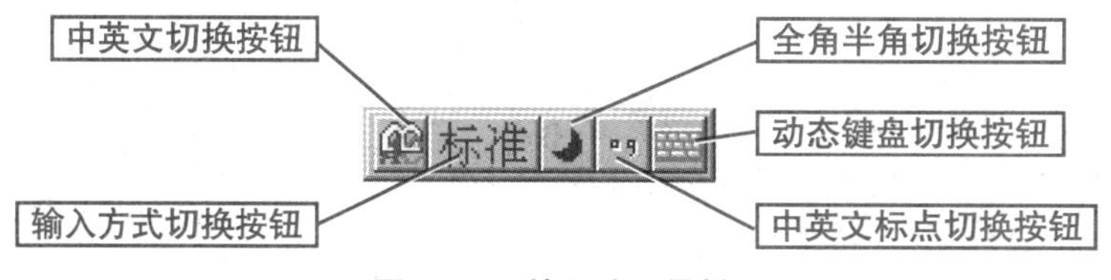

图1–14　输入法工具栏

考点级别：★★

考点分析：

该考点的考查概率较高，但从历次考试来看，单独考查的可能性不大，它常与记事本或写字板等考点结合起来考查。如果单独出考题，一般都考查动态键盘的操作。

操作方式

类别	菜单	单击	右键菜单	快捷键	其他方式
中英文标点切换		“中文输入法”工具栏		【Ctrl+.】	
中英输入法切换		“中文输入法”工具栏		【Ctrl+Space】	
半全角状态切换		“中文输入法”工具栏		【Shift+Space】	
动态键盘切换					“动态键盘”窗口

真 题 解 析

◇**题 目 1：** 在当前记事本中，输入全角英文“abc”、半角的“123”和数学符号“＋－×÷”。

◇**考查意图：** 本题考查的是中文输入法半全角的输入以及动态键盘的使用。考题中没有指明用哪种方法切换，可以先用“中文输入法”工具栏操作，如果无法操作，可以换用快捷键来操作。

◇**操作方法：**

1 单击“输入法工具栏”中的中英文切换按钮，切换到英文输入状态。

2 单击“输入法工具栏”中的全角半角切换按钮，切换到全角状态，也可用快捷键【Shift+Space】来切换，然后用键盘输入“abc”。如图 1–15 所示。

3 单击“输入法工具栏”中的全角半角切换按钮，切换到半角状态，也可用快捷键【Shift+Space】来切换，然后用键盘输入“123”。如图 1–16 所示。

4 右击“输入法工具栏”中的动态键盘按钮，在弹出的“动态键盘菜单”中选择“数学符号”，然后单击“＋－×÷”。如图 1–17 所示。

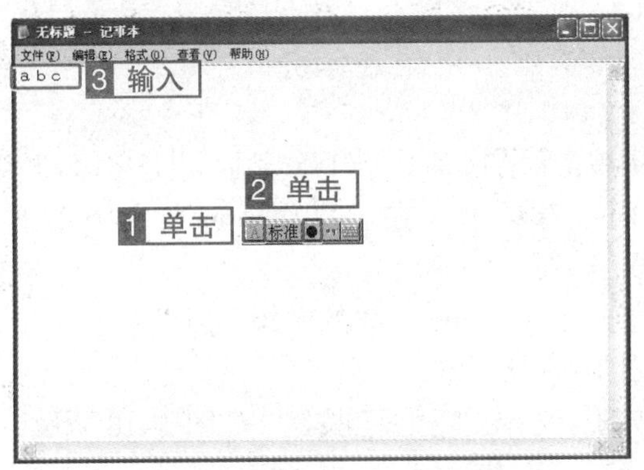

图 1–15　全角输入“ａｂｃ”

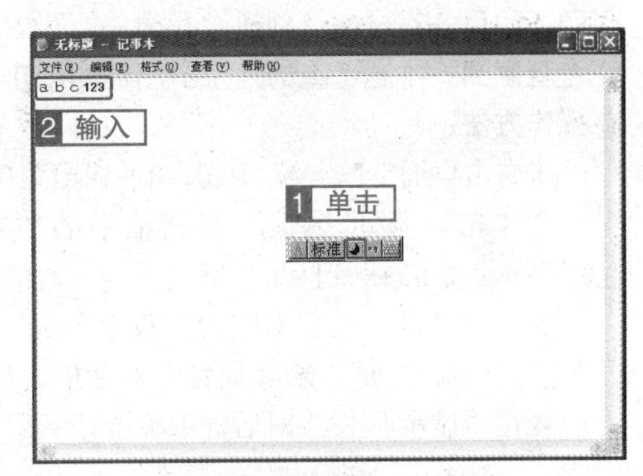

图 1–16　半角输入“123”

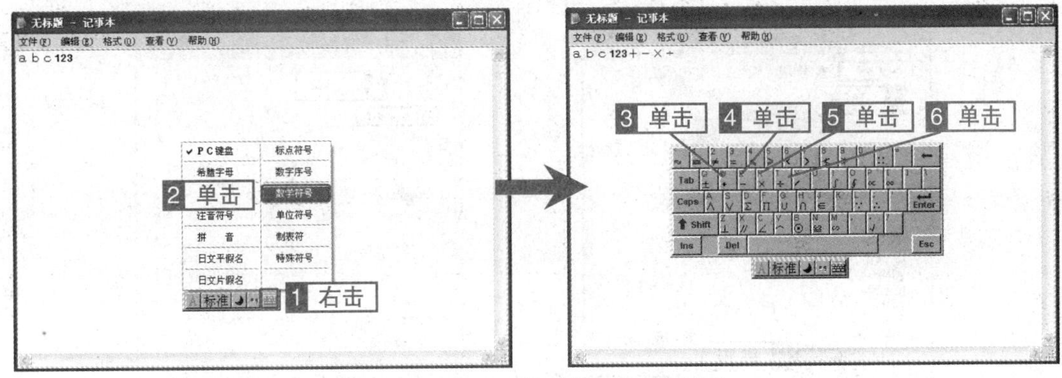

图 1–17　打开“数学符号”动态键盘

1.6 桌面图标的操作

1.6.1 创建系统图标

考点级别： ★★

考点分析：

系统图标的创建出题几率较大，考试的通过率也较高，考试的命题一般是要求考生在桌面上显示“我的电脑”、“我的文档”和“网上领居”中的一个。

操作方式

类别	菜单	单击	快捷菜单	快捷键	其他方式
创建系统图标			“桌面”快捷菜单→【属性】		

真 题 解 析

◇题　　目：在桌面上创建“我的文档”图标。

◇考查意图：本题考查的是系统图标的创建。

◇操作方法：

1 右击桌面空白区域，在弹出的快捷菜单中单击【属性】命令，打开“显示 属性”对话框。

2 单击“显示 属性”对话框中的“桌面”选项卡，在“桌面”选项卡中单击 自定义桌面(D)... 按钮，打开“桌面项目”对话框。如图1-18所示。

3 在“常规”选项卡中的“桌面图标”选项组中，选中“我的文档”复选项，单击 确定 按钮，返回“显示 属性”对话框，如图1-19所示。

4 在“显示 属性”对话框中单击 应用(A) 按钮，再单击 确定 按钮。如图1-18所示。

操作提示 在考试的时候，如果显示的对话框中有【应用】和【确定】按钮，请依次单击【应用】和【确定】，以确保完整地解答。

图1-18 “显示 属性”对话框

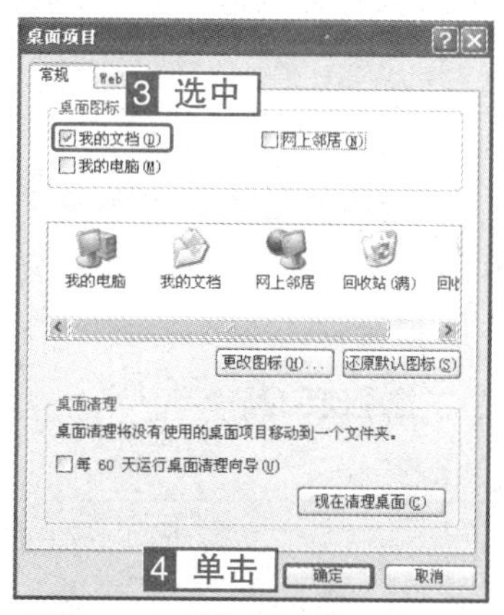

图1-19 “桌面项目”对话框

1.6.2　移动和排列桌面图标

考点级别：★

考点分析：

该考点的出题几率较小，移动图标实际上就是鼠标的拖动操作，考生应该着重掌握桌面图标排列的方法。

操作方式

类别	菜单	单击	快捷菜单	快捷键	其他方式
排列桌面图标			“桌面”快捷菜单→【排列图标】		
移动桌面图标		拖动			

真 题 解 析

◇题　　目：将桌面上的图标按类型排列，并将“回收站”图标移动到右下角。

◇考查意图：本题考查的是桌面图标的排列方法和鼠标拖动操作。

◇操作方法：

1 右击桌面空白区域，在弹出的快捷菜单中选择【排列图标】命令。

2 在弹出的“排列图标”子菜单中单击【类型】命令。如图 1-20 所示。

3 使用鼠标拖动“回收站”图标至桌面的右下角。

操作提示　在考试时遇到题目中有多个操作的时候，一定要按题目描述的顺序操作。

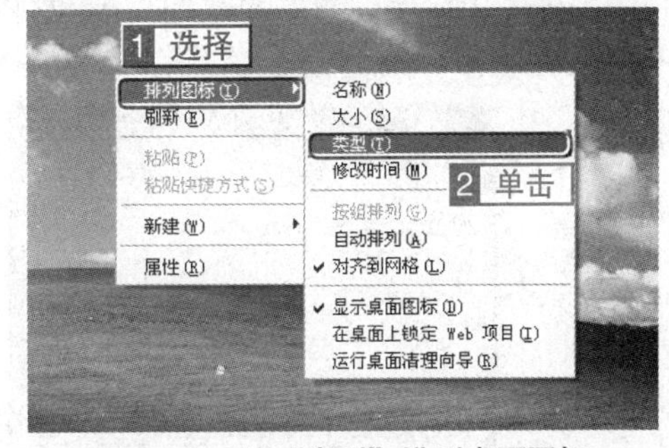

图 1-20　按“类型”排列桌面图标

1.6.3　重命名和更改桌面图标

在 Windows XP 中允许用户重命名桌面图标，还可以更改图标的样式，使桌面更加个性化。

考点级别：★

考点分析：

该考点的出题几率较小，操作比较简单，因此通过率比较高。

操作方式

类别	菜单	单击	快捷菜单	快捷键	其他方式
重命名桌面图标		右击图标名称	图标快捷菜单→【重命名】		
更改图标样式			“桌面”快捷菜单→【属性】		

真 题 解 析

◇**题　　目**：将“我的电脑”重命名为“my computer”，并更改“网上邻居”为三台电脑相连的图案。

◇**考查意图**：本题考查桌面图标重命名和更改图标样式两个考点的操作。

◇**操作方法**：

1 通过以下任意方法重命名图标。

- 右击目标图标，在弹出的快捷菜单中选择【重命名】命令，在图标名称编辑状态下输入“my computer”，按【Enter】键即可。
- 单击目标图标，然后再单击图标名称，在图标名称编辑状态下输入“my computer”，按【Enter】键即可。

2 右击桌面空白区域，在弹出的快捷菜单中选择【属性】命令，打开“显示属性”对话框。

3 单击“显示属性”对话框中的“桌面”选项卡，在“桌面”选项卡中单击 自定义桌面(D)... 按钮，打开“桌面项目”对话框。

4 在“桌面项目”对话框中间的列表框中选择“网上邻居”图标，单击 更改图标(H)... 按钮，打开“更改图标”对话框。如图1–21所示。

5 在“从以下列表选择一个图标”列表框中选择图标，单击 确定 返回“桌面项目”对话框。如图1–22所示。

6 单击 确定 按钮返回“显示属性”对话框，在“显示属性”对话框中单击 应用(A) 按钮，再单击 确定 按钮。

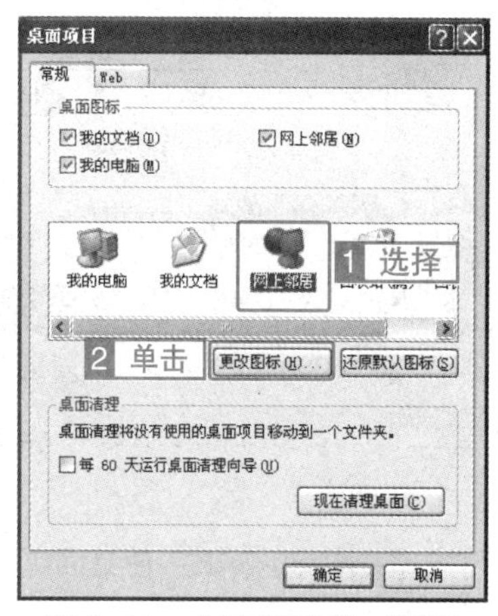

图1–21　“桌面项目”对话框

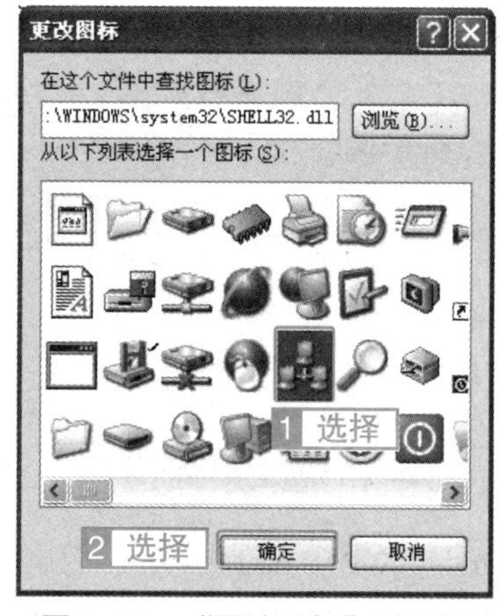

图1–22　“更改图标”对话框

1.6.4　删除桌面图标

考点级别：★

考点分析：

该考点的出题几率较小，操作非常简单，有三种操作方法。如果考题中没有指定方法，优先使用按【Delete】键删除的方法，如果无法操作，再试用另外两种方法。

操作方式

类别	菜单	单击	快捷菜单	快捷键	其它操作方式
删除桌面图标		拖动到“回收站”	图标快捷菜单→【删除】	【Delete】	

真 题 解 析

◇**题　　目**：删除桌面图标“我的电脑”。

◇**考查意图**：本题考查桌面图标删除的操作。

◇**操作方法**

方法一

选中“我的电脑”图标，按【Delete】键，并在“确认删除”对话框中单击 是(Y) 按钮。如图 1-23 所示。

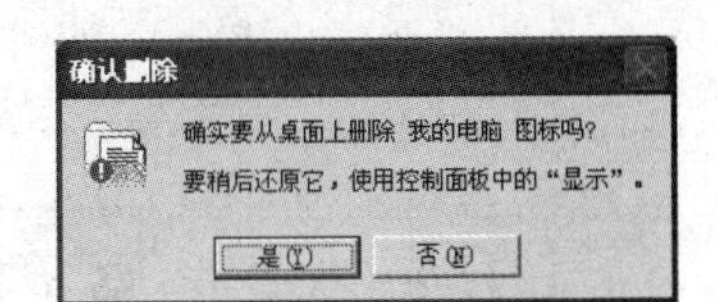

图 1-23　确认删除对话框

方法二

右击“我的电脑”图标，在弹出的快捷菜单中选择【删除】命令，并在“确认删除”对话框中选择 是(Y) 按钮。

方法三

拖动“我的电脑”图标到“回收站”图标中。

1.6.5　清理桌面图标

对于一些在桌面上长时间没有使用的图标，可以使用“清理桌面向导”来进行清理。

考点级别：★

考点分析：

此考点在考试大纲中为了解内容，在考试中一般很少考查此考点的内容。

操作方式

类别	菜单	单击	快捷菜单	快捷键	其他方式
清理桌面图标			“桌面”快捷菜单→【属性】或“桌面”快捷菜单→【排列图标】→【运行桌面清理向导】		

真 题 解 析

◇**题　　目**：清理桌面上的“用友 T3”图标。

◇**考查意图**：本题考查清理桌面图标的操作方法。

◇**操作方法**：

1 右击桌面空白区域，在弹出的快捷菜单中选择【属性】命令。

2 打开“显示 属性”对话框，单击“桌面”选项卡，在“桌面”选项卡中单击 自定义桌面(D)... 按钮。

3 打开“桌面项目”对话框，单击 现在清理桌面(C) 按钮，如图 1–24 所示。

4 打开“清理桌面向导”对话框，单击 下一步(N) > 按钮，打开“快捷方式”列表对话框，如图 1–25 所示。

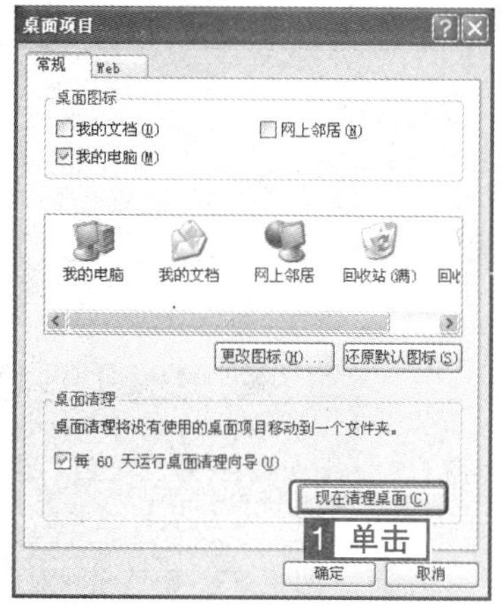

图 1–24　“桌面项目”对话框

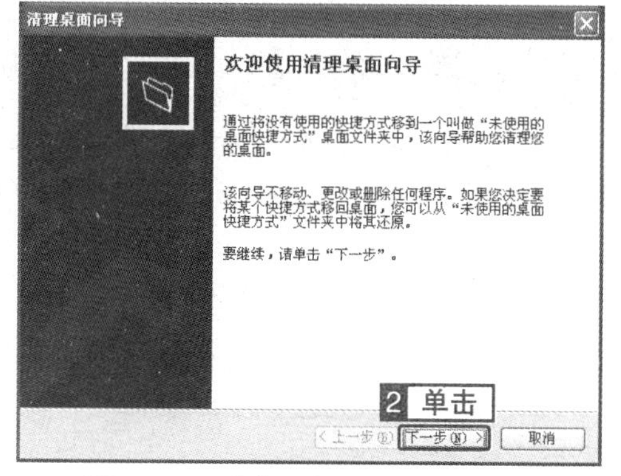

图 1–25　“清理桌面向导”对话框

5 在“快捷方式”列表框中选中“用友 T3”复选框，单击 下一步(N) > 按钮，如图 1–26 所示。

6 打开“正在完成清理桌面向导”对话框，单击 完成 按钮。如图 1–27 所示。

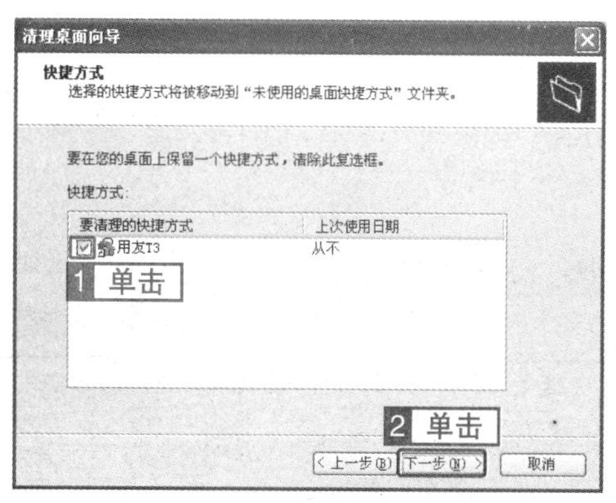

图 1–26　“快捷方式”对话框

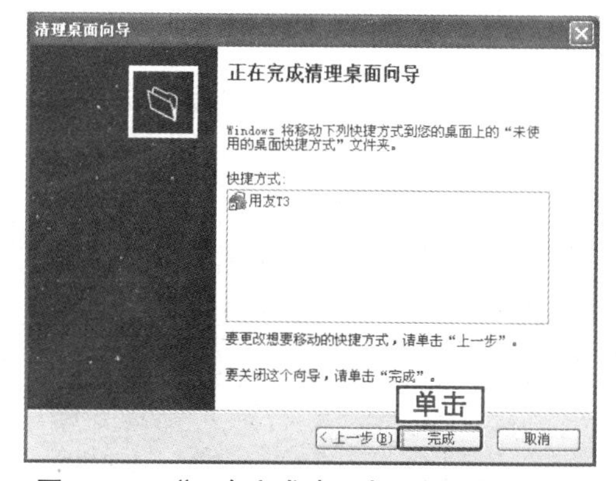

图 1–27　“正在完成清理桌面向导”对话框

7 单击“桌面项目”对话框中的 确定 按钮返回“显示 属性”对话框，单击“显示属性”对话框中的 确定 按钮。

触类旁通

“清理桌面向导”还可以通过右击桌面空白区域，在快捷菜单中选择【排列图标】命令，在弹出的子菜单中选择【运行桌面清理向导】命令打开。在考试中使用一种方法无法操作时候，可以使用另外的方法试试。

1.6.6　显示与隐藏桌面图标

考点级别：★★

考点分析：

本考点考查概率较高，操作很简单，考生应该重点掌握。

操作方式

类别	菜单	单击	快捷菜单	快捷键	其他方式
显示与隐藏桌面图标			"桌面"快捷菜单→【排列图标】→【显示桌面图标】		

真 题 解 析

◇**题　　目：**显示被隐藏的桌面图标。

◇**考查意图：**本题考查显示与隐藏桌面图标的操作方法。

◇**操作方法：**

1 右击桌面空白区域，在弹出的快捷菜单中单击【排列图标】命令。

2 在弹出的子菜单中选择【显示桌面图标】命令，使其命令前出现"√"标记即可。如图 1–28 和图 1–29 所示。

图 1–28　显示桌面图标的操作

图 1–29　显示桌面图标的结果

触类旁通

隐藏桌面图标的操作与显示桌面图标的操作类似，不同的是，要把【显示桌面图标】前的"√"去除。

1.7　使用 Windows XP 帮助系统

当用户在使用 Windows XP 的过程中遇到疑难问题而无法解决时，可以通过帮助系统寻找解决问题的方法。

1.7.1　在对话框中获取帮助信息

用户在使用某个对话框遇到疑问时，可以用以下方法来获得此对话框的帮助信息。

考点级别： ★★★

考点分析：

本考点考查概率较高，操作很简单，考生应该重点掌握。

操作方式

类别	菜单	单击	快捷菜单	快捷键	其他方式
获取对话框帮助		【帮助】按钮	【这是什么】		

真 题 解 析

◇**题　　目：**请在桌面上打开“显示 属性”对话框，获取关于“屏幕分辨率”的帮助信息。

◇**考查意图：**本题考查了如何打开“显示 属性”对话框和获得对话框帮助信息的方法。

◇**操作方法：**

1 右击桌面空白区域，在弹出的快捷菜单中单击【属性】命令。

2 选择“显示 属性”对话框中的“设置”选项卡，通过以下方法可以获得“屏幕分辨率”的帮助。

- 右击“屏幕分辨率”，在弹出的快捷菜单中选择【这是什么】命令。
- 单击对话框右上角的【帮助】?按钮，此时鼠标指针为，单击“屏幕分辨率”，即可出现帮助信息。如图 1-30 所示。

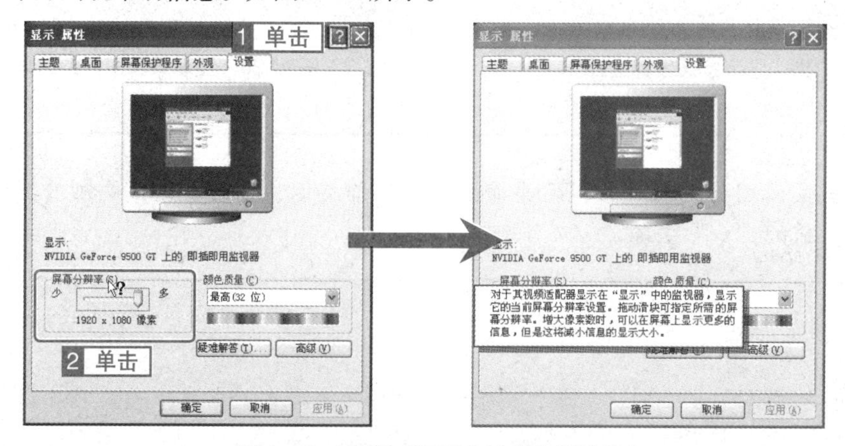

图 1-30　获取“屏幕分辨率”帮助信息

1.7.2 在“帮助和支持中心”窗口获取帮助信息

考点级别：★★★

考点分析：

本考点考查概率较低，关键要掌握“帮助和支持中心”的打开方法，和查找帮助信息的方法。

操作方式

类别	菜单	单击	快捷菜单	快捷键	其他方式
帮助和支持中心	【帮助】→【帮助和支持】				【开始】→【帮助和支持】

真 题 解 析

◇**题　　目：**在桌面上打开“帮助和支持中心”，利用“索引”的方法取得关于“创建新文件夹”方面的帮助信息。

◇**考查意图：**本题要求从桌面打开“帮助和支持中心”窗口，所以只能使用“开始”菜单来打开“帮助和支持中心”窗口，本题还考查如何用“索引”方式查找帮助信息。

◇**操作方法：**

1 单击 开始 按钮，在弹出的“开始”菜单中选择【帮助和支持】命令。

2 单击“帮助和支持中心”窗口的 索引 按钮，在“键入要查找的关键字”文本框中输入“创建新文件夹”，单击 显示 按钮，即可出现帮助信息。如图 1-31 所示。

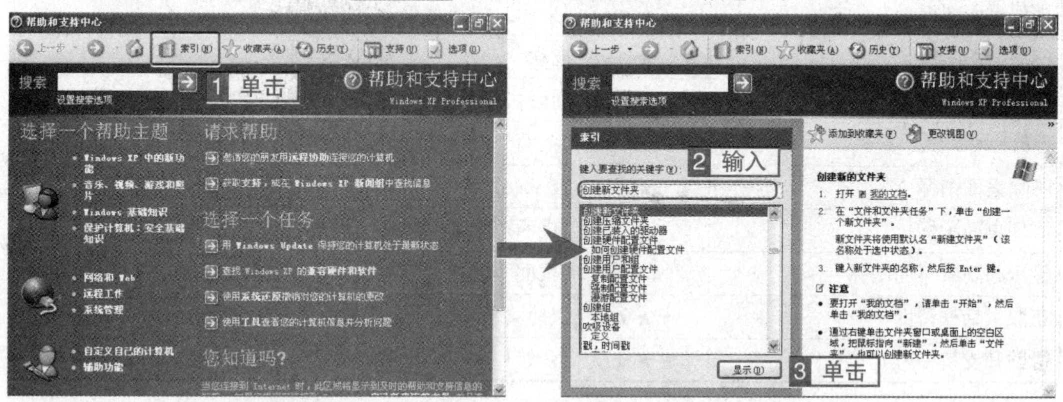

图 1-31　通过索引获得“创建新文件夹”帮助信息

触类旁通

查找帮助信息还可利用“目录”和利用“搜索”两种方法。

利用“目录”的方法就是通过鼠标单击相应的主题，打开帮助内容的窗口，单击其中的超链接，还可以逐步打开相应的帮助窗口。

利用“搜索”的方法就是在“帮助和支持中心”窗口上方的“搜索”对话框内输入要获取帮助信息的关键字，然后单击按钮，“搜索结果”列表中会列出所有与关键字有关的帮助信息标题，单击其中的标题就可以获得相关的帮助信息。

本章考点及其对应操作方式一览表

考点	考频	操作方式
重新启动 Windows XP	★★★	【开始】→【关闭计算机】
进入安全模式	★★★	【F8】
注销 Windows XP	★★★	【开始】→【注销】
退出 Windows XP	★★★	【开始】→【关闭计算机】
鼠标的操作	★	移动、单击、双击、右击和拖动
键盘的操作	★	单键和组合键操作
切换输入法	★★	“语言栏”工具栏或【Ctrl+Shift】
语言栏的最小化与还原	★★	“语言栏”工具栏
输入法快捷键设置	★	“语言栏”快捷菜单→【设置】
中英文标点切换	★★	“语言栏”工具栏或【Ctrl+.】
中英文输入法切换	★★	“语言栏”工具栏或【Ctrl+Space】
半全角状态切换	★★	“语言栏”工具栏或【Shift+Space】
动态键盘切换	★★	“语言栏”工具栏
创建系统图标	★★	“桌面”快捷菜单→【属性】
排列桌面图标	★	“桌面”快捷菜单→【排列图标】
移动桌面图标	★	拖动
重命名桌面图标	★	图标快捷菜单→【重命名】
更改图标样式	★	“桌面”快捷菜单→【属性】
删除桌面图标	★	【Delete】键
清理桌面图标	★	“桌面”快捷菜单→【属性】
显示与隐藏桌面图标	★★	“桌面”快捷菜单→【排列图标】→【显示桌面图标】
获取对话框帮助	★★★	快捷菜单→【这是什么】
帮助和支持中心	★★★	【开始】→【帮助和支持】

通　关　真　题

CD 注：以下测试题可以通过光盘【实战教程】→【通关真题】进行测试。

第1题　用快捷键打开“任务管理器”窗口。

第2题　利用快捷键显示桌面。

第3题　利用快捷键打开“运行”对话框。

第4题　利用快捷键最小化所有窗口。

第5题　利用快捷键打开“我的电脑”窗口。

第6题　请使系统处于“待机”状态，将计算机保持在低功耗状态，以便快捷恢复，退出等待状态。

第7题　重新启动计算机，进入Windows安全模式，最后再用“开始”菜单打开“控制面板”窗口。

第8题　利用“显示 属性”对话框，更改“我的文档”的图标为第三行第三个。

第9题　将“我的文档”的图标还原为系统默认。

第10题　请利用“显示 属性”对话框清理桌面。

第11题　请利用“显示 属性”对话框在桌面上显示“我的电脑”、“我的文档”和“网上邻居”图标。

第12题　利用快捷键切换到“微软拼音输入法2003”。

第13题　当前系统的输入法处在中文标点符号状态，请在打开的写字板窗口中输入英文标点符号“<>!&@#%”和中文的省略号。

第14题　当前输入法设为“全拼输入法”，请切换为“微软拼音输入法”，并在打开的记事本窗口中输入“计算机试题”字样。

第15题　请在打开的写字板窗口中输入全角英文“ａｂｃｄｅ”。

第16题　设置关闭Caps Lock按键。

第17题　请利用“日期、时间、语言和区域设置”窗口，为“中文（中国）－中文（简体）－智能ABC”输入法设置按键顺序为“Ctrl+Shift+9”，使只要按键盘组合键“Ctrl+Shift+9”就可以直接切换至“智能ABC输入法”。

第18题　在当前写字板中，输入日文平假名“あ”，并退出。

第19题　在窗口中请利用键盘打开帮助菜单，搜索关于“Windows”的帮助信息。

第20题　在桌面上打开帮助和支持中心，利用选择一个帮助主题的方法取得关于Windows XP的新功能中“新增功能”方面的帮助。

第21题　在“我的电脑”窗口中打开“帮助和支持中心”窗口。

第22题　在桌面上调出“Windows XP帮助”窗口。

第2章 Windows XP 的基本操作

Windows XP 是一个多任务的图形用户界面操作系统，用户的操作主要是通过窗口、菜单和对话框等操作对象来实现的，因此熟练掌握窗口、菜单和对话框的操作是非常重要的。本章介绍了 Windows XP 的窗口、菜单、工具栏和对话框的组成与相关操作，以及任务栏、“开始”菜单的设置和使用。

本章考点

掌握的内容★★★

窗口的组成
窗口的基本操作
窗口界面的设置
菜单和快捷菜单的基本操作
对话框的基本操作
任务栏的锁定与解锁
改变任务栏位置和高度
任务栏的基本操作
切换“开始”菜单模式
设置“开始”菜单
使用“开始”菜单打开程序
在“开始”菜单中增加与删除快捷方式

熟悉的内容★★

工具栏的设置与使用
设置任务栏属性

了解的内容★

窗口信息区的使用
状态栏的显示与隐藏

2.1 窗口的组成

熟悉窗口的组成和操作是使用 Windows XP 的必要条件。用户启动一个应用程序或打开一个文件夹时，Windows XP 会打开一个窗口以管理和使用相应的内容。

典型的 Windows XP 窗口是由标题栏、菜单栏、工具栏、状态栏、任务窗格和工作区等部分组成，如图 2-1 所示。

图 2-1　Windows XP 窗口

考点级别： ★

考点分析：

在考试中不会考查窗口的组成，通常都是考查对窗口的设置和操作，所以要掌握窗口的组成和窗口各部分的名称。

2.2　窗口的基本操作

在 Windows XP 中窗口的操作都是对活动窗口进行操作的。如果当用户打开多个窗口时，在默认的情况下，当前操作窗口的标题栏呈深蓝色，称为活动窗口；其他窗口的标题栏呈浅蓝色，称为非活动窗口。

2.2.1　打开窗口

考点级别： ★★★

考点分析：

本考点的出题率较高，操作比较简单，通过率也比较高。通常情况下本考点不会单独考查，常与其他窗口操作的考点集中考查。

操作方式

类别	菜单	单击	快捷菜单	快捷键	其他方式
打开窗口	【文件】→【打开】	单击图标，再按【Enter】键	【打开】		双击图标

真 题 解 析

◇**题　　目：** 打开“我的文档”窗口。

◇**考查意图：** 在本题中主要考查打开窗口的操作，在通常情况下是使用双击图标的方法来解答，如果遇到题目中指定了操作方式，就必须用指定的方式来解答。

◇**操作方法：**

方法一

在桌面上双击“我的文档”图标，如图2-2所示。

方法二

单击桌面上的“我的文档”图标，然后按【Enter】键。

方法三

单击开始按钮，在弹出的“开始”菜单中，单击【我的文档】。

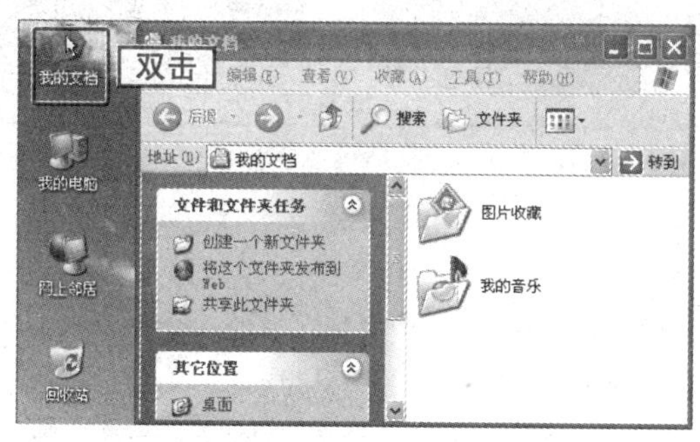

图2-2 双击图标打开“我的文档”窗口

2.2.2 移动窗口

考点级别：★★★

考点分析：

本考点的操作比较简单，通过率也比较高，如要求将窗口移动到桌面左上角。

操作方式

类别	菜单	单击	快捷菜单	快捷键	其他方式
移动窗口		【控制菜单】→【移动】	右击“标题栏”单击【移动】		拖动“标题栏”

真 题 解 析

◇**题　　目：**将“我的电脑”窗口，移动到桌面的左上角。

◇**考查意图：**在本题中主要考查移动窗口的操作，在通常情况下是使用拖动标题的方法来解答，如果遇到题目中指定了操作方式，就必须用指定的方式来解答。

◇**操作方法：**

方法一

将鼠标指针移动到“我的电脑”窗口的标题栏上，按下鼠标左键不放，移动鼠标将窗口拖动到桌面左上角，然后释放鼠标左键。如图2-3所示。

方法二

1 右击标题栏或单击“控制菜单”，在快捷菜单中选择【移动】命令。

2 通过键盘的方向键或鼠标，将“我的电脑”窗口移动到桌面的左上角。然后按【Enter】键或单击鼠标左键。

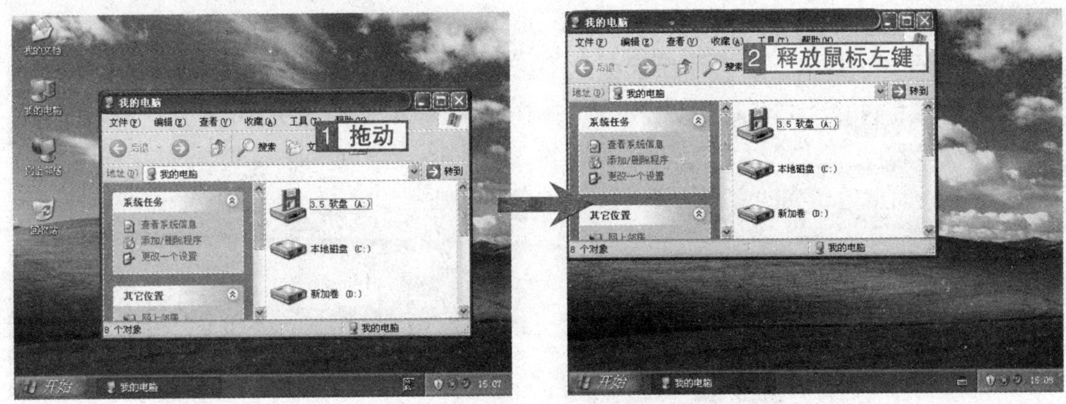

图 2-3　拖动“标题栏”移动“我的电脑”窗口

2.2.3　改变窗口大小

考点级别：★★★

考点分析：

本考点的知识点比较多，操作比较简单，因此通过率也比较高，但操作方式比较多，在考试中要根据命题的要求选择正确的方法来操作。

操作方式

类别	菜单	单击	快捷菜单	快捷键	其他方式
改变窗口大小		【控制菜单】→【大小】	右击“标题栏”选择【大小】		拖动窗口边缘
最大化		【最大化】按钮或【控制菜单】→【最大化】	右击“标题栏”选择【最大化】		双击“标题栏”
最小化		【最小化】按钮或【控制菜单】→【最小化】	右击“标题栏”选择【最小化】		单击“任务栏”中程序图标
还原		【还原】按钮	右击“标题栏”或“任务栏”中的程序图标，选择【还原】		双击“标题栏”、单击“任务栏”中程序图标

真 题 解 析

◇**题　　目：**利用“标题栏”还原当前窗口大小。

◇**考查意图：**分析题目得知本题考查的是窗口的还原操作，由于指定使用“标题栏”来操作，所以完成此题有两种方法。

◇**操作方法：**

方法一

双击窗口的“标题栏”，如图 2-4 所示。

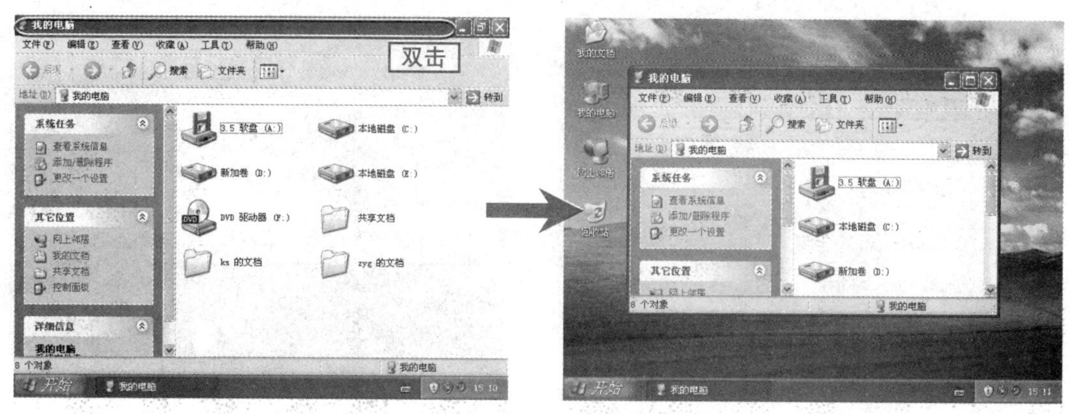

图 2-4 通过双击“标题栏”还原窗口

方法二

右击窗口“标题栏”，在弹出的快捷菜单中选择【还原】命令。

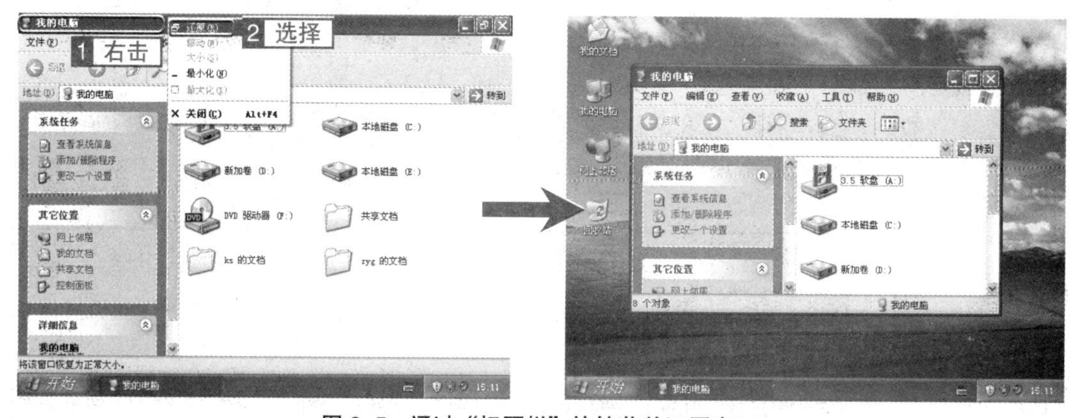

图 2-5 通过“标题栏”快捷菜单还原窗口

2.2.4 切换窗口

考点级别： ★★★

考点分析：

本考点操作比较简单，通过率较高，如要求将“画图”窗口切换成活动窗口。

操作方式

类别	菜单	单击	快捷菜单	快捷键	其他方式
切换窗口		“标题栏”		【Alt+Tab】	单击“任务栏”中的图标

真 题 解 析

◇**题　　目：**请利用快捷键进行窗口切换，使“画图”窗口成为活动窗口。

◇**考查意图：**分析题目得知本题考查的是使用快捷键切换窗口操作。

◇**操作方法：**

按快捷键【Alt+Tab】使“图画”窗口成为活动窗口，如图 2-6 所示。

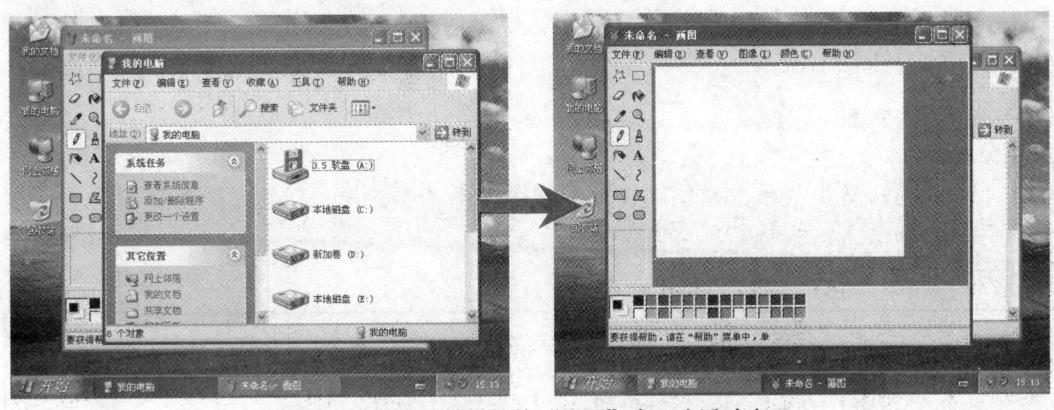

图 2-6　使用快捷键切换“画图”窗口为活动窗口

2.2.5　排列窗口

考点级别：★★★

考点分析：

本考点操作比较简单，通过率较高。

操作方式

类别	菜单	单击	快捷菜单	快捷键	其他方式
层叠窗口			“任务栏”右键菜单→【层叠窗口】		
横向平铺窗口			“任务栏”右键菜单→【横向平铺窗口】		
纵向平铺窗口			“任务栏”右键菜单→【纵向平铺窗口】		

真 题 解 析

◇题　　目：使用“任务栏”将当前窗口层叠显示。

◇考查意图：分析题目得知本题考查的是层叠显示窗口的方法。

◇操作方法：

右击“任务栏”空白处，在弹出的快捷菜单中选择【层叠窗口】命令，如图 2-7 所示。

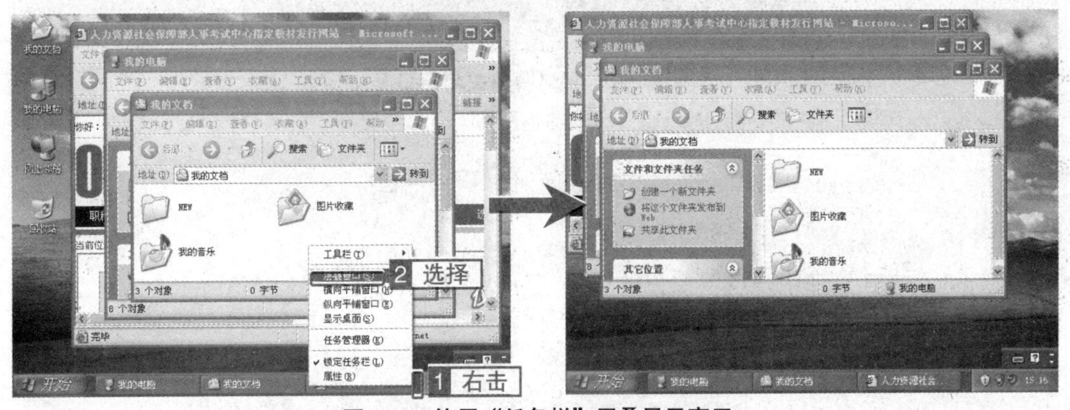

图 2-7　使用“任务栏”层叠显示窗口

2.2.6 关闭窗口

考点级别： ★★★

考点分析：

本考点的出题率较高，操作比较简单，通过率也比较高，一般不会单独考查，通常都是与其他知识点集中考查。

操作方式

类别	菜单	单击	右键菜单	快捷键	其他方式
关闭窗口	【文件】→【关闭】或【文件】→【退出】	【关闭】按钮或【控制菜单】→【关闭】	任务栏右键菜单中【关闭】	【Alt+F4】	双击【控制菜单】

真题解析

◇**题　　目：** 通过菜单关闭当前窗口。

◇**考查意图：** 本题考查了使用菜单关闭窗口的方法，如果题目中没有指定操作方式，一般都是使用直接单击【关闭】按钮的方法。

◇**操作方法：**

单击菜单中的【文件】项，然后在下拉菜单中选择【关闭】命令，如图 2-8 所示。

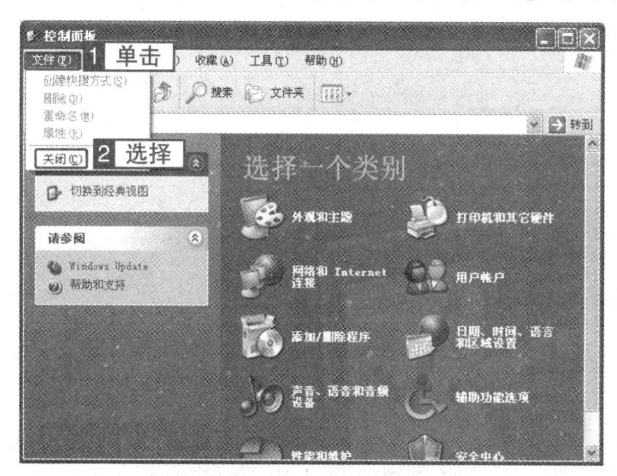

图 2-8　通过菜单关闭窗口

2.3　设置窗口界面

Windows XP 允许用户设置窗口的工具栏和状态栏。

考点级别：★★★

考点分析：

本考点的出题率较高，命题一般考查某一种操作，考生应重点掌握。

操作方式

类别	菜单	单击	快捷菜单	快捷键	其他方式
显示与隐藏工具栏	【查看】→【工具栏】		菜单或工具栏快捷菜单		
锁定工具栏	【查看】→【工具栏】→【锁定工具栏】		菜单或工具栏快捷菜单中【锁定工具栏】		
定制工具栏	【查看】→【工具栏】→【自定义】		工具栏快捷菜单中【自定义】		
显示与隐藏状态栏	【查看】→【状态栏】				

真 题 解 析

◇**题　　目：**请在当前窗口中隐藏窗口的状态栏，再将窗口最大化。

◇**考查意图：**在本题中主要考查两个关于窗口的操作，分别是隐藏状态栏操作和窗口最大化操作，在作答的时候一定要按命题中的顺序进行作答。

◇**操作方法：**

1 单击菜单【查看】项，在弹出的下拉菜单中选择【状态栏】命令，去除前方的“√”。

2 单击窗口的最大化按钮□，使窗口最大化显示，如图 2–9 所示。最大化窗口还有以下方法：

- 双击窗口的标题栏。
- 单击窗口【控制菜单】，在弹出的下拉菜单中选择【最大化】命令。
- 右击窗口的标题栏，在弹出的快捷菜单中选择【最大化】命令。
- 右击窗口在“任务栏”中的图标，在快捷菜单中选择【最大化】命令。

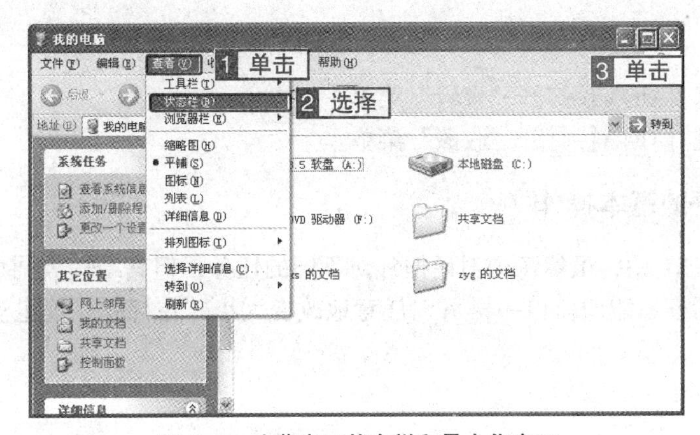

图 2–9　隐藏窗口状态栏和最大化窗口

触类旁通

如果在考试中要求将工具栏恢复到初始状态，可以选择菜单【查看】→【工具栏】→【自定义】命令，然后在打开的“自定义工具栏”对话框中单击 重置(E) 按钮。

2.4 菜单与对话框的操作

2.4.1 菜单的基本操作

菜单的基本操作包括菜单的打开和关闭，以及快捷菜单的使用。

考点级别： ★★★

考点分析：

该考点的考查概率比较高，命题时通常与窗口的操作集中在一起考查。

操作方式

类别	菜单	单击	快捷菜单	快捷键	其他方式
打开菜单		菜单项		【Alt+ 热键】	
关闭菜单		菜单外空白处		【Esc】	
使用快捷菜单					右击操作对象

真 题 解 析

◇**题　目：** 用快捷键打开窗口的“查看”菜单和“收藏”菜单。

◇**考查意图：** 本题考查的是用快捷键打开窗口菜单的方法，虽然要求打开两个菜单，但操作是一样的。

◇**操作方法：**

1 按快捷键【Alt+V】打开“查看”菜单。

2 按快捷键【Alt+A】打开“收藏”菜单。

2.4.2 对话框的基本操作

在 Windows XP 中，虽然每个对话框针对不同的任务，但其结构大同小异，它与窗口的区别在于对话框不能像窗口一样可以任意地改变大小，在标题栏上也没有最大化和最小化按钮。

考点级别： ★★★

考点分析：

该考点的考查概率比较高，但在考试中该考点主要是在其他考点的考题中得以体现，一般不会直接命题来考查。

操作方式

类别	菜单	单击	快捷菜单	快捷键	其他方式
标题栏					帮助按钮?，关闭按钮×
选项卡	选项卡标题			【Ctrl+Tab】、【Ctrl+Shift+Tab】	
下拉列表框	▼				
复选框	☑或☐				
命令按钮	按钮			【Alt+ 热键】	焦点在按钮上时按【Enter】键
数值框	▲或▼				直接输入数值
单选项	⊙或○				
文本框					键盘输入
列表框	列表项				
滑块	拖动				

2.5 任务栏的设置与使用

在默认情况下，任务栏位于桌面的下方，通过任务栏可以完成切换窗口、启动程序和查看程序运行状态等操作。用户可以改变任务栏的位置、大小和显示方式，也可以在任务栏上添加和删除工具栏。

2.5.1 锁定与解锁任务栏

如果任务栏被锁定，那么用户将不能进行任务栏的大小和位置等调整。

考点级别：★★

考点分析：

该考点的考查概率比较高，操作比较简单，但在考试中该考点主要是在其他考点的考题中得以体现。

操作方式

类别	菜单	单击	任务栏快捷菜单	快捷键	其他方式
锁定与解锁			【锁定任务栏】		通过“任务栏和「开始」菜单属性”对话框操作

真 题 解 析

◇**题　　目：**锁定任务栏。

◇**考查意图：**本题考查的是锁定任务栏的方法，锁定与解锁任务栏的方法很多，但在考试的时候一般是通过快捷菜单的方式。

◇**操作方法：**

方法一

右击“任务栏”空白处，在弹出的快捷菜单中选择【锁定任务栏】命令，使命令前出现“√”标志，如图2–10所示。

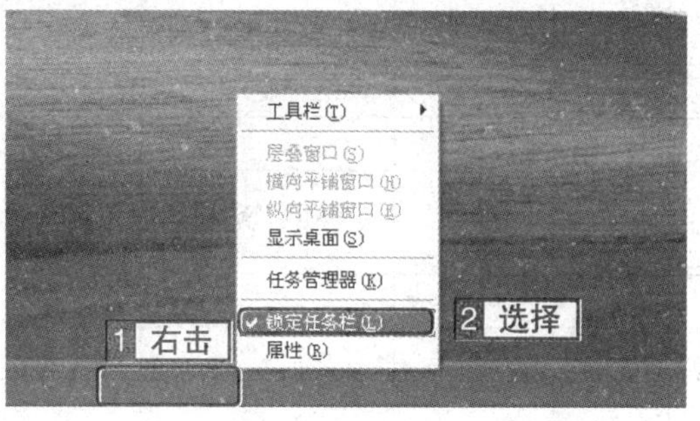

图2–10 通过快捷菜单锁定“任务栏”

方法二

1 右击“任务栏”空白处，在弹出的快捷菜单中选择【属性】命令，弹出“任务栏和「开始」菜单属性”对话框，如图2–11所示。通过以下方法也可以打开“任务栏和「开始」菜单属性”对话框。

- 单击开始按钮，单击【控制面板】按钮，打开“控制面板”窗口，在经典视图下双击【任务栏和「开始」菜单】图标。
- 单击开始按钮，单击【控制面板】按钮，打开“控制面板”窗口，在分类视图下单击【外观和主题】链接，然后在打开的窗口中单击【任务栏和「开始」菜单】链接。

2 在“任务栏和「开始」菜单属性”对话框中选中“锁定任务栏”复选项，单击应用(A)按钮后再单击确定按钮，如图2–12所示。

图2–11 任务栏快捷菜单

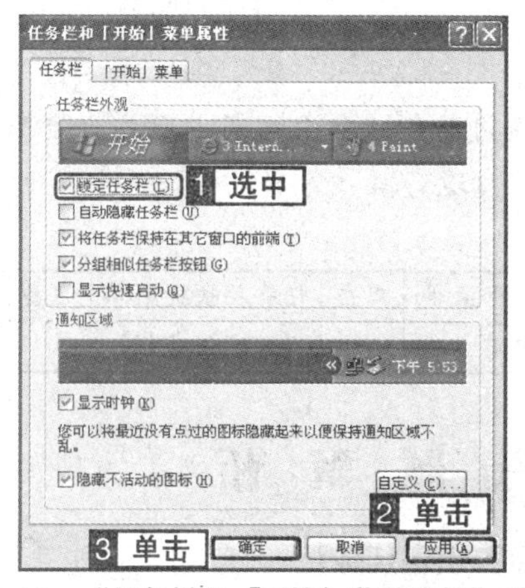

图2–12 “任务栏和「开始」菜单属性”对话框

2.5.2　改变任务栏大小和位置

用户只能在任务栏未锁定的状态下改变任务栏的大小和位置。

考点级别：★★

考点分析：

该考点的考查概率比较高，由于操作简单，考试通过率比较高。通常在考试中考查改变任务栏的位置，很少考查改变任务栏的高度。

操作方式

类别	菜单	单击	快捷菜单	快捷键	其他方式
调整大小		拖动“任务栏”边缘			
调整位置		拖动“任务栏”			

真 题 解 析

◇**题　　目：**解除任务栏的锁定，将位于屏幕底部的任务栏移至屏幕上边。

◇**考查意图：**本题考查两个考点，首先要取消任务栏的锁定，然后改变任务栏的位置。

◇**操作方法：**

1 右击“任务栏”空白处，在弹出的快捷菜单中选择【锁定任务栏】命令，使命令前的“√”标志消失，如图 2-13 所示。

2 拖动“任务栏”到桌面的上方然后释放鼠标左键，如图 2-14 所示。

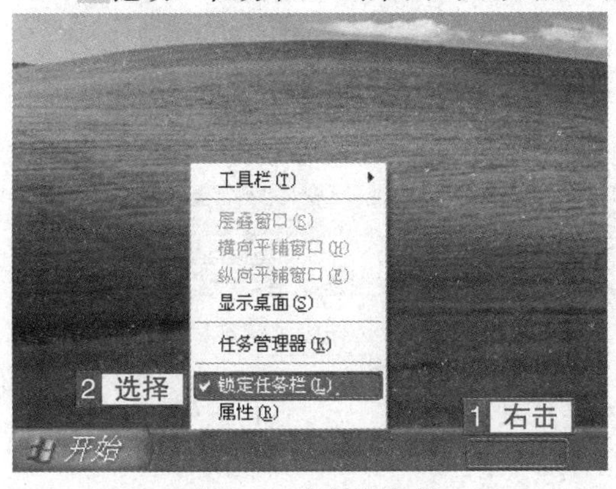

图 2-13　解锁任务栏

图 2-14　“任务栏”在上方的桌面

2.5.3　设置任务栏的工具栏

在任务栏的右键快捷菜单中选择【工具栏】命令，在弹出的子菜单中用户可以设置在任务栏中显示的工具栏。

考点级别：★★

考点分析：

该考点的考查概率比较高，操作也比较简单，在考试中大多为添加系统工具栏或添加自定义工具栏。

操作方式

类别	菜单	单击	任务栏快捷菜单	快捷键	其他方式
添加或删除系统工具栏			【工具栏】		
添加或删除自定义工具栏			【新建工具栏】		

真 题 解 析

◇**题 目 1**：在任务栏添加“语言栏”，并删除自带的“快速启动”栏。

◇**考查意图**：本题“语言栏”和“快速启动”栏都是系统自带的工具栏，所以本题考查的是系统工具栏的添加和删除方法。

◇**操作方法**：

1 右击“任务栏”空白处，在弹出的快捷菜单中选择【工具栏】命令，在弹出的子菜单中选择【语言栏】命令，使命令前出现“√”标示，如图 2–15 所示。

2 右击“任务栏”空白处，在弹出的快捷菜单中选择【工具栏】命令，在弹出的子菜单中选择【快速启动】命令，使命令前“√”标示消失，如图 2–16 所示。

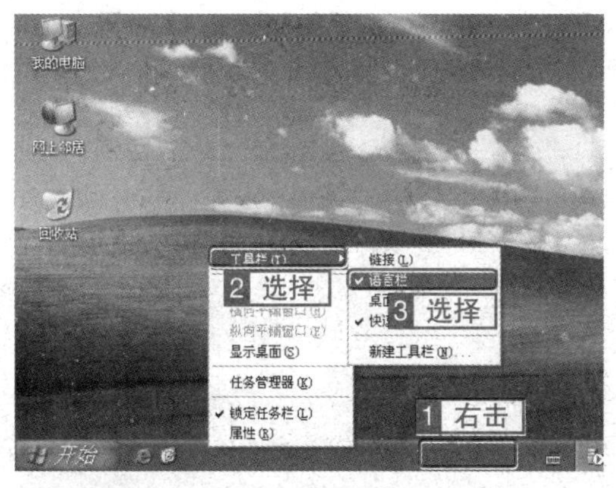

图 2–15　向任务栏添加“语言栏”

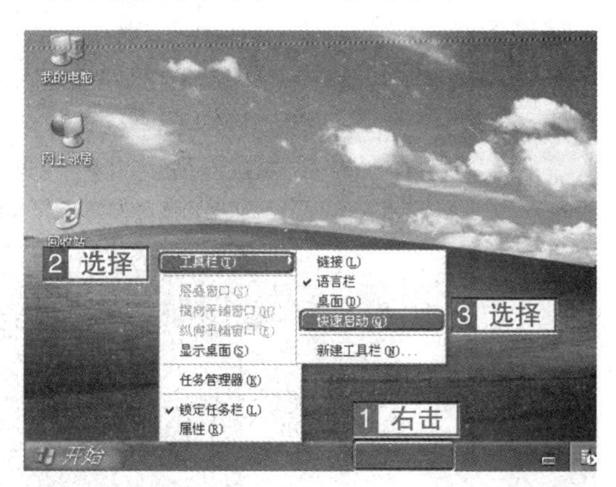

图 2–16　删除任务栏中“快速启动”工具栏

◇**题 目 2**：在任务栏上创建“公司信息”文件夹工具栏，并打开“题目.txt”文件。

◇**考查意图**：本题考查的是向任务栏添加自定义工具和使用自定义工具栏的方法。

◇**操作方法**：

1 右击“任务栏”空白处，在弹出的快捷菜单中选择【工具栏】命令，在弹出的子菜单中选择【新建工具栏】命令，如图 2–17 所示。

2 在弹出的“新建工具栏”对话框中选择“公司信息”文件夹，然后单击 确定 按钮。如图 2–18 所示。

3 在“任务栏”中出现了【公司信息】工具栏，单击右侧的 » 符号，在弹出的菜单中选择【题目】命令。如图 2–19 所示。

图 2-17　打开“新建工具栏”

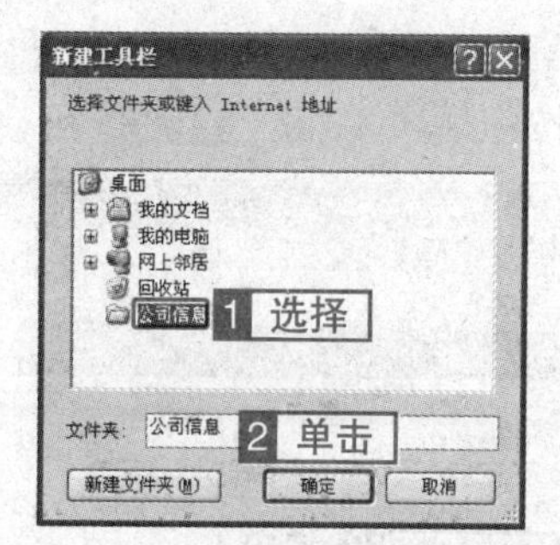

图 2-18　“新建工具栏”对话框

图 2-19　打开“题目”文件

2.5.4　设置任务栏属性

设置任务栏的属性主要包括显示与隐藏、置于其他窗口前方以及其他属性设置。

考点级别：★★

考点分析：

该考点的考查概率比较高，由于全部的设置操作都在“任务栏和「开始」菜单属性”对话框中，所以打开此对话框的方法也是很重要的知识点。

操作方式

类别	菜单	单击	快捷菜单	快捷键	其他方式
置于前端					【将任务栏保持在其它窗口前端】
显示与隐藏					【自动隐藏任务栏】
显示与隐藏快速启动栏					【显示快速启动】
显示与隐藏时间					【显示时钟】
显示与隐藏不活动的图标					【隐藏不活动的图标】

真 题 解 析

◇**题　　目：**请隐藏任务栏上的时钟，显示快速启动。

◇**考查意图：**本题考查的是隐藏任务栏中的时间和显示快速启动栏的方法。

◇**操作方法：**

1 右击“任务栏”空白处，在弹出的快捷菜单中选择【属性】命令，弹出“任务栏和「开始」菜单属性”对话框。通过以下方法也可以打开“任务栏和「开始」菜单属性”对话框。

- 单击按钮，单击【控制面板】按钮，打开“控制面板”窗口，在经典视图下双击【任务栏和「开始」菜单】图标。
- 单击按钮，单击【控制面板】按钮，打开“控制面板”窗口，在分类视图下单击【外观和主题】链接，然后在打开的窗口中单击【任务栏和「开始」菜单】链接。

2 在弹出的“任务栏和「开始」菜单属性”对话框中取消选中的【显示时钟】复选项。

3 在“任务栏和「开始」菜单属性”对话框中选中【显示快速启动】复选项。

4 在对话框中单击 应用(A) 按钮后再单击 确定 按钮，如图2-20所示。

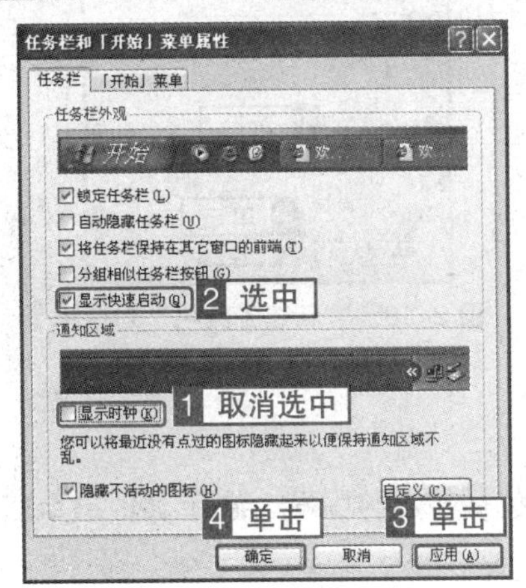

图2-20 隐藏任务栏中的时间显示和显示快速启动栏

2.6 “开始”菜单的设置和使用

“开始”菜单位于任务栏的最左面，单击 开始 按钮，会弹出“开始”菜单。

2.6.1 使用“开始”菜单打开程序

考点级别： ★★★

考点分析：

该考点的考查概率比较高，操作也比较简单，在考试中题目会指定考生要找打开的程序名称，只要在“开始”菜单中找到并单击即可。

操作方式

类别	菜单	单击	快捷菜单	快捷键	其他方式
打开程序	“开始”				

真题解析

◇**题　　目：**在“开始”菜单中，打开我最近的文档中的“资料.txt”。

◇**考查意图：**本题考查的是利用“开始”菜单打开文件或程序的方法，只需在“开始”菜单中找到并单击即可。

◇**操作方法：**

1 单击 开始 按钮，打开“开始”菜单。

2 在“开始”菜单中选择“我最近的文档”项目，打开“我最近的文档”子菜单。

3 在子菜单中选择“资料.txt”，如图2-21所示。

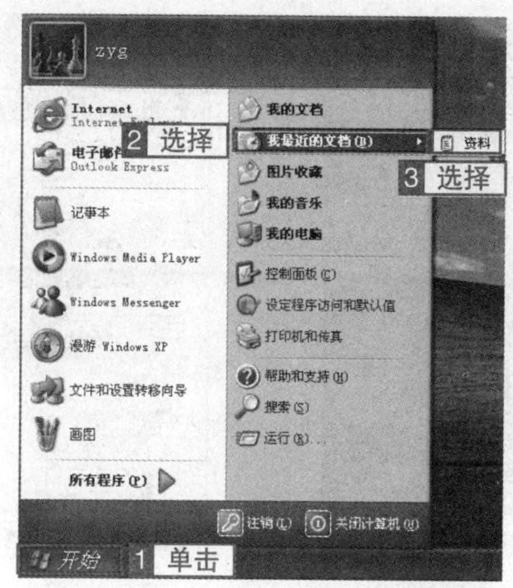

图 2–21　通过“开始”菜单打开“我最近的文档”中的文件

2.6.2　切换“开始”菜单的模式

Windows XP 的“开始”菜单有“「开始」菜单”和“经典「开始」菜单”两种模式。

考点级别： ★★★

考点分析：

切换“开始”菜单的模式出题概率较大，操作简单，通过率比较高。

操作方式

类别	菜单	单击	快捷菜单	快捷键	其他方式
切换模式			“开始”快捷菜单→【属性】		

真 题 解 析

◇**题　　目：** 将“开始”菜单设置为 Windows XP 开始菜单模式。

◇**考查意图：** 本题考查从“经典「开始」菜单”模式切换到“「开始」菜单”模式的操作方法。

◇**操作方法：**

1 右击 开始 按钮，在弹出的快捷菜单中选择【属性】命令，如图 2–22 所示。

2 在弹出的“任务栏和「开始」菜单属性”对话框的“「开始」菜单”选项卡中，选择【「开始」菜单】单选项。

3 单击对话框中的 应用(A) 按钮后再单击 确定 按钮完成设置操作，如图 2–23 所示。

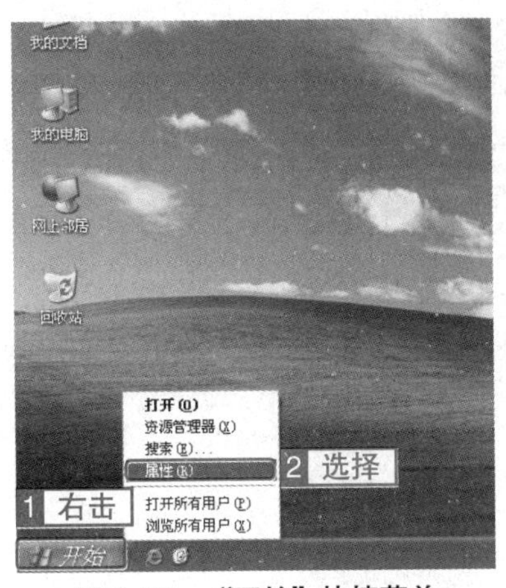

图 2-22 “开始”快捷菜单

图 2-23 切换“「开始」菜单”模式

2.6.3 Windows XP「开始」菜单设置

考点级别：★★★

考点分析：

本考点知识点比较多，出题概率较大，在实际考试时通常情况下已经打开了“任务栏和「开始」菜单属性”对话框，如果没有打开，请按照前面介绍的方法来打开此对话框，常用的是使用“开始”快捷菜单的方式打开此对话框。

操作方式

类别	“自定义「开始」菜单”对话框
更改图标大小	【常规】→“为程序选择一个图标大小”选项组
设置程序数目	【常规】→“「开始」菜单上的程序”数目数值框
显示与隐藏“开始”菜单上的程序	【常规】→“在「开始」菜单上显示”选项组
设置子菜单打开方式	【高级】→【当鼠标停止在它们上面时打开子菜单】
设置突出显示新安装程序	【高级】→【突出显示新安装的程序】
设置显示内容	【高级】→“「开始」菜单项目”选项组
设置最近使用的文档	【高级】→“最近使用的文档”组

真 题 解 析

◇**题　　目：**使“开始”菜单中的程序以小图标显示，清除“开始”菜单上的程序数目列表，清除我最近打开过的文档的列表。

◇**考查意图：**本题考查了更改图标大小、设置程序数目和设置最近使用文档三个知识点的操作方法。

◇**操作方法：**

1 在“任务栏和「开始」菜单属性”对话框的【「开始」菜单】选项卡下，单击“「开始」菜单”后面的自定义(C)...按钮，打开“自定义「开始」菜单”对话框。

2 在【常规】选项卡的“为程序选择一个图标大小”选项组中选择【小图标】单选项。

3 在“程序”选项组中单击 清除列表(C) 按钮。

4 切换到【高级】选项卡，在“最近使用的文档”选项组中单击 清除列表(C) 按钮，然后单击 确定 按钮，返回“任务栏和「开始」菜单属性”对话框。

5 单击“任务栏和「开始」菜单属性”对话框中的 应用(A) 按钮，再单击 确定 按钮完成设置操作，如图 2-24 所示。

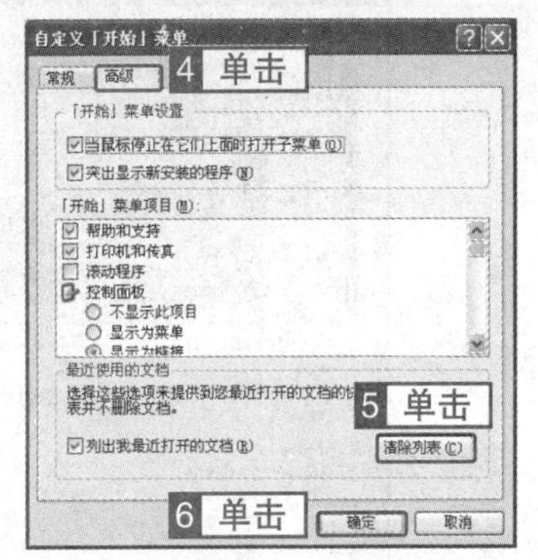

图 2-24　自定义「开始」菜单操作方法

2.6.4　经典「开始」菜单设置

考点级别： ★★★

考点分析：

本考点知识点比较多，出题概率较大，在实际考试时通常情况下已经打开了“任务栏和「开始」菜单属性”对话框，如果没有打开，请按照前面介绍的方法来打开此对话框，常用的是使用“开始”快捷菜单的方式打开此对话框，如果没有切换到经典模式下，必须首先切换到经典模式后再进行操作。

操作方式

类别	菜单	单击	快捷菜单	快捷键	“自定义经典「开始」菜单”对话框
添加快捷方式					【添加】
删除快捷方式					【删除】
排序					【排序】
清除					【清除】
显示或隐藏项目					“高级「开始」菜单选项”选项组
高级设置					【高级】

真 题 解 析

◇**题　　目：** 利用“经典「开始」菜单”，创建 C 盘的快捷方式到“开始”菜单中。

◇**考查意图：** 本题考查的是向经典「开始」菜单添加快捷方式的方法。

◇**操作方法：**

1 在“任务栏和「开始」菜单属性”对话框的【「开始」菜单】选项卡下单击“经典「开始」菜单”后面的 自定义(Z)... 按钮，打开“自定义经典「开始」菜单”对话框，如图 2–25 所示。

2 在“自定义经典「开始」菜单”对话框中单击 添加(D)... 按钮，如图 2–26 所示。

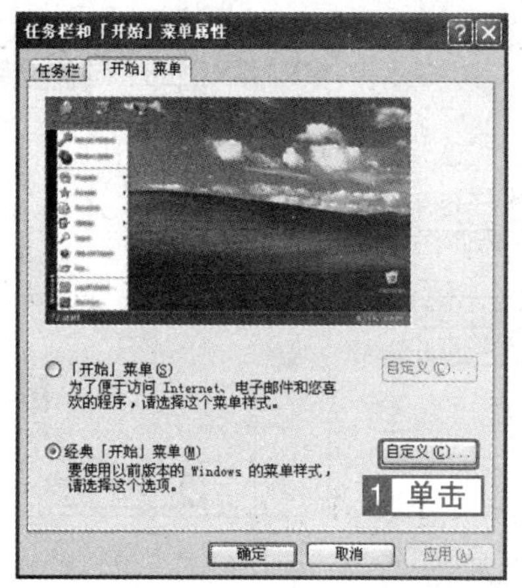

图 2–25 “任务栏和「开始」菜单属性”对话框

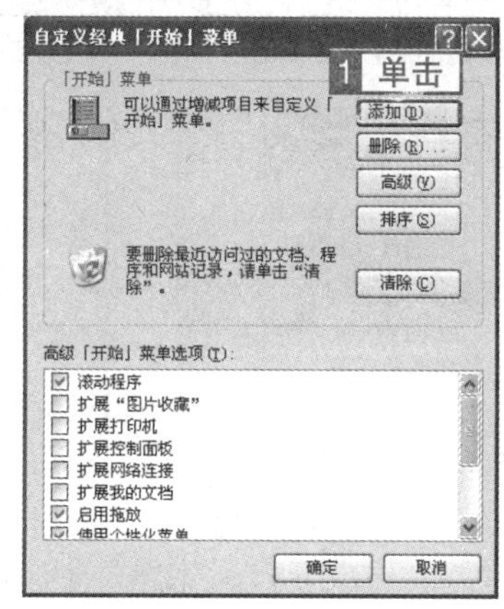

图 2–26 “自定义经典「开始」菜单”对话框

3 打开“创建快捷方式”对话框，在“请输入项目的位置”文本框中输入“c:\”，单击 下一步(N) > 按钮。

4 打开“选择程序文件夹”对话框，在“请选择存放该快捷方式的文件夹”列表框中选择“「开始」菜单”，单击 下一步(N) > 按钮。

5 打开“选择程序标题”对话框，在“键入该快捷方式的名称”文本框中输入“本地磁盘（C）”，单击 完成 按钮。如图 2–27 所示。

6 返回“自定义经典「开始」菜单”对话框，单击 确定 按钮，返回“任务栏和「开始」菜单属性”对话框，单击 确定 按钮完成创建快捷方式操作。

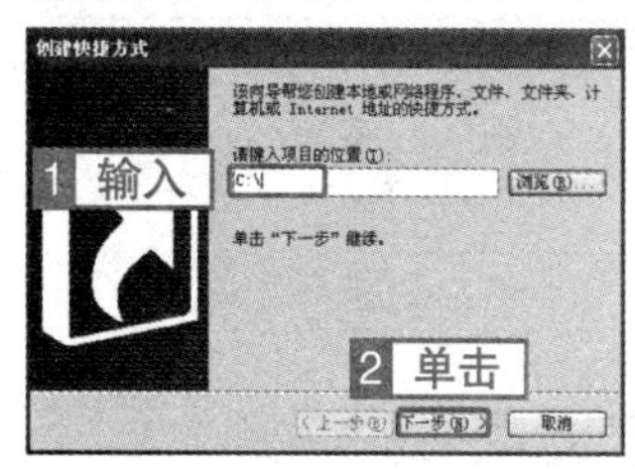

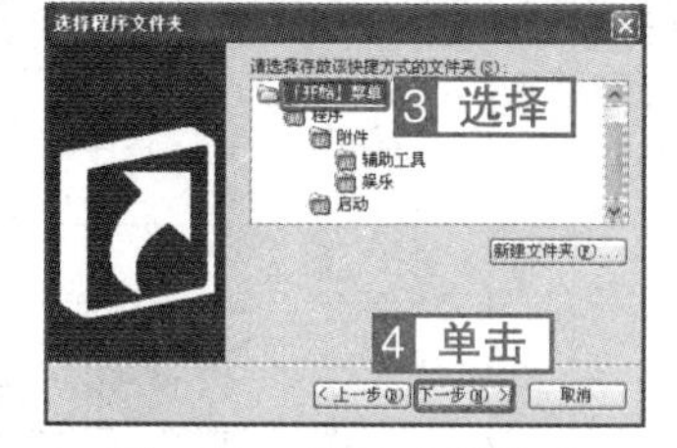

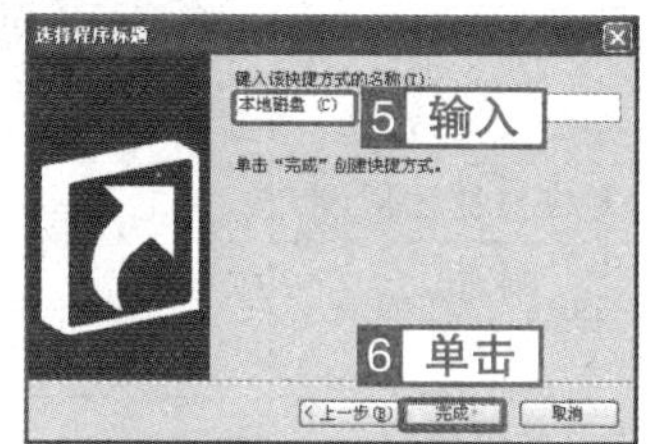

图 2–27 创建快捷方式

2.6.5 在“开始”菜单中增加与删除快捷方式

在“开始”菜单中用户同样可以增加与删除快捷方式。

考点级别：★★★

考点分析：

在“开始”菜单中增加与删除快捷方式都可以通过“经典「开始」菜单”来进行，

这与设置“开始”菜单相关知识点重叠，因此出题概率较高，且有时出题时直接考查这两个考点的应用。

操作方式

类别	菜单	快捷键	“自定义经典「开始」菜单”对话框
添加快捷方式	【打开所有用户】、【浏览所有用户】		【添加】
删除快捷方式	单击【删除】命令		【删除】

真 题 解 析

◇**题　　目：**删除“开始”菜单中的 Excel 的快捷方式。

◇**考查意图：**本题考查的是删除快捷方式的操作，由于没指定方法，用户自己决定操作方法。

◇**操作方法：**

方法一

1 右击“Excel”图标，在弹出的快捷菜单中选择【删除】命令。

2 打开“确认文件删除”对话框，单击 是(Y) 按钮。

方法二

1 右击 开始 按钮，在弹出的快捷菜单中选择【属性】命令。

2 在打开的“任务栏和「开始」菜单属性”对话框中选择“经典「开始」菜单”单选项，再单击 自定义(C)... 按钮。

3 在打开的“自定义经典「开始」菜单”对话框中，单击 删除(R)... 按钮。

4 打开“删除快捷方式 / 文件夹”对话框，选择“Excel”，然后单击 删除(R)... 按钮。

5 打开“确认文件删除”对话框，单击 是(Y) 按钮，返回“删除快捷方式 / 文件夹”对话框，单击 关闭 按钮关闭对话框，如图 2-28 所示。

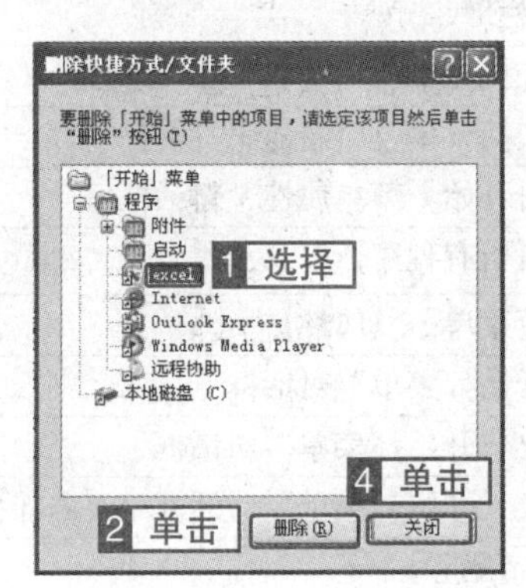

图 2-28　删除快捷方式

本章考点及其对应操作方式一览表

考点	考频	操作方式
打开窗口	★★★	双击图标
移动窗口	★★★	拖动“标题栏”
改变窗口大小	★★★	拖动窗口边缘
最大化窗口	★★★	【最大化】按钮
最小化窗口	★★★	【最小化】按钮
还原窗口	★★★	【还原】按钮
切换窗口	★★★	【Alt+Tab】
层叠窗口	★★★	“任务栏”右键菜单→【层叠窗口】
横向平铺窗口	★★★	“任务栏”右键菜单→【横向平铺窗口】
纵向平铺窗口	★★★	“任务栏”右键菜单→【纵向平铺窗口】
关闭窗口	★★★	【关闭】按钮
显示与隐藏窗口工具栏	★★★	【查看】→【工具栏】
锁定窗口工具栏	★★★	【查看】→【工具栏】→【锁定工具栏】
定制窗口工具栏	★★★	【查看】→【工具栏】→【自定义】
显示与隐藏窗口状态栏	★	【查看】→【状态栏】
打开菜单	★★★	单击
关闭菜单	★★★	单击菜单外空白处或【Esc】键
使用快捷菜单	★★★	右击操作对象
任务栏锁定与解锁	★★	“任务栏和「开始」菜单属性”对话框→【锁定任务栏】
调整任务栏大小	★★	拖动“任务栏”边缘
调整任务栏位置	★★	拖动“任务栏”
添加或删除任务栏系统工具栏	★★	“任务栏”快捷菜单→【工具栏】
添加或删除任务栏自定义工具栏	★★	“任务栏”快捷菜单→【新建工具栏】
设置任务栏属性	★★	“任务栏和「开始」菜单属性”对话框
使用“开始”菜单打开程序	★★★	“开始”→【所有程序】
切换“开始”菜单的模式	★★★	“开始”快捷菜单→【属性】
Windows XP「开始」菜单设置	★★★	“自定义「开始」菜单”对话框
经典「开始」菜单设置	★★★	“自定义经典「开始」菜单”对话框
在“开始”菜单中增加快捷方式	★★★	“自定义经典「开始」菜单”对话框→【添加】
在“开始”菜单中删除快捷方式	★★★	快捷菜单→【删除】

通 关 真 题

CD 注：以下测试题可以通过光盘【实战教程】→【通关真题】进行测试。

第 1 题 利用地址栏，将当前窗口切换到 D 盘的“OE 教育”文件夹。

第 2 题 在 Windows 窗口中，请利用窗口信息区打开“网上邻居”窗口，并查看网络连接情况。

第 3 题 在当前窗口，隐藏地址栏，增加链接栏，并打开百度首页。

第 4 题 用快捷键关闭当前窗口。

第 5 题 桌面上有“我的电脑”窗口，请打开“资源管理器”窗口。

第 6 题 请利用 C 盘窗口信息区，把“TEST.TXT”文件删除。

第 7 题 隐藏“资源管理器”窗口的状态栏。

第 8 题 在“Media”的文件夹窗口，请改变窗口的高度，以便使窗口中的文件全部显示出来。

第 9 题 在当前窗口，用键盘打开“文件”菜单，选择“关闭”命令。

第 10 题 取消显示“快速启动”栏，并解除锁定的任务栏，将“任务栏”调高，然后锁定任务栏。

第 11 题 解除任务栏锁定，将“任务栏”高度减小到只剩一条蓝线。

第 12 题 利用对话框设置任务栏保持在其他窗口的前端，分组相似的任务栏，显示快速启动，显示时钟，显示不活动的图标。

第 13 题 解除任务栏的锁定，将位于屏幕底部的“任务栏”移至屏幕上边。

第 14 题 设置任务栏的“音量通知行为”为总是显示。

第 15 题 请隐藏任务栏上的时钟，显示快速启动。

第 16 题 将“我的电脑”建立在任务栏上，并解除显示标题。

第 17 题 显示自动隐藏的任务栏，以大图标的方式查看任务栏的工具栏。

第 18 题 将 IE 浏览器添加到快速启动区，并在 IE 浏览器的地址栏中打开“http://www.oeoe.com”。

第 19 题 请在任务栏上新建“E 盘”工具栏，显示大图标。

第 20 题 在任务栏上添加地址栏，并用它打开百度首页。

第 21 题 请在任务栏上添加“链接”栏，取消“显示标题”，并打开百度主页（http://www.baidu.com）。

第 22 题 请利用任务栏的程序图标区，将桌面上打开的多个窗口“纵向平铺”排列。

第 23 题 请利用任务栏的程序图标区，将已经最小化的“ppt 练习题.doc”窗口还原。

第 24 题 将桌面上的“Excel”快捷方式附加到“开始”菜单的“固定项目列表”中。

第 25 题 设置“打印机和传真”、“控制面板”、“我的电脑”出现在“开始”菜单选项中（控制面板、我的电脑显示为菜单）。

第 26 题 请设置在“开始”菜单上的程序以小图标显示，程序数目为8个，在“开始”菜单上显示 Internet 和电子邮件。

第 27 题 在“开始”菜单中隐藏“运行命令”项目，列出我最近打开过的文档。

第 28 题 将“开始”菜单设置成为“经典模式”。

第 29 题 将桌面上的 Excel 应用程序创建快捷方式到“开始”菜单的“所有程序”中。

第 30 题 通过经典开始菜单属性的“高级”命令，将桌面上的 Excel 应用程序创建快捷方式到“开始”菜单中。

第 31 题 请在“开始”菜单的“所有程序”中，删除记事本快捷方式。

第 32 题 隐藏工具栏的标准按钮，并将工具栏锁定。

第 33 题 在工具栏上增加“历史”按钮，并设置工具栏按钮图标为大图标，设置工具栏按钮无文字标签。

第 34 题 在“我的电脑”窗口的工具栏上增加刷新按钮，并将刷新按钮置于工具栏的最左侧。

第 35 题 桌面上有打开的 E 盘窗口，请将工具栏的“剪切”按钮和“历史”按钮删除。

Windows XP 的资源管理

计算机系统的资源包括软件资源和硬件资源两大类。计算机系统中的数据都是以文件的形式存储在磁盘上的，而文件又是存放在不同的文件夹中的。本章介绍了在 Windows XP 中使用“资源管理器”和“我的电脑”对文件及文件夹进行管理，“搜索”功能的使用，回收站的管理和操作，应用程序的管理，任务管理器的使用，以及磁盘的管理与维护。

本章考点

掌握的内容★★★

- 浏览文件和文件夹
- 选择文件和文件夹
- 新建文件和文件夹
- 复制文件和文件夹
- 发送文件和文件夹
- 移动文件和文件夹
- 重命名文件和文件夹
- 删除文件和文件夹
- 搜索文件和文件夹
- 设置或更改文件的打开方式
- 设置文件和文件夹的属性
- 设置文件夹选项
- 查看“回收站”内容
- 还原删除的文件或文件夹
- 删除或清空回收站的内容
- 应用程序的运行方式

熟悉的内容★★

- 打开“我的电脑”窗口
- 打开“资源管理器”窗口
- 文件夹图标的排列与查看方式
- 格式化磁盘
- 设置磁盘的常规属性
- 磁盘的清理
- 磁盘的检查
- 磁盘的碎片整理
- 备份磁盘数据
- 还原磁盘数据

了解的内容★

- Windows XP 系统备份
- Windows XP 系统还原
- 任务管理器的使用

3.1 “资源管理器”与“我的电脑”

“资源管理器”与“我的电脑”都是 Windows XP 进行系统资源管理的工具，两者的功能大同小异，仅是在显示外观上有所不同。

3.1.1 打开“资源管理器”

考点级别： ★★

考点分析：

本考点的出题率较高，但很少独立出题，通常都是和其他考点集中考查。打开“资源管理器”的方法很多，在考试中如果没指定操作方式，可以使用最简单的方式来操作。

操作方式

类别	菜单	快捷菜单	其他方式
打开“资源管理器”	【开始】→【所有程序】→【附件】→【Windows 资源管理器】	右击【开始】→【资源管理器】；右击【我的电脑】→【资源管理器】；右击磁盘或文件夹→【资源管理器】	在窗口模式下，单击工具栏【文件夹】按钮

真题解析

◇**题　　目：**通过“开始”菜单中的“所有程序”运行“Windows 资源管理器”。

◇**考查意图：**本题考查的是通过“开始”菜单打开“资源管理器”的方法。

◇**操作方法：**

1 单击 开始 按钮，打开“开始”菜单。

2 在“开始”菜单中选择“所有程序”，打开“所有程序”子菜单。

3 在“所有程序”子菜单中选择“附件”，在打开的“附件”子菜单中选择“Windows 资源管理器”命令，打开“资源管理器”窗口，如图 3-1 所示。

图 3-1　通过“开始”菜单打开“资源管理器”

3.1.2 打开“我的电脑”

考点级别： ★★

考点分析：

本考点的出题率较高，但很少独立出题，通常都是和其他考点集中考查，如打开“资源管理器”窗口，将其切换到“我的电脑”窗口。

操作方式

类别	双击	菜单	其他方式
打开“我的电脑”	桌面【我的电脑】图标	【开始】→【我的电脑】	在“资源管理器”窗口下，单击工具栏【文件夹】按钮

真题解析

◇题　　目：请将“资源管理器”窗口直接切换到“我的电脑”窗口。

◇考查意图：本题考查的是在“资源管理器”窗口下，切换到“我的电脑”窗口的方法。

◇操作方法：

1 在“资源管理器”的“文件夹”窗口中单击“我的电脑”。

2 单击“资源管理器”窗口工具栏中的 文件夹 按钮，切换到“我的电脑”窗口，如图 3–2 所示。

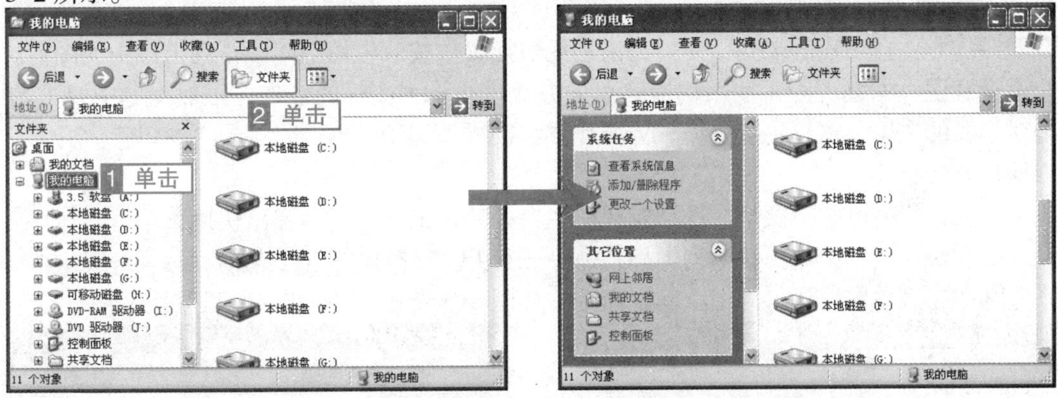

图 3–2　通过工具栏将“资源管理器”窗口切换到“我的电脑”窗口

3.2　文件及文件夹管理

“资源管理器”与“我的电脑”都是系统资源管理的工具，它们对文件及文件夹的管理操作实质上是一样的，只不过是体现方式不同而已。

3.2.1　浏览文件和文件夹

考点级别： ★★★

考点分析：

本考点的出题率较高，一般不会单独在考题中出现，通常情况会跟其他文件及文件夹操作集中考查。

操作方式

类别	单击	双击	菜单	快捷菜单	其他方式
浏览文件或文件夹	“文件夹窗格”中的文件夹	“文件浏览窗格”中的文件夹	【文件】→【打开】	文件夹的快捷菜单【打开】或【资源管理器】	工具栏，地址栏
更改显示方式			【查看】	“文件浏览窗格”的快捷菜单【查看】	工具栏中【查看】按钮
排列图标			【查看】→【排列图标】	“文件浏览窗格”的快捷菜单【排列图标】	

续表

排序显示	“文件浏览窗格”标题头				
更改“详细信息”列表项			【查看】→【选择详细信息】		

真 题 解 析

◇**题 目 1**：在“我的电脑”窗口，请利用快捷菜单按“可用空间”排列窗口中的图标。

◇**考查意图**：本题考查了使用快捷菜单的方式进行排列图标的操作，虽然本题中要求的是对“我的电脑”窗口进行操作，但操作方法同样适用于“资源管理器”窗口。

◇**操作方法**：

1 在“我的电脑”窗口文件浏览区的空白处单击鼠标右键，弹出快捷菜单。

2 在快捷菜单中选择【排列图标】命令，打开“排列图标”子菜单。

3 在子菜单中选择【可用空间】命令，如图 3–3 所示。

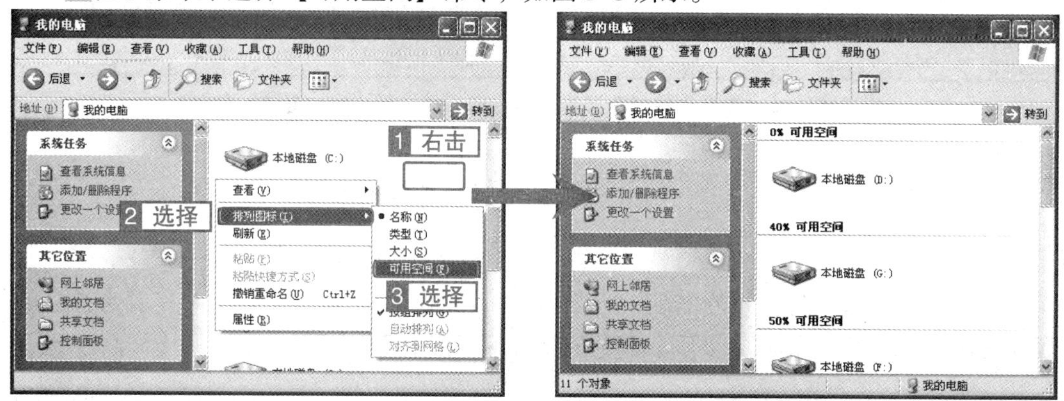

图 3–3 按“可用空间”排列“我的电脑”窗口中的图标

◇**题 目 2**：设置使“详细信息”中能显示“备注”信息，并且显示详细信息时“备注”在详细信息的首位。

◇**考查意图**：本题考查的是“详细信息”列表项的更改操作。

◇**操作方法**：

1 单击【查看】菜单项，在弹出的下拉菜单中选择【选择详细信息】命令，打开“选择详细信息”对话框。

2 在“选择详细信息”对话框中选中【备注】复选项。

3 单击“备注”，然后单击 上移(U) 按钮，移动【备注】选择项到第一位，然后单击 确定 按钮，如图 3–4 所示。

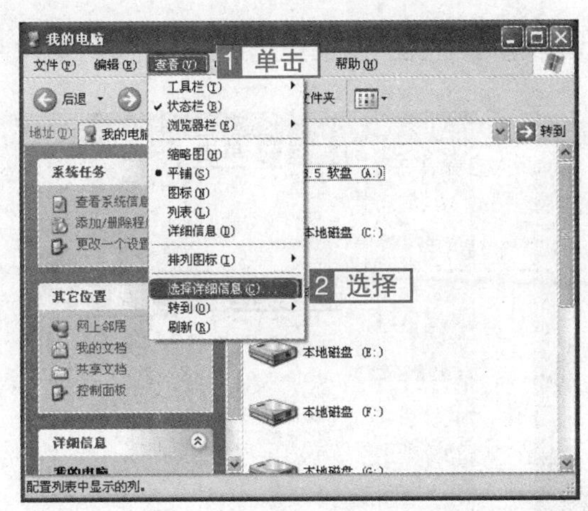

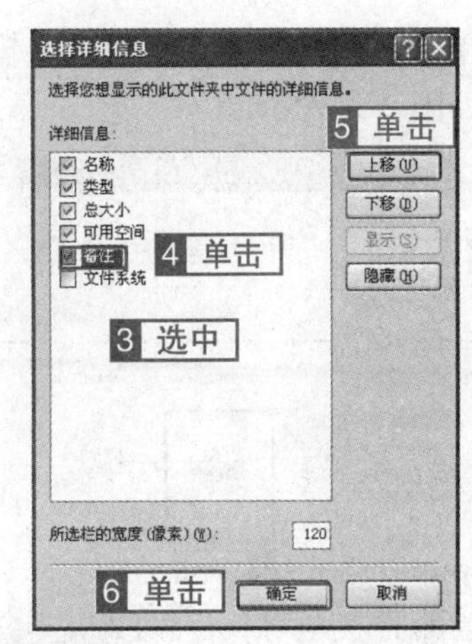

图 3–4 更改“详细信息”列表项

3.2.2 选择文件夹和文件

在 Windows XP 系统中对文件或文件夹操作前，都需要先选择它们。

考点级别：★★★

考点分析：

本考点的出题率较高，但通常和其他考点结合起来考查，如文件的复制、移动和删除等。

操作方式

类别	单击	快捷键	菜单
单一对象	单击要选择的对象		
连续多个对象	单击第一个（或最后一个）对象，然后按【Shift】同时单击最后一个（或第一个）对象		
不连续多个对象	按【Ctrl】同时依次单击选择的对象		
反选对象			【编辑】→【反向选择】
选择全部		【Ctrl+A】	【编辑】→【全部选定】

真 题 解 析

◇**题　　目：**利用“我的电脑”窗口，将可移动磁盘 (H:)下的文件夹和文件按“列表”显示后，选择其中文件扩展名为“.AVI”和文件扩展名为“.mp3”的文件。

◇**考查意图：**本题考查了更改排列图标和选择文件两个考试点的方法。

◇**操作方法：**

1 双击桌面上的【我的电脑】图标，打开“我的电脑”窗口。

2 在“我的电脑”窗口中，双击“可移动磁盘(H:)”，打开“可移动磁盘(H:)”窗口，如图 3–5 所示。

3 单击“可移动磁盘（H:）”窗口中的【查看】菜单，在下拉列表中选择【列表】命令，如图 3-6 所示。

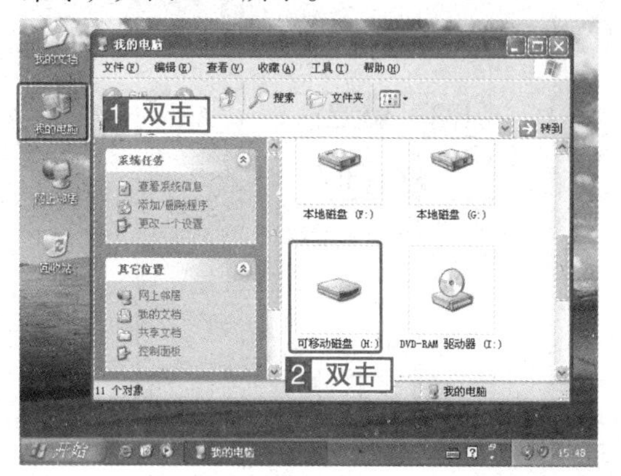

图 3-5　通过“我的电脑”打开“可移动磁盘（H:）”

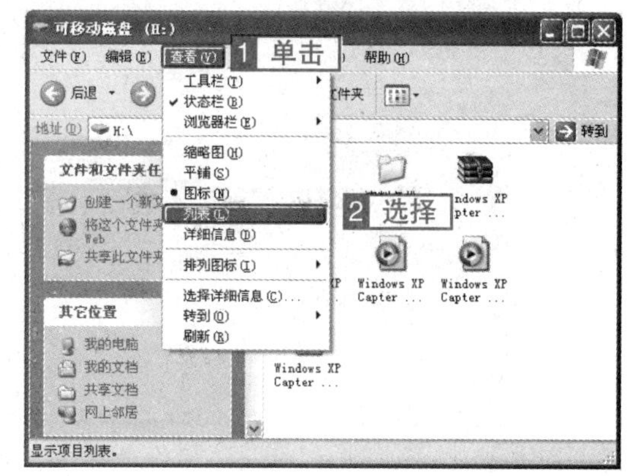

图 3-6　设置窗口图标按“列表”排列

4 按下【Ctrl】键不放，用鼠标依次单击扩展名为“.AVI”和“.mp3”的文件，然后释放【Ctrl】键完成选择文件的操作，如图 3-7 所示。

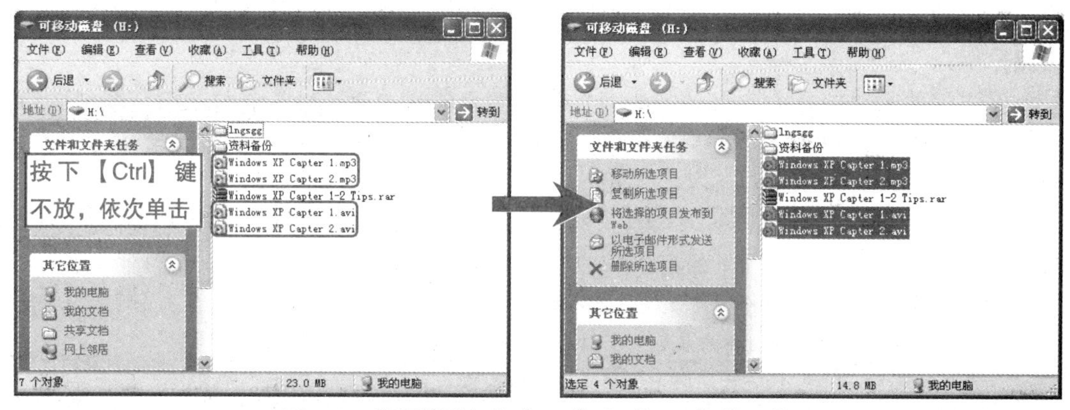

图 3-7　选择扩展名为“.AVI”和“.mp3”的文件

3.2.3　新建文件夹和文件

考点级别： ★★★

考点分析：

本考点中新建文件夹和新建文件的操作方法类似，所以通常情况下只会考查一个知识点，但也不排除两个知识点相结合考查的可能。

操作方式

类别	菜单	快捷菜单	其他方式
新建文件夹	【文件】→【新建】→【文件夹】	【新建】→【文件夹】	
新建文件	【文件】→【新建】→【文件类型】	【新建】→【文件类型】	

真 题 解 析

◇题　　目：先在 C 盘根目录下创建文件夹“MKKS”，再在这个文件夹下创建名为“ks.txt”的空白文本文件。

◇考查意图：本题在考查了新建文件夹和新建文件之外，也考查了如何改变当前路径的操作方法。由于新建的文件名后缀为“.txt”，因此本题要求建立的是文本文档。

◇操作方法：

1 双击桌面上的【我的电脑】图标，打开“我的电脑”窗口。

2 在“我的电脑”窗口中，双击工作区中的“本地磁盘（C:）”，打开“本地磁盘（C:）”窗口。也可以通过以下方法在“我的电脑”窗口中打开“本地磁盘（C:）”窗口。

- 在“地址”文本框中输入“c:\”，然后按【Enter】键或单击【转到】按钮。
- 单击“地址”下拉列表按钮，在弹出的下拉列表中选择“本地磁盘（C:）”。
- 单击“本地磁盘（C:）”，然后按【Enter】键。

3 单击菜单【文件】项，在弹出的下拉菜单中，选择【新建】命令，在弹出的子菜单中选择【文件夹】命令，如图 3–8 所示；或者右击“本地磁盘（C:）”窗口工作区的空白处，在弹出的快捷菜单中选择【新建】命令，在弹出的子菜单中选择【文件夹】命令。

4 在“新建文件夹”的名称框中输入“MKKS”，如图 3–9 所示，然后按【Enter】键。

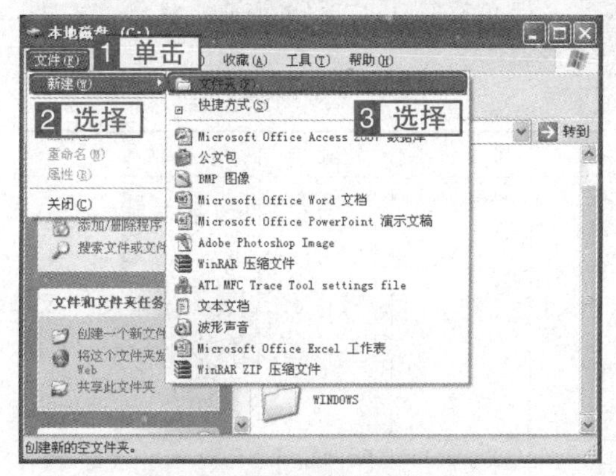

图 3–8　通过菜单新建文件夹

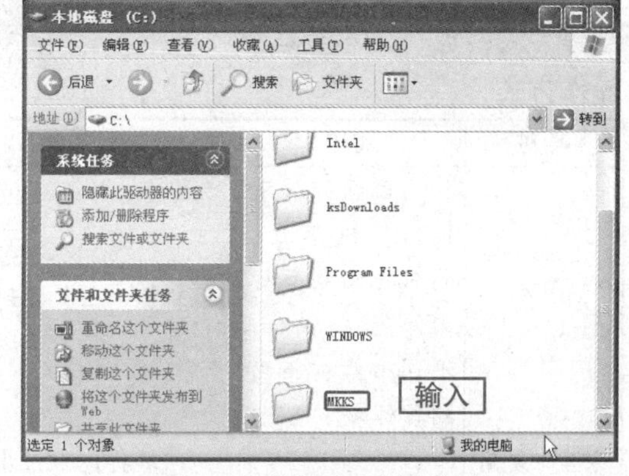

图 3–9　给新建文件夹命名

5 双击“MKKS”文件夹，进入“MKKS”窗口，同样也可以用步骤 2 的其他方式打开“MKKS”窗口。

6 单击菜单【文件】项，在弹出的下拉菜单中，选择【新建】命令，在弹出的子菜单中选择【文本文档】命令，如图 3–10 所示；或者右击“MKKS”窗口工作区的空白处，在弹出的快捷菜单中选择【新建】命令，在弹出的子菜单中选择【文本文档】命令。

7 在“新建 文本文档”的名称框中输入“KS”，如图 3–11 所示，然后按【Enter】键。

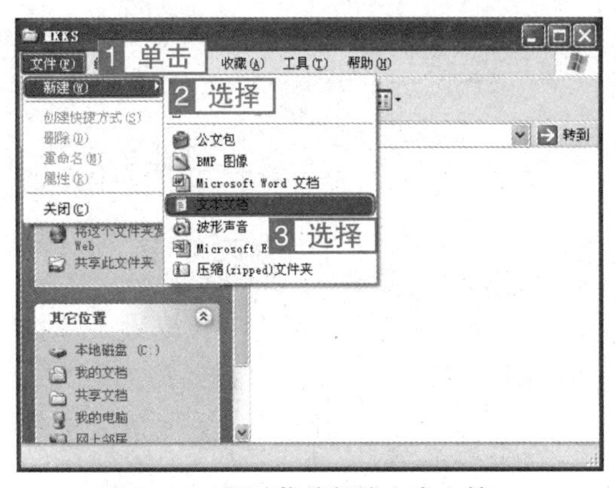

图 3–10　通过菜单新建文本文档

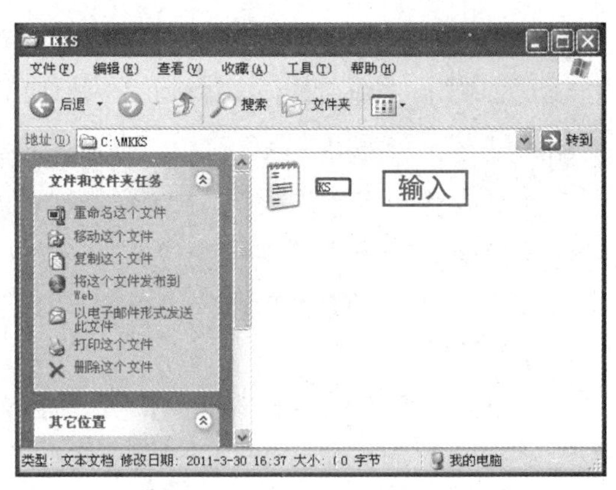

图 3–11　给新建文本文件命名

3.2.4　复制文件和文件夹

复制文件是指制作一个文件的副本，复制文件夹是指制作一个文件夹的副本，Windows XP 为使用者提供了多种复制文件和文件夹的操作方法。

考点级别：★★★

考点分析：

本考点的考查概率比较大，操作方式比较多，但在考试中一般情况下只会考查一种操作方式，考试中尽量选操作简单的操作方式来进行操作。

操作方式

类别		鼠标	菜单	快捷菜单	快捷键	其他方式
直接操作		相同磁盘：按下【Ctrl】键不放，同时拖动到目标文件夹。 不同磁盘：拖动到目标文件夹	【编辑】→【复制到文件夹】			“我的电脑”窗口中“任务窗格”→【复制这个文件(文件夹)】
分步操作	复制		【编辑】→【复制】	【复制】	【Ctrl+C】	
	粘贴		【编辑】→【粘贴】	【粘贴】	【Ctrl+V】	

真　题　解　析

◇**题目 1：**利用“资源管理器”将 F 盘根文件夹中的文件“SETUP.EXE”复制到 D 盘根文件夹中。

◇**考查意图：**本题考查了使用“资源管理器”复制文件的方法，如果是复制文件夹，方法是相同的。

◇**操作方法：**

方法一

1 右击桌面【我的电脑】图标，在弹出的快捷菜单中选择【资源管理器】命令；

或者右击 开始 按钮，在弹出的快捷菜单中选择【资源管理器】命令；或者单击 开始 按钮，在弹出的菜单中选择【所有程序】，在弹出的子菜单中选择【附件】，在弹出的子菜单中选择【Windows 资源管理器】命令，打开“资源管理器”窗口。

2 在“资源管理器”窗口的左侧“文件夹”窗格中选择 F 盘，在右侧窗格中选择“Setup.exe”文件后，再选择“编辑”菜单中的【复制】命令，如图 3–12 所示；或者右击“Setup.exe”文件，并在快捷菜单中选择【复制】或按下【Ctrl+C】组合键。

3 在“文件夹”窗格选择 D 盘，或单击地址栏右侧的下箭头，并在下拉列表中选择 D 盘，或在地址栏文本框中输入“D:\”然后按【转到】按钮。

4 如图 3–13 所示，选择【编辑】菜单中的【粘贴】命令，或者右击文件列表区空白处，并在快捷菜单中选择【粘贴】命令，或者按下【Ctrl+V】组合键，完成复制操作。

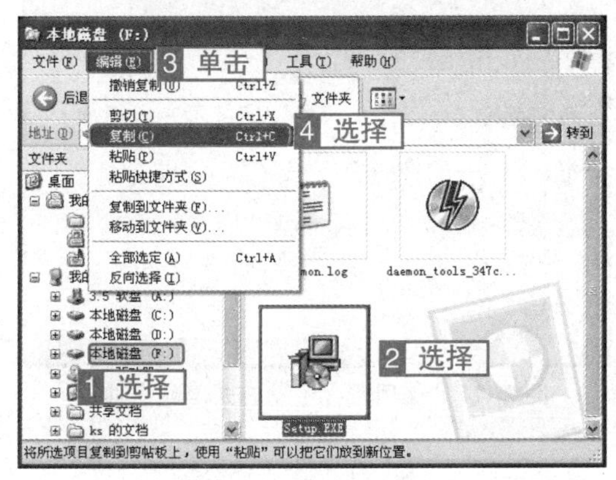

图 3–12　复制文件

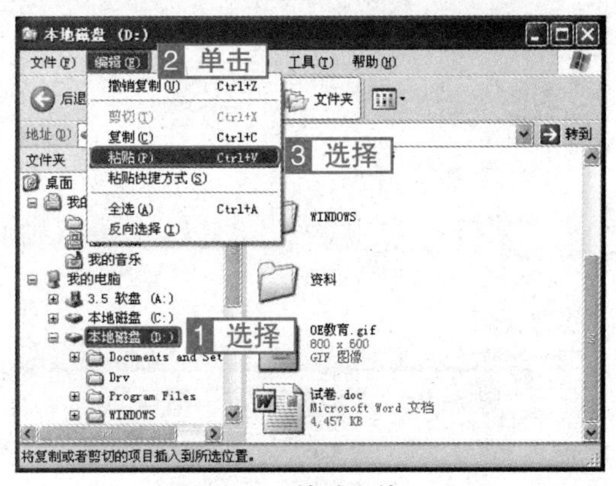

图 3–13　粘贴文件

方法二

1 右击桌面【我的电脑】图标，在弹出的快捷菜单中选择【资源管理器】命令；或者右击 开始 按钮，在弹出的快捷菜单中选择【资源管理器】命令；或者单击 开始 按钮，在弹出的菜单中选择【所有程序】，在弹出的子菜单中选择【附件】，在弹出的子菜单中选择【Windows 资源管理器】命令。

2 同方法 1 的第 2 步。

3 选择【编辑】菜单中的【复制到文件夹】命令，如图 3–14 所示，进入“复制项目”对话框。

4 选择 D 盘，并单击 复制 按钮，如图 3–15 所示，完成复制操作。

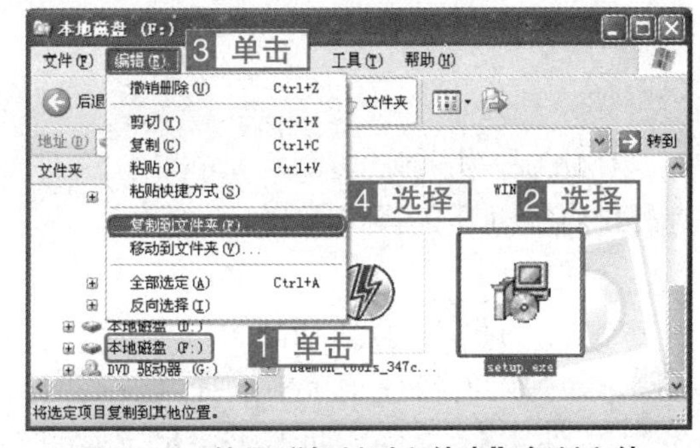

图 3–14　使用“复制到文件夹”复制文件

图 3–15　“复制项目”对话框

◇**题目 2**：在“资源管理器”窗口，用鼠标拖动的方式将 D 盘中“考试策略”文件夹，复制到 C 盘根目录下。

◇**考查意图**：本题考查了在“资源管理器”中利用鼠标复制文件夹的方法，如果是复制文件，方法是相同的。

◇**操作方法**：

1 在“资源管理器”左侧“文件夹”窗格中选择 D 盘，如图 3-16 所示。

2 在右侧窗格中“考试策略”文件夹上按下鼠标左键不放，拖动到左侧“文件夹”窗格的 C 盘释放鼠标左键，如图 3-17 所示，完成复制操作。

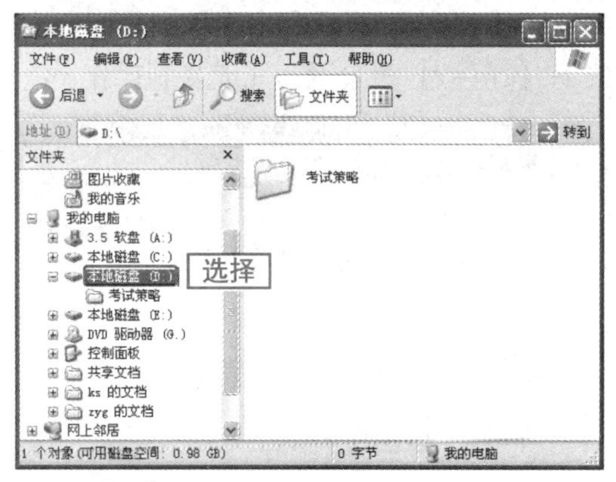

图 3-16 “资源管理器”窗口

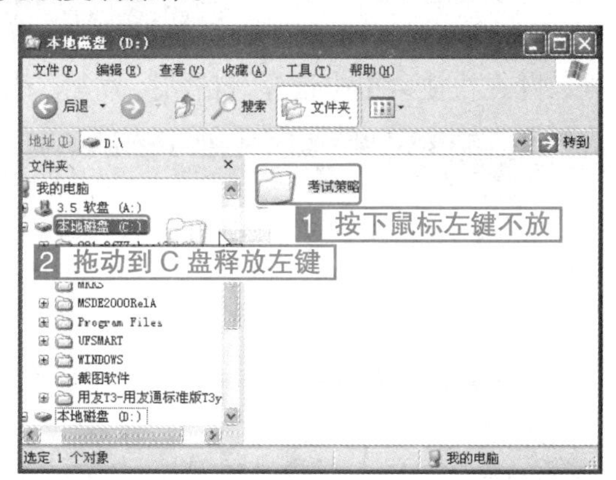

图 3-17 使用鼠标拖动方式复制文件夹

3.2.5 发送文件和文件夹

用户可以使用 Windows XP 的发送功能将文件或文件夹复制到指定的外部存储介质上。

考点级别：★★★

考点分析：

该考点的考查概率不大。但由于现在移动存储设备的广泛使用，发送文件或文件夹到外部存储设备的操作实用性很强，因此在考试中偶尔也会考查这方法的内容。

操作方式

类别	菜单	快捷菜单	其他方式
发送文件和文件夹	【文件】→【发送到】	【发送到】	

真 题 解 析

◇**题　　目**：将 C 盘根文件夹下的文件夹“EXAM”发送到“压缩（zipped）文件夹”。

◇**考查意图**：本题考查的是将文件发送到外部存储介质的操作方法。

◇**操作方法**：

1 打开“我的电脑”窗口，在其中双击 C 盘，打开 C 盘所在的窗口。

2 在“EXAM”文件夹上单击鼠标右键，在弹出的快捷菜单中选择【发送到】命令，在弹出的子菜单中选择【压缩（zipped）文件夹】命令，如图 3-18 所示；或单击

“EXAM”文件夹，然后选择【文件】菜单中的【发送到】命令，在弹出的子菜单中选择【压缩（zipped）文件夹】命令，如图 3-19 所示。

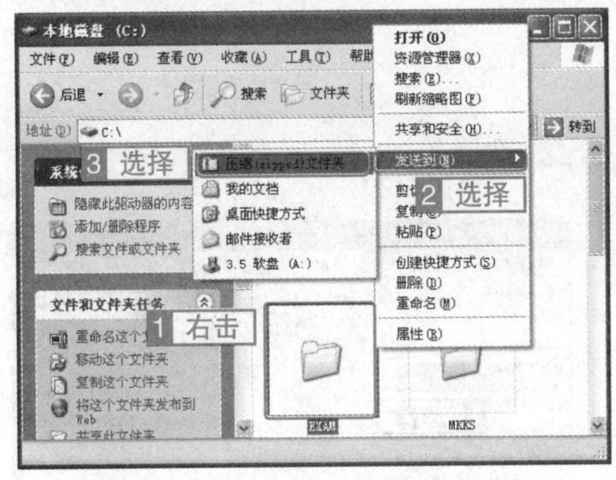

图 3-18　通过快捷菜单发送文件夹

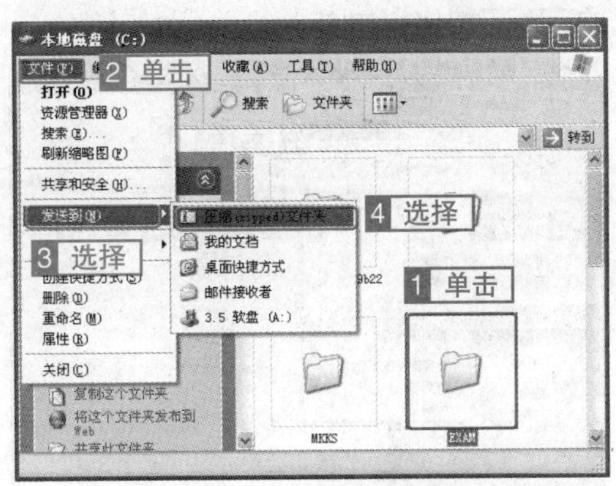

图 3-19　通过菜单发送文件夹

3.2.6　移动文件和文件夹

移动文件或文件夹就是把文件或文件夹从计算机中的一个位置移动到另一个位置。

考点级别：★★★

考点分析：

该考点的考查概率比较大，操作的方法也比较多。在考试中通常只考查其中一种，该考点命题方式很简单，在考试中应尽量使用比较简单的方法进行操作。

操作方式

类别		鼠标	菜单	快捷菜单	快捷键	其他方式
直接操作		相同磁盘：拖动到目标文件夹。不同磁盘：按下【Shift】键不放，同时拖动到目标文件夹	【编辑】→【移动到文件夹】			“我的电脑”窗口中“任务窗格”→【移动这个文件(文件夹)】或工具栏【移至】按钮
分步操作	1 复制		【编辑】→【剪切】	【剪切】	【Ctrl+X】	
	2 粘贴		【编辑】→【粘贴】	【粘贴】	【Ctrl+V】	

真 题 解 析

◇**题 目 1：**在工具栏上添加“移至”按钮，并移动“OE.bmp”到 E 盘，然后重置工具栏使其恢复到初始状态。

◇**考查意图：**本题虽然有三个操作关键点，但只考查了两个考点的内容，一个是自定义窗口工具栏的方法，另一个是移动文件的方法。

◇**操作方法：**

1 单击【查看】菜单，在弹出的下拉菜单中选择【工具栏】，在弹出的子菜单中选择

【自定义】，如图 3-20 所示，打开“自定义工具栏”对话框。

2 在“可用工具栏按钮”列表中选择“移至”项目，然后单击[添加(A) ->]按钮，然后单击[关闭(C)]按钮，如图 3-21 所示。

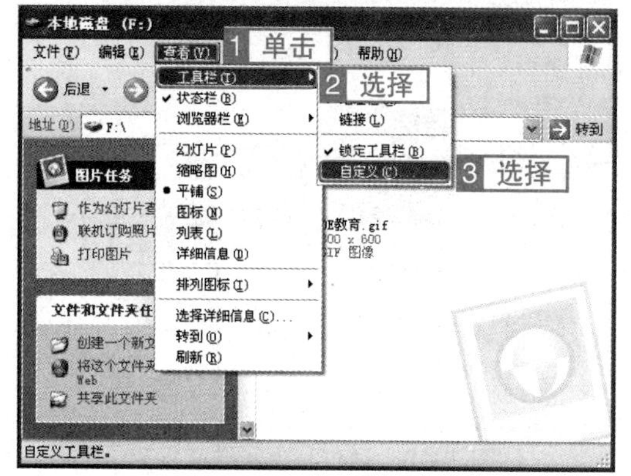

图 3-20 通过菜单打开“自定义工具栏”对话框

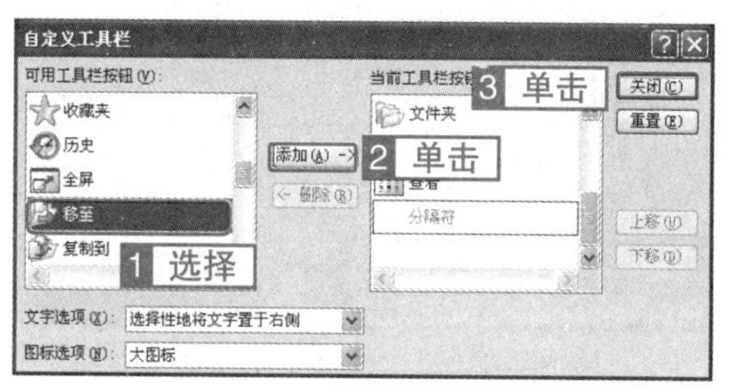

图 3-21 添加“移至”按钮到工具栏中

3 在窗口的右窗格中选择“OE.bmp”文件，单击工具栏中【移至】按钮，如图 3-22 所示。

4 在打开的“移动项目”对话框中选择“本地磁盘（E:）”项目，单击[移动]按钮，如图 3-23 所示。

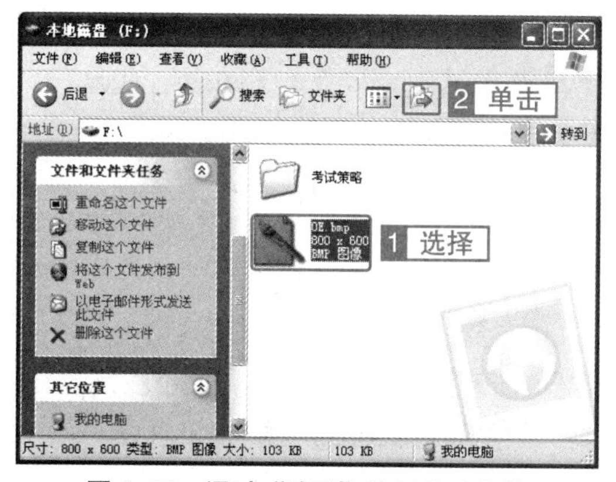

图 3-22 通过“移至”按钮移动文件

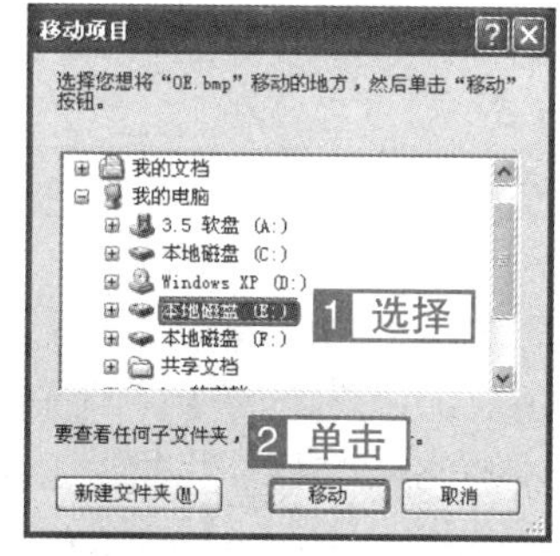

图 3-23 选择目标文件夹

5 按步骤 1 打开“自定义工具栏”对话框，单击[重置(R)]按钮，然后单击[关闭(C)]按钮。

◇**题 目 2：** 请将文件夹“C:\ 综合”下的子文件夹“模拟练习”移至 C 盘根文件夹下（不允许使用鼠标直接拖拽方式）。

◇**考查意图：** 本题主要考查考生不使用鼠标移动文件夹的操作，不使用鼠标的操作方式很多，在考试中可以先用最熟悉的方法来操作，如果遇到无法操作时请换用其他方式操作。

◇**操作方法：**

方法一

1 双击桌面上【我的电脑】图标，打开“我的电脑”窗口。在窗口右侧的文件浏览窗格中双击“本地磁盘（C:）”，在“本地磁盘（C:）”窗口右侧的文件浏览窗格中双击“综合”文件夹，打开“综合”所在的窗口。

2 选择“模拟练习”文件夹，再选择【编辑】菜单中的【移动到文件夹】命令，如图 3–24 所示；或者选择“模拟练习”文件夹后，单击左侧任务窗格中的【移动这个文件】超链接。

3 在打开的“移动项目”对话框中选择“本地磁盘（C:）”，按 移动 按钮，如图 3–25 所示。

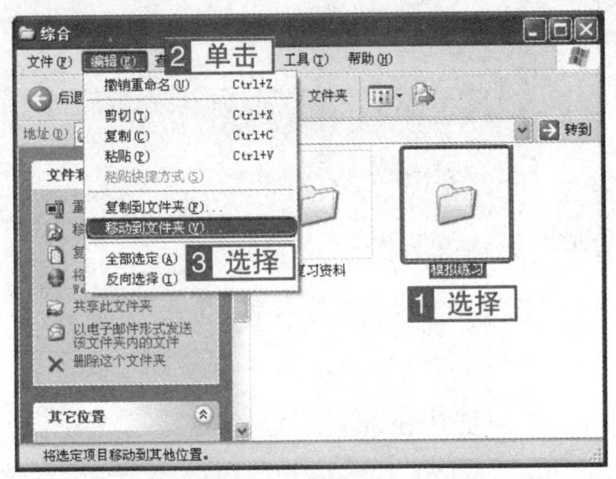

图 3–24　使用菜单移动文件夹

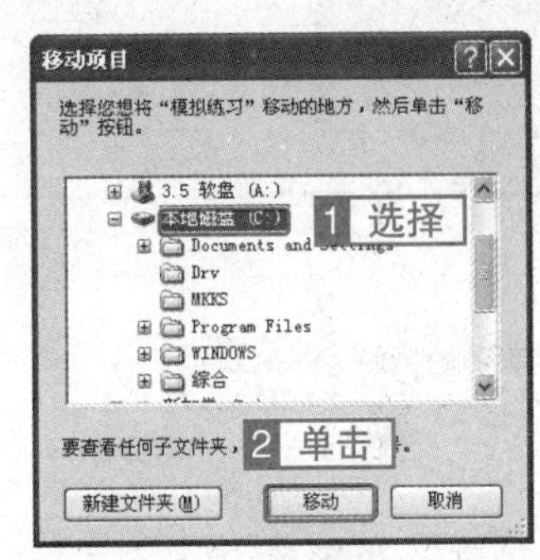

图 3–25　“移动项目”对话框

方法二

1 双击桌面上【我的电脑】图标，打开“我的电脑”窗口。在窗口右侧的文件浏览窗格中双击“本地磁盘（C:）”，在“本地磁盘（C:）”窗口右侧的文件浏览窗格中双击“综合”文件夹，打开“综合”所在的窗口。

2 选择“模拟练习”文件夹，选择【编辑】菜单中的【剪切】命令，如图 3–26 所示；或者右击“模拟练习”文件夹，并在快捷菜单中选择【剪切】命令或按下【Ctrl+X】快捷键。

3 单击地址栏后面的按钮，在弹出的下拉列表中选择“本地磁盘（C:）”，如图 3–27 所示；或者按工具栏中的按钮。打开“本地磁盘（C:）”所在的窗口。

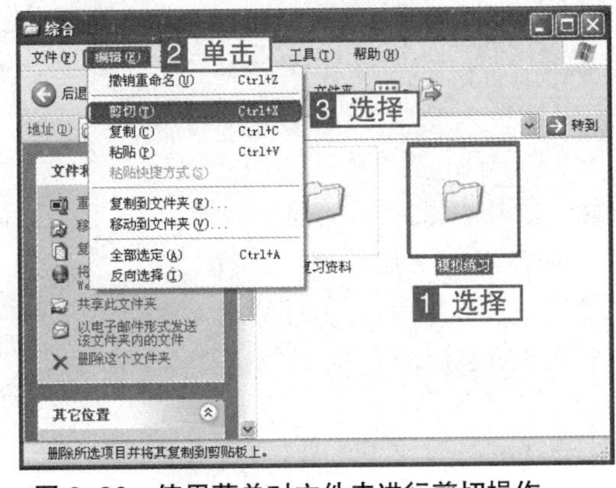

图 3–26　使用菜单对文件夹进行剪切操作

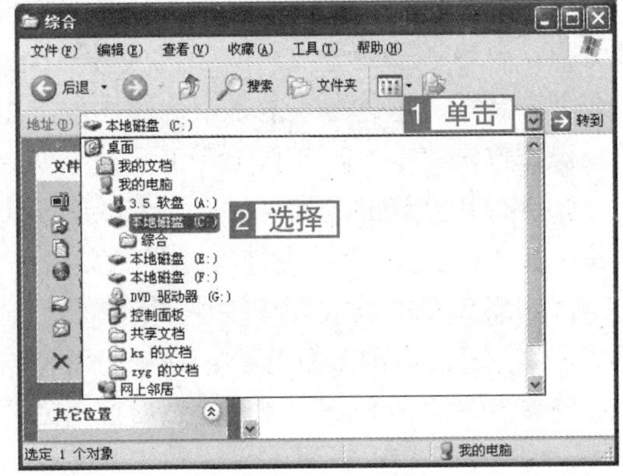

图 3–27　通过地址栏下拉菜单改变窗口路径

4 选择【编辑】菜单中的【粘贴】命令，如图 3–28 所示；或者右击文件列表区空白处，并在快捷菜单中选择【粘贴】命令，或者按下【Ctrl+V】快捷键，完成移动操作。

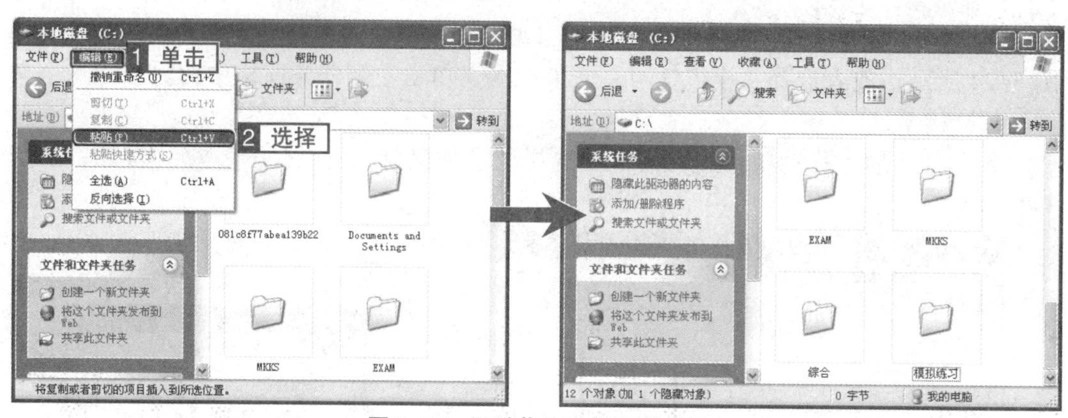

图 3–28　通过菜单进行粘贴操作

3.2.7　重命名文件和文件夹

当用户需要对文件或文件夹进行改名时，可以使用重命名操作。

考点级别：★★★

考点分析：

该考点的考查概率比较大，操作的方法比较简单。文件的重命名与文件夹的重命名的方法是一致的，在考试的时候选择操作简单、掌握熟练的方法进行操作。

操作方式

类别	菜单	单击	快捷菜单	快捷键	其他操作方式
重命名	【文件】→【重命名】	两次单击重命名的对象	【重命名】	【F2】	"我的电脑"窗口中"任务窗格"→【重命名这个文件(文件夹)】

真 题 解 析

◇**题　　目：**将D盘文件夹下的文件"OE.gif"重命名为"OE教育.gif"。

◇**考查意图：**本题考查的是重命名文件的方法，重命名文件夹的方法与之相同。

◇**操作方法：**

1 打开"我的电脑"窗口，在其中双击D盘，打开D盘所在的窗口。

2 选择"OE.gif"文件，选择【文件】菜单，在弹出的下拉菜单中选择【重命名】命令，如图3–29所示，也可以使用下列方法进行操作：

- 右击"OE.gif"文件，在快捷菜单中选择【重命名】命令。
- 选择"OE.gif"文件，然后按【F2】键。
- 选择"OE.gif"文件，单击左侧任务窗格中【重命名这个文件】超链接。
- 单击"OE.gif"文件，再次单击"OE.gif"文件。

3 在文件名编辑状态下输入"OE教育.gif"，然后按【Enter】键完成重命名操作，如图3–30所示。

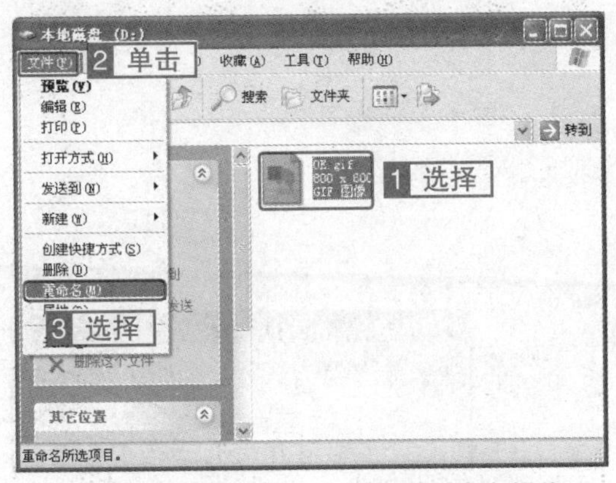

图 3-29　通过菜单对文件进行重命名操作

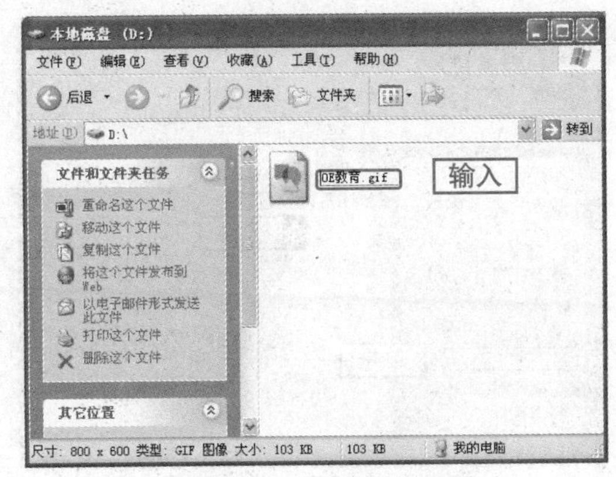

图 3-30　文件名编辑状态

3.2.8　删除文件和文件夹

用户可以将不需要的文件或文件夹删除，以释放更多的磁盘空间供其他文件使用。

考点级别：★★★

考点分析：

该考点的考查概率比较大，操作的方法比较简单，但操作方法比较多，在考试的时候选择操作简单，掌握熟练的方法进行操作。如利用 Windows 窗口信息区将“OE”文件夹删除。

操作方式

类别	菜单	单击	快捷菜单	快捷键	其他方式
重命名	【文件】→【删除】	将对象拖动到“回收站”	【删除】	【Delete】	“我的电脑”窗口中“任务窗格”→【删除这个文件(文件夹)】或工具栏中【删除】按钮

真 题 解 析

◇**题 目 1：**利用 Windows 窗口信息区将“OE 教育”文件夹删除。

◇**考查意图：**本题考查的是利用窗口的任务窗格删除文件夹。

◇**操作方法：**

1 选择窗口右侧文件浏览窗格中的“OE 教育”文件夹，然后单击窗口左侧任务窗格中“删除这个文件夹”超链接，如图 3-31 所示。

2 在弹出的“确认文件夹删除”对话框中，单击［是(Y)］按钮完成确认删除文件夹，如图 3-32 所示。

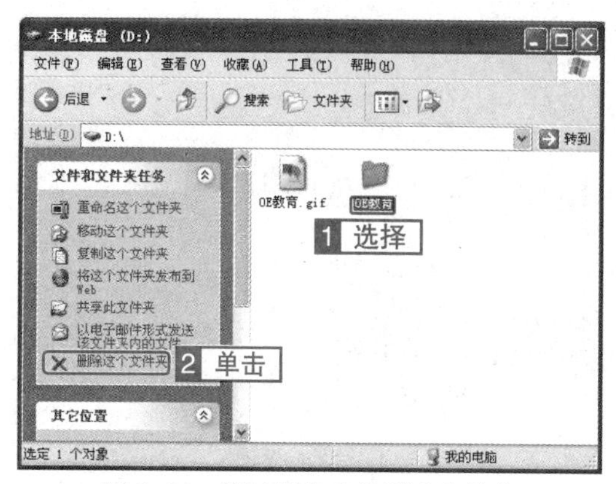

图 3–31　通过任务窗格删除文件夹

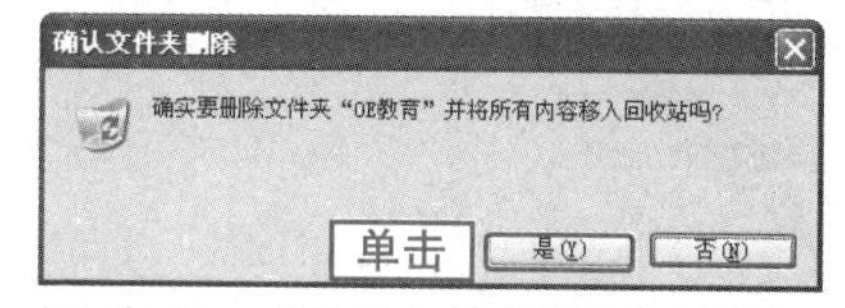

图 3–32　“确认文件夹删除”对话框

◇**题　目　2：**通过鼠标拖拽的方法将“OE 教育”文件夹放入回收站。

◇**考查意图：**本题考查的是通过鼠标操作删除文件或文件夹的方法。

◇**操作方法：**

在窗口右侧的文件浏览窗格中拖动“OE 教育”文件夹到窗口左侧的文件夹窗格的“回收站”中，如图 3–33 所示。

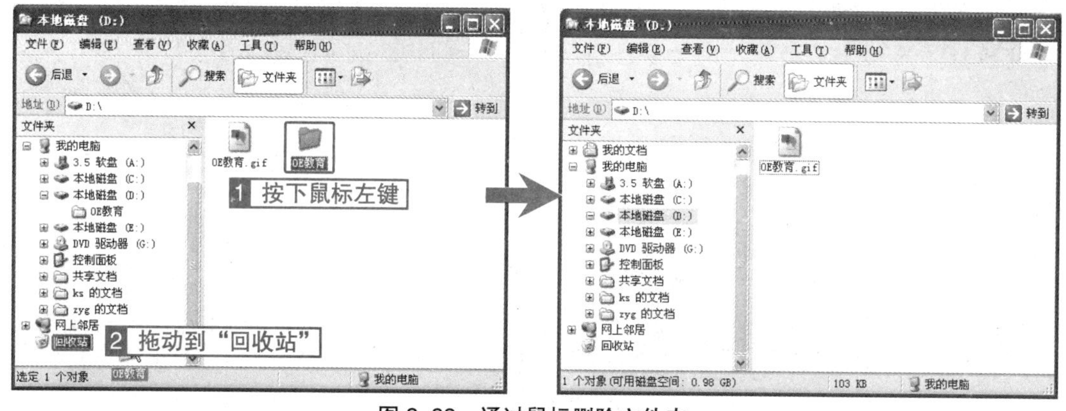

图 3–33　通过鼠标删除文件夹

触类旁通

选择文件或文件夹后，按【Shift】键的同时再进行删除操作，就可以将文件或文件夹直接删除。

3.2.9　搜索文件和文件夹

由于计算机中的文件和文件夹一般比较多，所以有时用户查找文件和文件夹的时候很费时，但通过系统自带的搜索功能可以方便快捷地查找到要搜索的文件和文件夹。

在搜索文件和文件夹的时候，若用户不知道确切的名称或者不想键入完整的文件名称时，可以使用通配符代表一个或多个字符。

常用的通配符有“*”和“?”两种。通配符“*”表示零个或多个任意字符。例如：“OE*.*”代表以字符 OE 开头的所有文件；“*.doc”代表扩展名为“.doc”的所有文件。通配符“?”表示一个任意字符。例如：“O?.txt”表示由两个字符组成且第一个字符为“O”的所有扩展名为“.txt”的文件。

考点级别：★★★

考点分析：

该考点的考查概率比较大，操作的方法比较多，命题的方式也比较多。考生应重点对此考点多加练习，掌握所有的操作方式。

操作方式

类别	菜单	工具栏	快捷菜单	快捷键	其他方式
搜索文件和文件夹	【开始】→【搜索】	【搜索】	【搜索】	【Ctrl+F】	

真　题　解　析

◇**题　目　1：**在 D 盘搜索名称中第二个字符为 E 的文件。

◇**考查意图：**我们分析命题可以得知，本题搜索的条件有两个，一个是搜索范围是 D 盘；另一个限定了文件名的第二个字符为 E，用通配符表示为“?E*.*”。

◇**操作方法：**

1 单击 开始 按钮，在“开始”菜单中选择【搜索】选项，如图 3-34 所示，打开“搜索结果”窗口。通过以下方法也可以打开“搜索结果”窗口：

- 右击桌面上【我的电脑】图标，在弹出快捷菜单中选择【搜索】命令。
- 双击桌面上【我的电脑】图标，在打开的“我的电脑”窗口的工具栏中单击 搜索 按钮。
- 双击桌面上【我的电脑】图标，打开“我的电脑”窗口，然后按快捷键【Ctrl+F】。

2 单击“搜索结果”窗口左侧“搜索助理”窗格中的【所有文件和文件夹】超链接，如图 3-35 所示。

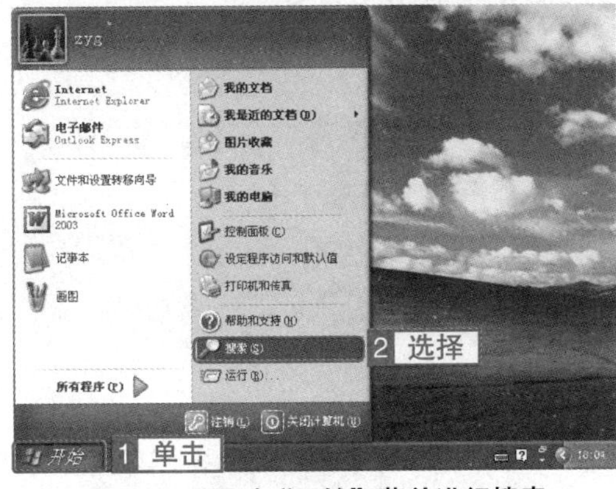

图 3-34　通过“开始”菜单进行搜索

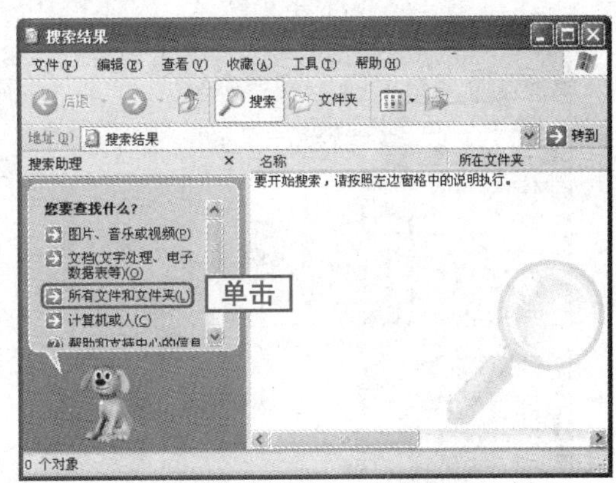

图 3-35　“搜索结果”窗口

3 在“搜索助理”窗格中打开“按下面任何或所有标准进行搜索”列表框，在“全部或部分文件名”文本框中输入“?E*.*”，然后在“在这里寻找”下拉列表中选择“本地磁盘（D:）”。

4 单击“搜索助理”窗格中的 搜索(R) 按钮，进行搜索，如图 3-36 所示。

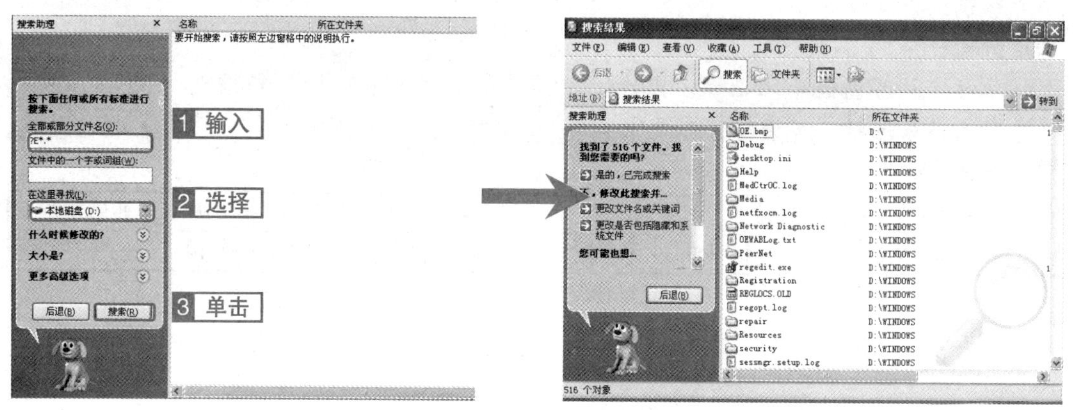

图 3-36 搜索文件

◇**题 目 2**：请在“我的电脑”窗口中，利用菜单在 C 盘中搜索文件扩展名为“log”、大小在 1000KB 以上、于 2006-1-1 ~ 2010-12-1 之间创建的文件。

◇**考查意图**：我们分析命题可以得知，本题搜索范围是 C 盘，有三个搜索限定条件，分别是扩展名为“log”（用通配符表示 *.log）、文件大小至少 1000 KB 和创建日期介于 2006-1-1 到 2010-12-1 之间。

◇**操作方法**：

1 双击桌面上【我的电脑】图标，打开“我的电脑”窗口。

2 在“我的电脑”窗口右侧的文件浏览窗格中选择 C 盘，在【文件】菜单中选择【搜索】命令，如图 3-37 所示；或右击 C 盘图标，并在快捷菜单中选择【搜索】命令；或单击工具栏中的【搜索】按钮。

3 在“全部或部分文件名”文本框中输入“*.log”，如图 3-38 所示。

图 3-37 使用“我的电脑”打开搜索界面

图 3-38 在“搜索”窗格输入搜索条件

4 单击“大小是?”右侧的向下箭头，并选择“指定大小（以 KB 计算）”单选项，在条件下拉列表中选择“至少”，在数字框中输入“1000”，如图 3-39 所示。

5 单击“什么时候修改的?”右侧的向下箭头，并选择“指定日期”单选按钮。

6 单击“修改日期”右侧的下箭头，并在下拉列表中选择“创建日期”。

7 单击“从”文本框右侧的下箭头，在弹出的日历中将日期修改为“2006-1-1”。

8 单击“至”文本框右侧的下箭头，在弹出的日历中将日期修改为“2010-12-1”，单击 搜索(R) 按钮进行搜索，如图 3-40 所示。

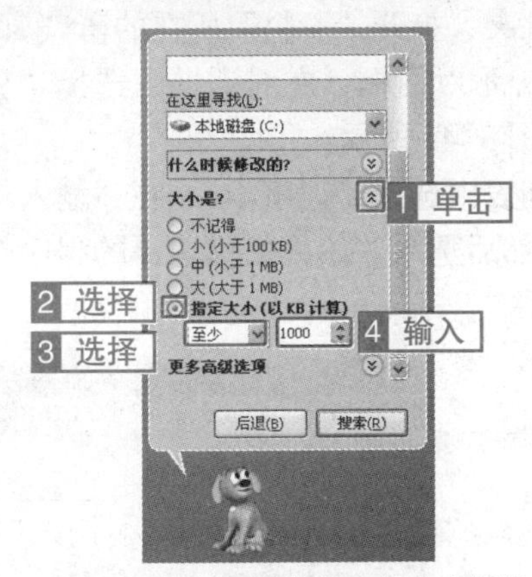

图 3-39　设置搜索的文件大小属性

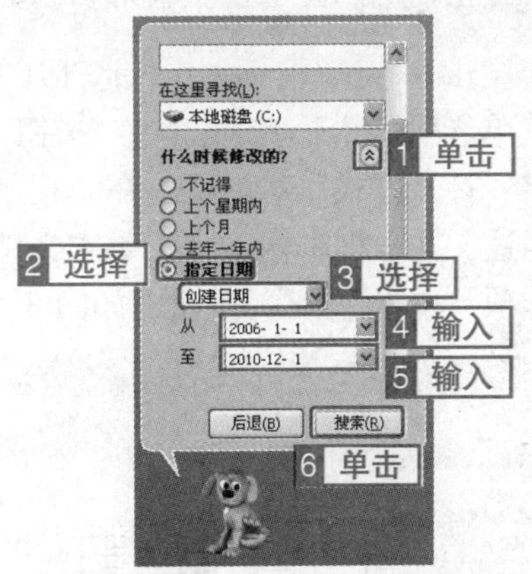

图 3-40　设置搜索的指定日期属性

触类旁通

在 Windows XP 中除了可以使用文件名搜索外，可以通过文件中包括的字或词组、文件的大小 、修改的时间等信息来进行搜索。搜索的条件的设置都是在“搜索助理”窗格中完成的，考生应该掌握“搜索助理”的设置和使用方法。

3.2.10　设置或更改文件的打开方式

在 Windows XP 中文件主要分为“应用程序文件”和“文档文件”两大类。应用程序可以在 Windows XP 操作系统中直接运行。文档文件则需要指定相关联的“应用程序”来打开。

考点级别：★★★

考点分析：

该考点的考查概率较小，操作比较简单，在考试的时候按照题目的要求进行操作即可。

操作方式

类别	菜单	快捷菜单	其他操作方式
设置或更改文件打开方式	【文件】→【打开方式】	【打开方式】	双击所需文件

真 题 解 析

◇题　　目：利用“我的电脑”窗口，请为 D 盘根文件夹下的“资料”文件夹中的文件

"zl.sdf" 选择"打开方式"为"记事本"应用程序，对该类型的文件描述为"记事本文件"，且要求"始终使用选择的程序打开这种文件"。

◇**考查意图：**本题考查的是设置文件的打开方式的操作，在命题中提到了三个操作关键点，一个是指定用"记事本"打开"zl.sdf"文件，一个是为文件设置文件描述，还有一个是设置"始终使用选择的程序打开这种文件"。

◇**操作方法：**

1 打开"我的电脑"窗口，在其中双击D盘，打开D盘所在的窗口。

2 双击"文件浏览"窗格中的"资料"文件夹，打开"资料"所在的窗口。

3 双击"zl.sdf"文件，弹出不能打开文件提示对话框，在对话框中选择"从列表中选择程序"单选项，然后单击【确定】按钮，如图3–41所示。

4 弹出"打开方式"对话框，在"程序"列表中选择"记事本"，在"输入您对该类型文件的描述"文本框中输入"记事本文件"，然后选中"始终使用选择的程序打开这种文件"复选项，单击【确定】按钮，如图3–42所示。

图3–41 打开文件提示对话框

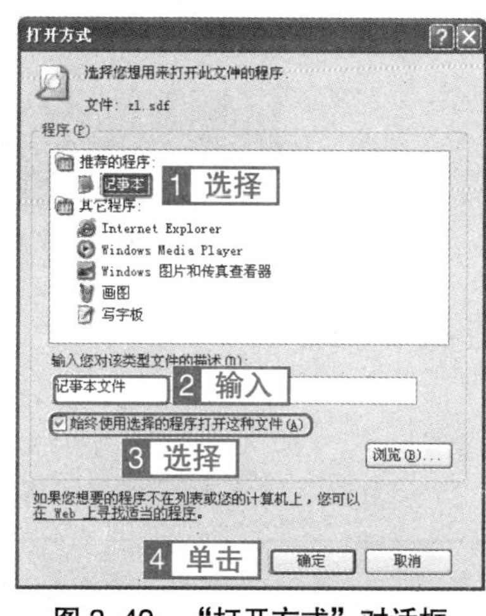

图3–42 "打开方式"对话框

3.2.11 设置文件和文件夹属性

文件和文件夹属性的设置方法相同，但设置属性的对话框是不同的。

考点级别：★★★

考点分析：

该考点的考查概率较小，操作比较简单，在考试的时候按照题目的要求进行操作，都会通过的。

操作方式

类别	菜单	快捷菜单	工具栏
设置文件和文件夹属性	【文件】→【属性】	【属性】	【属性】

真 题 解 析

◇题 目 1：将文件“D:\ 试卷.doc”的属性设置为“隐藏”，作者设置为“编辑”，主题设置为“OE 教育”。

◇考查意图：本题考查的是设置文件属性的操作，在命题中提到了三个操作关键点，一个是设置文件属性为“隐藏”，一个是设置作者为“编辑”，还有一个是设置主题为“OE 教育”。

◇操作方法：

1 打开“我的电脑”窗口，在其中双击 D 盘，打开 D 盘所在的窗口。

2 单击“试卷.doc”文件，单击【文件】菜单，在弹出的下拉菜单中选择【属性】命令，如图 3-43 所示；或者右击“试卷.doc”文件，在弹出的快捷菜单中选择【属性】命令。

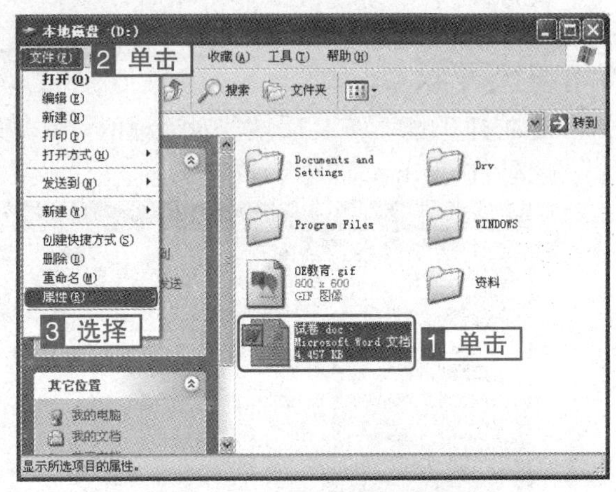

图 3-43　打开文件属性对话框

3 在打开的“试卷.doc 属性”对话框的“常规”选项卡中选中“隐藏”复选项，然后单击【摘要】选项卡，如图 3-44 所示。

4 在【摘要】选项卡中的作者文本框中输入“编辑”，在主题文本框中输入“OE 教育”。

5 然后单击“应用(A)”按钮，再单击“确定”按钮，如图 3-45 所示。

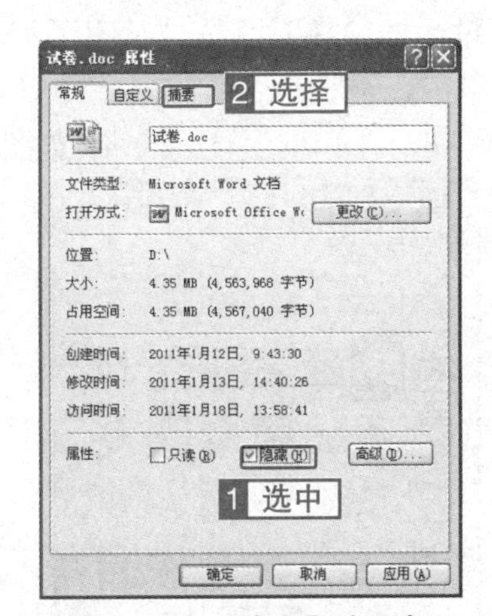

图 3-44　“常规”选项卡

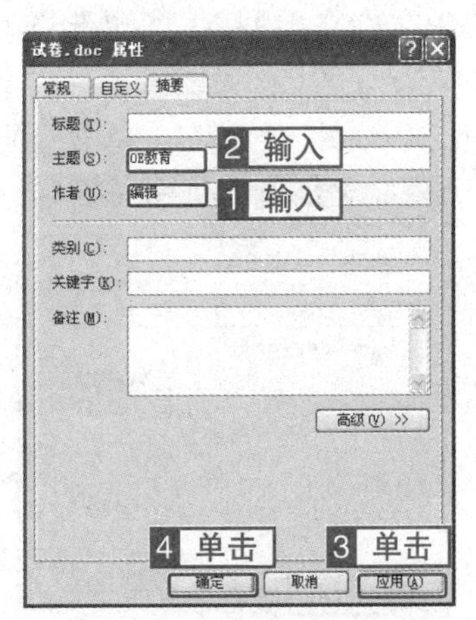

图 3-45　“摘要”选项卡

◇题 目 2：请将“我的文档”中的文件夹“NEW”设为只读属性，更改图标样式为第一行第二种。

◇考查意图：本题考查的是设置文件夹属性的操作，在命题中提到了两个操作，一个是设置文件夹属性为只读，另一个是更改文件夹的图标。

◇**操作方法：**

1 双击桌面【我的文档】图标，或者单击开始按钮，在弹出的“开始”菜单中选择【我的文档】命令。

2 打开“我的文档”窗口，单击“NEW”文件夹，单击【文件】菜单，在弹出的下拉菜单中选择【属性】命令，或者右击“NEW”文件夹，在弹出的快捷菜单中选择【属性】命令，如图3-46所示。

3 在打开的“NEW属性”对话框的“常规”选项卡中，选中“只读”复选项，单击【自定义】选项卡，如图3-47所示。

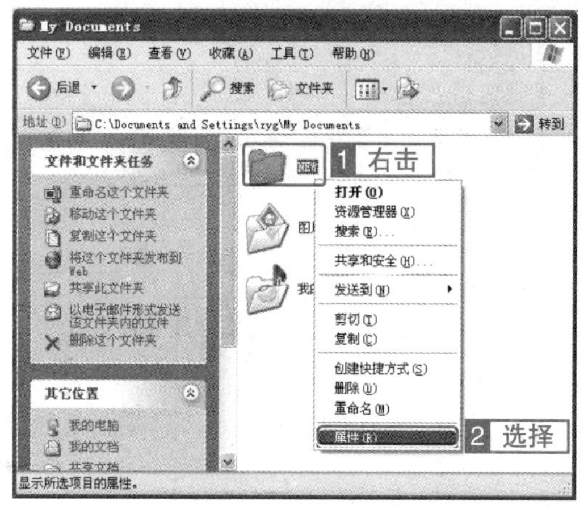

图3-46 打开文件夹属性对话框

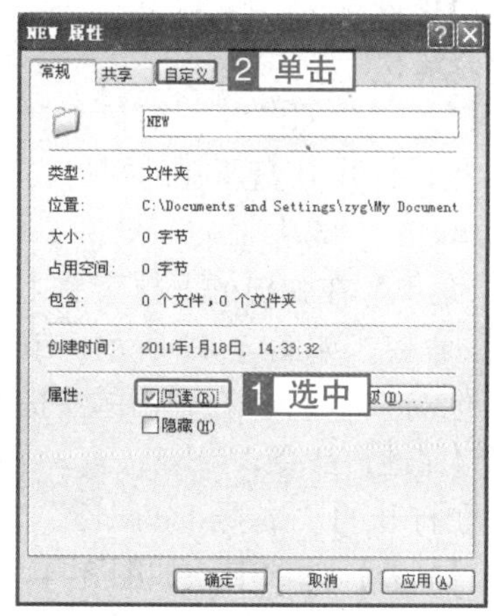

图3-47 “常规”选项卡

4 在“自定义”选项卡中，单击更改图标(H)...按钮。

5 弹出“为文件夹类型NEW更改图标”对话框，在对话框“从以下列表选择一个图标”列表框中选择第一行第二种图标，然后单击确定按钮。

6 返回“NEW属性”性窗口，单击应用(A)按钮，再单击确定按钮，如图3-48所示。

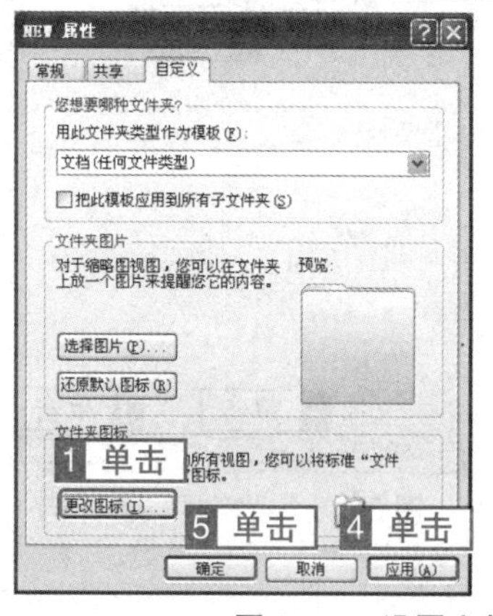

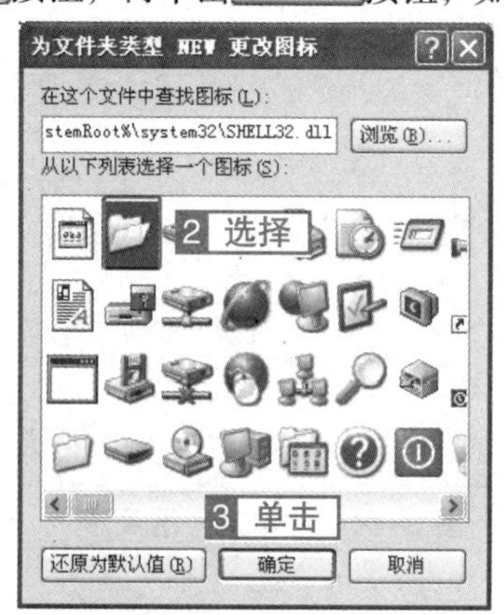

图3-48 设置文件夹的显示图标

3.2.12 设置文件夹选项

文件夹选项都是通过“文件夹选项”对话框进行设置的，“文件夹选项”共有“常规”、“查看”、“文件类型”和“脱机文件”四个选项卡。

考点级别：★★★

考点分析：

该考点的考查概率较小，操作比较简单，考生须掌握打开“文件夹选择”对话框的方法，具体的设置一般在考试命题中会详细指出。

操作方式

类别	类别	快捷菜单	其他方式
设置文件夹选项	【工具】→【文件夹选项】		

真 题 解 析

◇**题　　目：**对文件夹选项进行设置，使隐藏的文件和文件夹不显示，使鼠标指向文件夹和桌面项时不显示提示信息。

◇**考查意图：**本题考查的是设置文件夹选项的操作，本题主要是对“文件夹选项”对话框中“查看”选项卡内容的操作。

◇**操作方法：**

1 单击【查看】选择卡，使窗口切换到“查看”选择卡。

2 在“高级设置”列表中，选择“不显示隐藏的文件和文件夹”单选项，取消“鼠标指向文件夹和桌面项时显示提示信息”复选框的选中状态。

3 然后单击 应用(A) 按钮，再单击 确定 按钮，如图 3-49 所示。

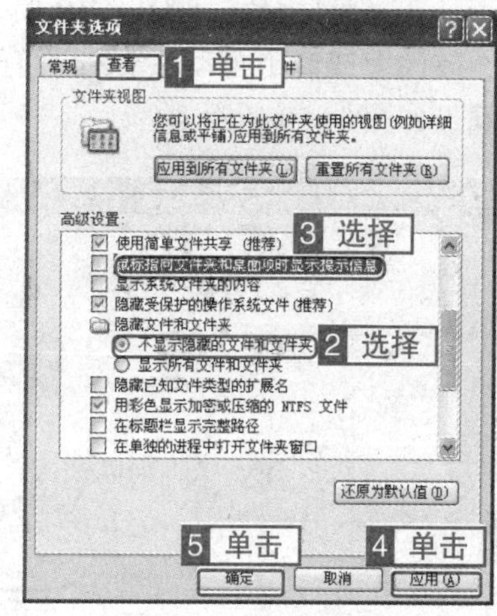

图 3-49　文件夹选项

3.3　使用“回收站”管理文件

“回收站”是系统临时存储被删除文件和文件夹的一块空间。该空间的大小是由“回收站”属性设置的。

3.3.1　查看“回收站”中的文件

考点级别：★★★

考点分析：

该考点的考查概率较小，操作比较简单，它常与“回收站”的其他操作结合起来集中考查。

操作方式

类别	双击	快捷菜单	工具栏	其他方式
查看“回收站”中的文件	“回收站”图标	【打开】	地址栏列表选择“回收站”	“资源管理器”左侧窗格选择“回收站”

真 题 解 析

◇**题　　目**：打开“回收站”，请调整窗口的高度，以便使窗口中的文件全部显示出来。

◇**考查意图**：本题考查了两个知识，一个是打开“回收站”的方法，一个是改变窗口大小的方法。

◇**操作方法**：

1 双击桌面上的【回收站】图标，打开“回收站”窗口。

2 将鼠标移动到窗口的上部边缘或下部边缘，鼠标指针变成↕形状时，按住鼠标左键不放向上或向下拖动，直到所有文件都显示出来，右侧的垂直滚动条消失，释放鼠标左键，如图3–50所示。

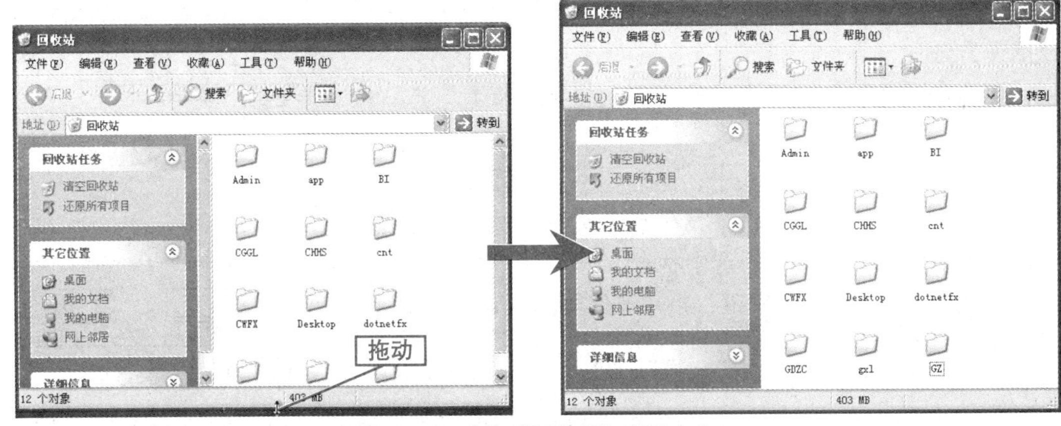

图3–50　改变“回收站”窗口大小

3.3.2　还原删除的文件或文件夹

对于误删除的文件或文件夹，可以将其从“回收站”中还原。

考点级别：★★★

考点分析：

该考点的考查概率较大，操作比较简单，它常与文件或文件夹的删除操作一起考查，如还原“回收站”中的“表格.doc”文件

操作方式

类别	菜单	快捷菜单	工具栏	其他方式
还原部分	【文件】→【还原】	【还原】		左侧任务窗格中【还原此项目】
还原全部				左侧任务窗格中【还原所有项目】

真题解析

◇题　　目：请将回收站中的文件“表格.doc”还原。

◇考查意图：本题考查了还原回收站中文件的方法，由于题目没有指定操作方式，可以选择操作简单的方式来进行操作。

◇操作方法：

1 双击桌面上的【回收站】图标，打开“回收站”窗口。

2 在右侧窗格中选择“表格.doc”文件。

3 单击【文件】菜单，在弹出的下拉菜单中选择【还原】命令，如图 3–51 所示；或者单击左侧任务窗格中的【还原此项目】超链接；或者右击“表格.doc”文件，在弹出的快捷菜单中选择【还原】命令。

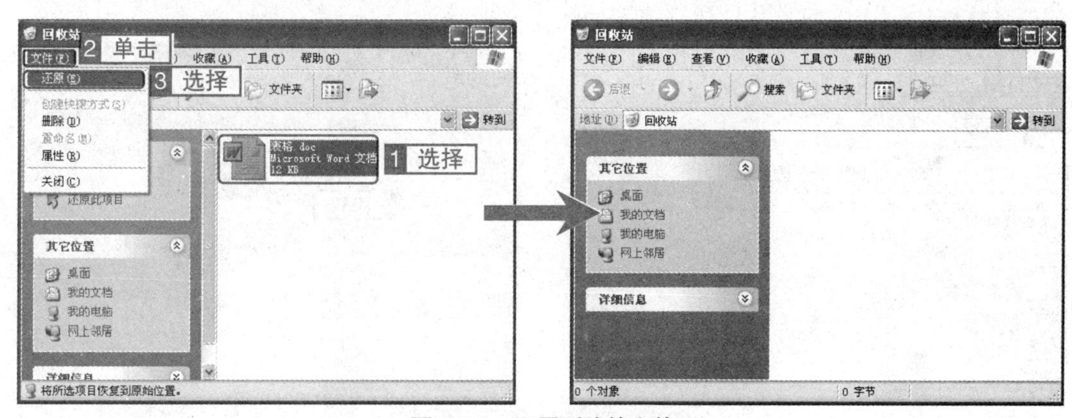

图 3–51　还原删除的文件

3.3.3　删除或清空“回收站”中的对象

由于“回收站”中的文件和文件夹并没有真正地从硬盘中删除，因此如果“回收站”中的文件太多会占用大量的硬盘空间，所以需要将“回收站”中的文件和文件夹删除或清空“回收站”，以释放被占用的硬盘空间。

考点级别：★★★

考点分析：

该考点的考查概率较大，操作比较简单，在通常情况下考试中只会考查删除与清空操作的其中一种操作。

操作方式

类别	菜单	快捷键	快捷菜单	其他方式
删除部分	【文件】→【删除】	【Delete】	【删除】	
清空	【文件】→【清空回收站】		【清空回收站】	左侧任务窗格中【清空回收站】

真 题 解 析

◇**题　目　1：**清空“回收站”。

◇**考查意图：**本题考查了清空“回收站”的方法，由于题目没有指定操作方式，可以选择操作简单的方式来进行操作。

◇**操作方法：**

方法一

右击桌面上的【回收站】图标，在弹出的快捷菜单中选择【清空回收站】命令。

方法二

1 双击桌面上的【回收站】图标，打开“回收站”窗口。

2 单击【文件】菜单，然后选择【清空回收站】命令，如图 3–52 所示；或者单击左侧任务窗格中【清空回收站】超链接，如图 3–53 所示。

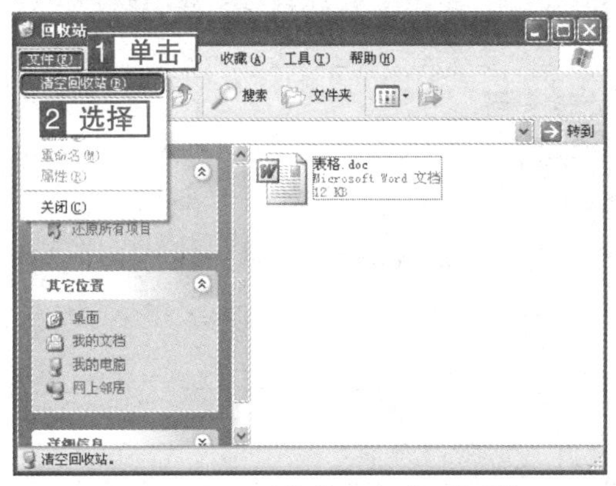

图 3–52　通过菜单清空“回收站”

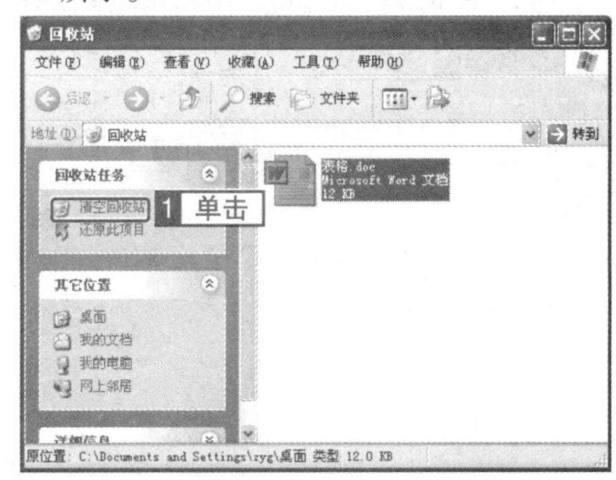

图 3–53　通过任务窗格清空“回收站”

◇**题　目　2：**请将“回收站”中名为“个人资料”和“考试目录”的文件夹删除。

◇**考查意图：**本题考查的是在“回收站”中删除指定文件夹的操作方法，如果是删除文件，其操作方法与删除文件夹的方法相同。由于题目没有指定操作方式，可以选择操作简单的方式来进行操作。

◇**操作方法：**

1 双击桌面上的【回收站】图标，打开“回收站”窗口。

2 在“回收站”窗口中选择“个人资料”和“考试目录”文件夹。

3 单击【文件】菜单中的【删除】命令，如图 3–54 所示；或者单击右键，在快捷菜单中选择【删除】命令；或者按键盘上的【Delete】键。

4 在弹出的“确认删除多个文件”对话框中单击 是(Y) 按钮，如图 3–55 所示。

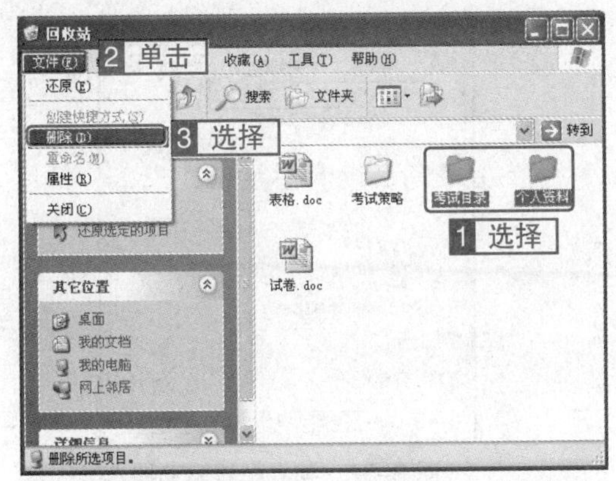

图 3-54　使用菜单删除“回收站”中的文件夹

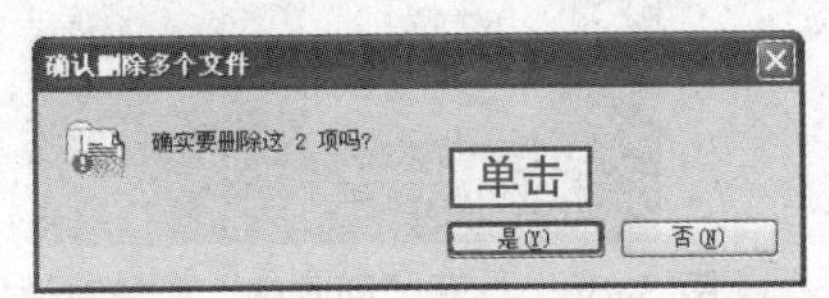

图 3-55　“确认删除多个文件”对话框

3.3.4　设置“回收站”属性

“回收站”的属性设置主要包括回收站的大小、删除时不将文件移入回收站而是彻底删除、全局或独立设置和是否显示删除确认对话框等。

考点级别：★★★

考点分析：

该考点的考查概率不大，操作比较简单，但设置的项目比较多，在通常情况下考试中只会考查一或两种设置。

操作方式

类别	菜单	快捷键	快捷菜单	其他方式
设置“回收站”属性			【属性】	

真 题 解 析

◇**题　　目：**设置 D 盘删除文件时不经过回收站直接删除，E 盘删除到回收站。

◇**考查意图：**本题考查了设置“回收站”属性的方法，在本题中指定了具体的驱动器，所以首先设置独立配置，然后再在具体的驱动器中进行配置。

◇**操作方法：**

1 右击桌面上的【回收站】图标，在弹出的快捷菜单中选择【属性】命令，弹出“回收站 属性”对话框，如图 3-56 所示。

2 在“回收站 属性”对话框的“全局”选项卡中，选择“独立配置驱动器”单选项，如图 3-57 所示。

3 单击【本地磁盘（D:)】选项卡，选中“删除时不将文件移入回收站，而是彻底删除”复选项，如图 3-58 所示。

4 单击【本地磁盘（E:)】选项卡，取消选中“删除时不将文件移入回收站，而是彻底删除”复选项。

5 单击“回收站 属性”对话框中的 应用(A) 按钮，再单击 确定 按钮，如图 3-59 所示。

图 3–56　打开“回收站”属性对话框

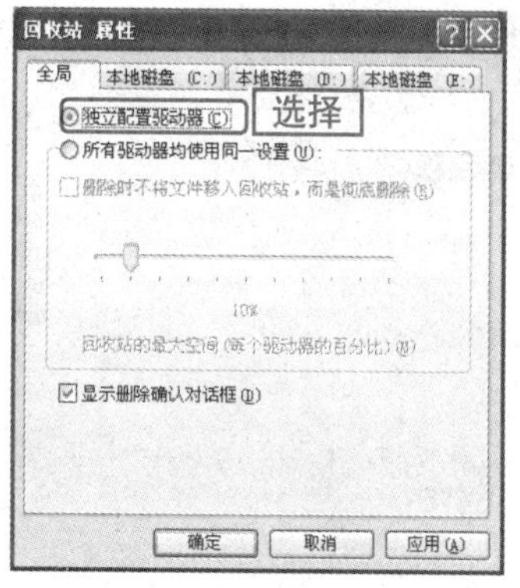

图 3–57　独立配置驱动器

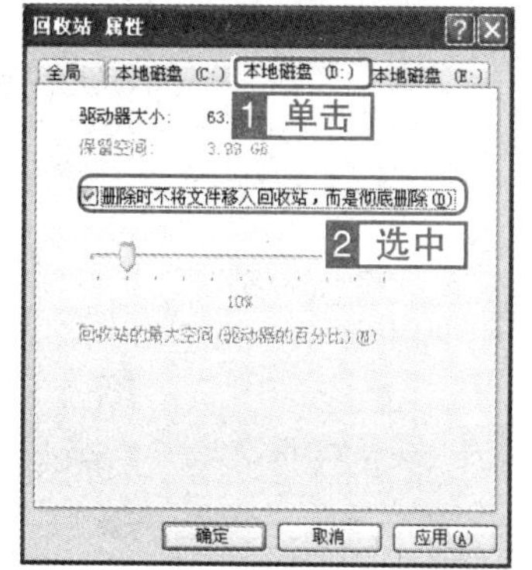

图 3–58　设置彻底删除而不移入“回收站”

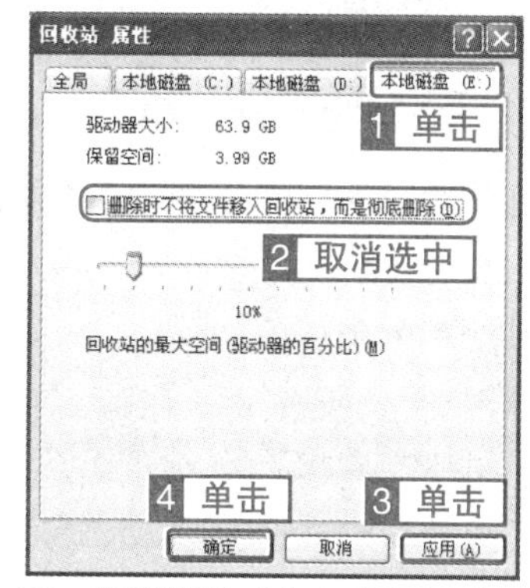

图 3–59　设置删除时将文件移入“回收站”

3.4　应用程序管理

3.4.1　应用程序的运行方式

考点级别：★★★

考点分析：

该考点的考查概率较大，命题比较简单，通过率比较高，考试中常常与其他考点结合起来进行考核，如利用“运行”对话框打开“剪贴板”程序。

操作方式

类别	菜单	快捷键	快捷菜单	其他操作方式
运行应用程序	【开始】→【所有程序】			【开始】→【运行】

真 题 解 析

◇**题 目 1：**用运行命令，打开剪贴板程序，标识名为“C:\windows\system32\clipbrd.exe”。

◇**考查意图：**本题考查的是使用“开始”菜单中的运行命令打开应用程序的方法。

◇**操作方法：**

1 单击 开始 按钮，在弹出的“开始”菜单中选择【运行】命令，打开“运行”对话框，如图 3-60 所示。

2 在“打开”文本框中输入“C:\windows\system32\clipbrd.exe”，然后单击 确定 按钮，如图 3-61 所示。

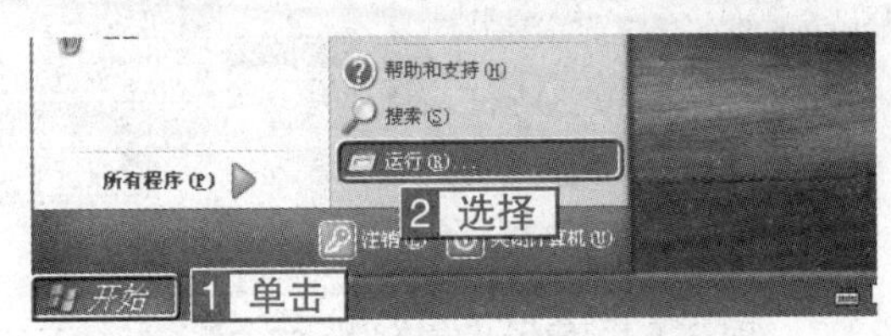

图 3-60 打开“运行”对话框

图 3-61 使用“运行”对话框打开应用程序

◇**题目 2：**打开“开始”菜单中的“所有程序”，运行“Microsoft Office Word 2003”程序。

◇**考查意图：**本题考查使用“开始”菜单打开应用程序的方法。

◇**操作方法：**

1 单击 开始 按钮，在弹出的“开始”菜单中选择【所有程序】命令。

2 在弹出的子菜单中选择【Microsoft Office】菜单组，在弹出的子菜单中选择【Microsoft Office Word 2003】，如图 3-62 所示。

图 3-62 通过“开始”菜单打开应用程序

3.4.2 创建应用程序的快捷方式

考点级别：★★★

考点分析：

该考点的考查概率较大，命题比较简单，通过率比较高，如利用“发送到”命令创建桌面快捷方式。

操作方式

类别	菜单	快捷菜单	其他方式
创建应用程序的快捷方式	【文件】→【发送到】→【桌面快捷方式】	【新建】→【快捷方式】或【创建快捷方式】	鼠标右键拖动→【在当前位置创建快捷方式】;【Alt】+ 鼠标左键拖动

真 题 解 析

◇**题 目：**利用“发送到”命令，给 D 盘根目录中的“QQ 音乐播放器.exe”应用程序创建桌面快捷方式。

◇**考查意图：**本题考查的是使用菜单创建应用程序快捷方式的方法。

◇**操作方法：**

1 打开“我的电脑”窗口，在其中双击D盘，打开D盘所在的窗口。

2 右击“QQ音乐播放器.exe”，在弹出的快捷菜单中选择【发送到】命令，在弹出的子菜单中选择【桌面快捷方式】，如图3-63所示。

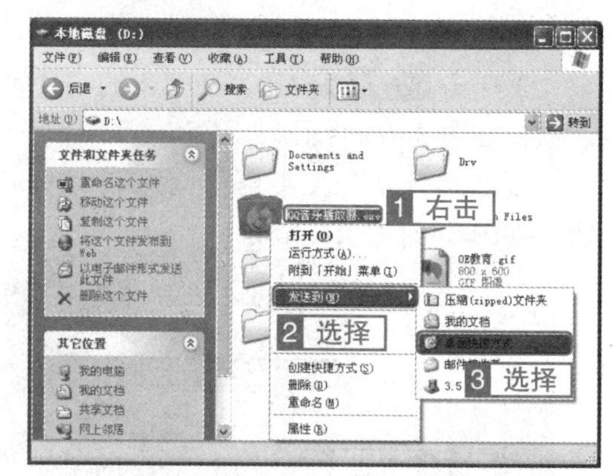

图3-63 使用“发送到”命令创建快捷方式

3.4.3 任务管理器的使用

考点级别：★

考点分析：

该考点的考查概率较小，一般都是以关闭应用程序来命题，如利用“任务管理器”结束“QQ.exe”的进程。

操作方式

类别	菜单	快捷键	快捷菜单	其他方式
打开任务管理器		【Alt+Ctrl+Del】或【Ctrl+Shift+Esc】	任务栏快捷菜单【任务管理器】	

真 题 解 析

◇**题　　目：**在任务管理器中删除运行的QQ进程。

◇**考查意图：**本题考查的是在任务管理器中结束应用程序进程的方法。

◇**操作方法：**

1 鼠标右击“任务栏”，在弹出的快捷菜单中选择【任务管理器】命令，如图3-64所示；或者按快捷键【Alt+Ctrl+Del】或【Ctrl+Shift+Esc】。打开“Windows任务管理器”对话框。

2 在对话框中单击【进程】选项卡，在列表中选择映像名称为“QQ.exe”的进程，单击结束进程(E)按钮，如图3-65所示。

3 在弹出的“任务管理器警告”对话框中单击是(Y)按钮，如图3-66所示。

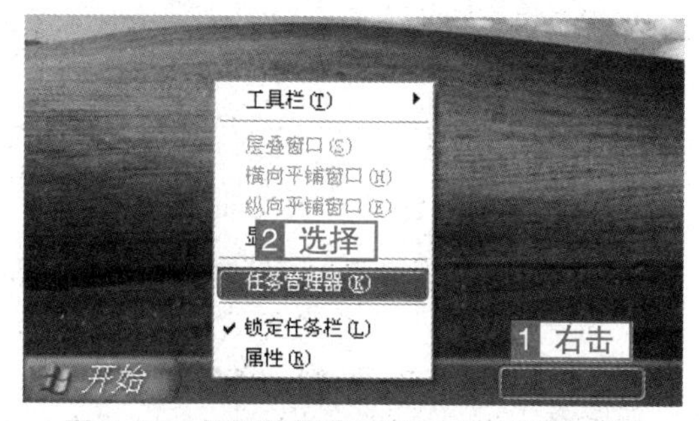

图3-64 使用快捷菜单打开“任务管理器”

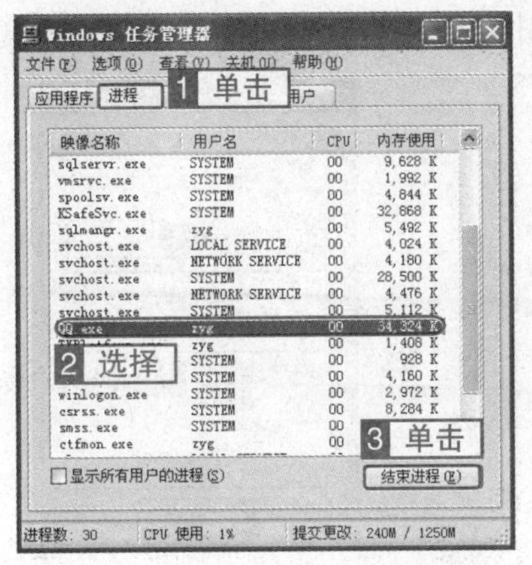

图 3–65　“Windows 任务管理器”

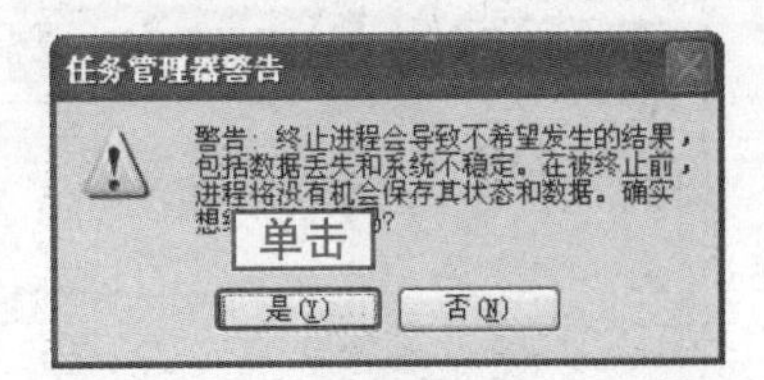

图 3–66　“任务管理器警告”对话框

3.5　磁盘管理

磁盘管理是计算机用户的一项常规操作，磁盘管理主要包括格式化磁盘、磁盘的检查、磁盘的清理及磁盘的碎片整理以及系统的备份或还原等。

3.5.1　格式化磁盘

考点级别：★★

考点分析：

该考点的考查概率不大，命题比较简单，通过率比较高，命题中常常会要求设置快速格式化、启用压缩和创建一个 MS-DOS 启动盘等属性的设置。

操作方式

类别	菜单	快捷键	快捷菜单	其他方式
格式化磁盘	【文件】→【格式化】		【格式化】	

真 题 解 析

◇**题 目 1：**请利用“我的电脑”窗口，格式化本地磁盘 E，要求选择“分配单元大小”为 4096 字节，卷标为“资料盘”。

◇**考查意图：**本题考查了格式化磁盘的方法，在格式化的同时，设置“分配单元大小”和“卷标”属性。

◇**操作方法：**

1 双击桌面【我的电脑】图标，打开“我的电脑”窗口。

2 在“我的电脑”窗口中选择 E 盘，然后单击【文件】菜单，在下拉菜单中选择【格式化】命令，如图 3–67 所示；或者右击 E 盘，在快捷菜单中选择【格式化】命令。

3 弹出“格式化 本地磁盘(E:)”对话框，在“分配单元大小”下拉列表中选择“4096

字节”，在卷标文本框中输入“资料盘”，然后单击[开始(S)]按钮，如图 3-68 所示。

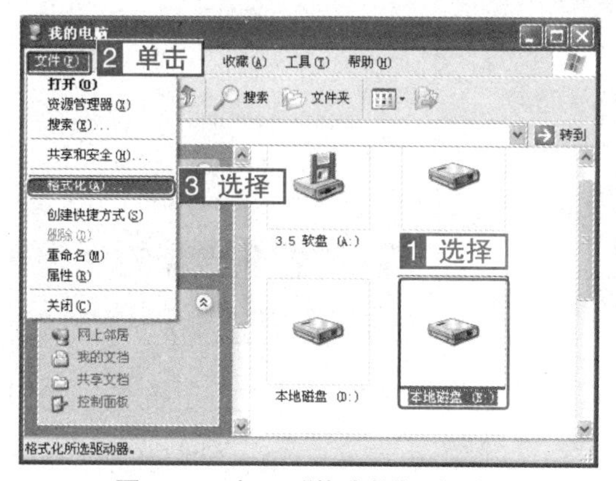

图 3-67 打开“格式化”对话框

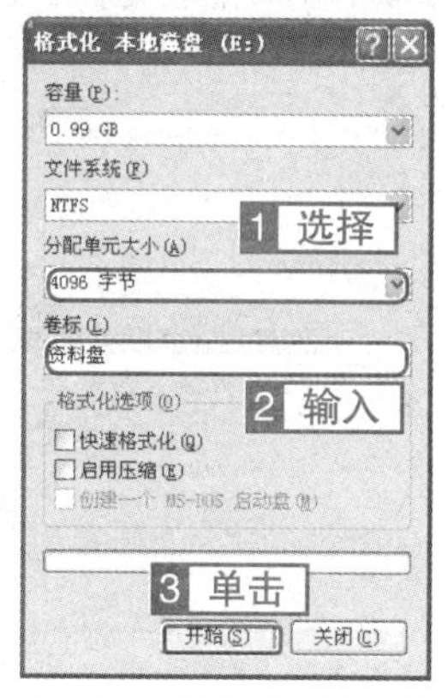

图 3-68 设置格式化属性

4 在弹出的格式化警告对话框中单击[确定]按钮，如图 3-69 所示。

5 经过一段时间后会出现“格式化完毕”对话框，单击[确定]按钮，如图 3-70 所示。

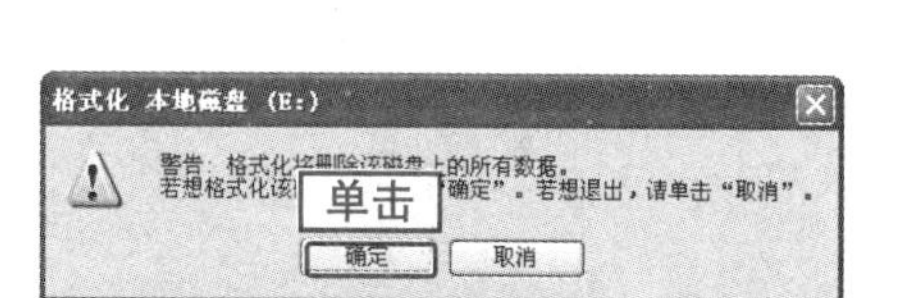

图 3-69 “格式化警告”对话框

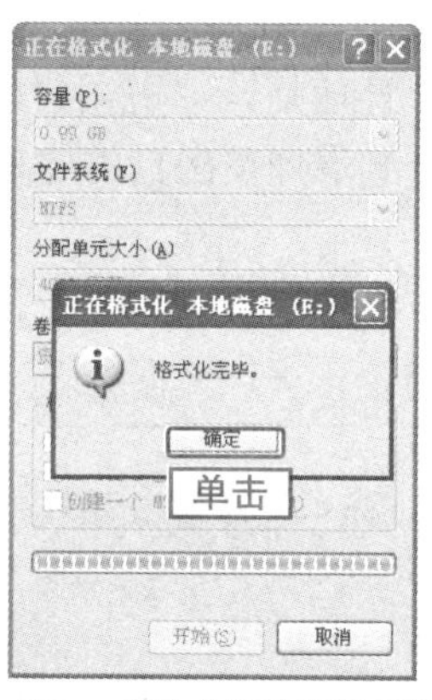

图 3-70 “格式化完毕”对话框

◇**题　目 2：** 通过快捷菜单快速格式化 E 盘。

◇**考查意图：** 本题指定使用快捷菜单的方式对磁盘进行格式化，且要设置快速格式化属性。

◇**操作方法：**

1 双击桌面【我的电脑】图标，打开“我的电脑”窗口。

2 右击 E 盘，在快捷菜单中选择【格式化】命令，如图 3-71 所示。

3 弹出“格式化”对话框，选中“快速格式化”复选项，然后单击[开始(S)]按钮，如图 3-72 所示。

4 在弹出的格式化警告对话框中单击[确定]按钮。

5 经过一段时间后会出现“格式化完毕”对话框，单击[确定]按钮。

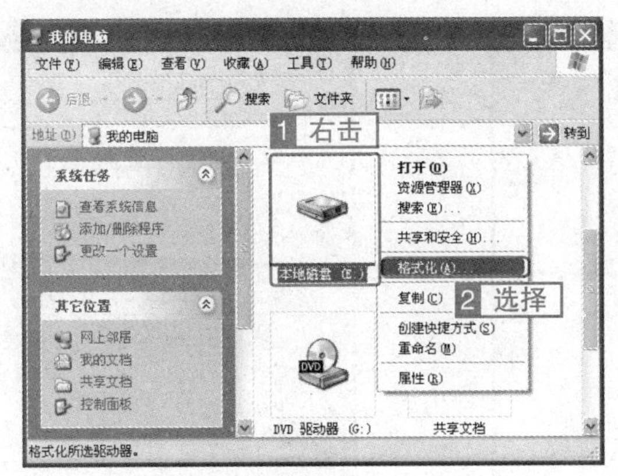

图 3–71　通过快捷菜单格式化

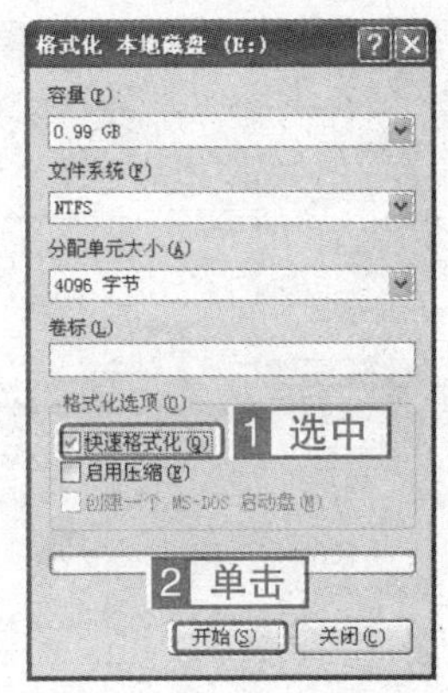

图 3–72　设置格式化属性

3.5.2　设置磁盘的常规属性

磁盘的常规属性主要包括设置磁盘卷标、磁盘清理、压缩驱动以节约磁盘空间和允许索引服务编制该磁盘的索引以便快速搜索文件等操作。

考点级别： ★★

考点分析：

该考点的考查概率不大，命题比较简单且直接，通过率比较高，命题中常常会要求设置磁盘名称等操作。

操作方式

类别	菜单	快捷键	快捷菜单	其他方式
设置磁盘的常规属性	【文件】→【属性】→【常规】		【属性】→【常规】	

真　题　解　析

◇**题 目 1：** 在“我的电脑”窗口中将 E 盘的卷标由“新加卷”改为“考试盘”。

◇**考查意图：** 本题考查了设置磁盘卷标属性的操作方法。

◇**操作方法：**

1 双击桌面上的“我的电脑”图标，打开“我的电脑”窗口。

2 在“我的电脑”窗口中选择 E 盘，然后单击【文件】菜单，在下拉菜单中选择【属性】命令，如图 3–73 所示；或者右击 E 盘，在快捷菜单中选择【属性】命令。

3 选中“卷标”文本框中的文字，然后按【Delete】键，清除原有的卷标。

4 在“卷标”文本框中输入“考试盘”，然后单击 确定 按钮，如图 3–74 所示。

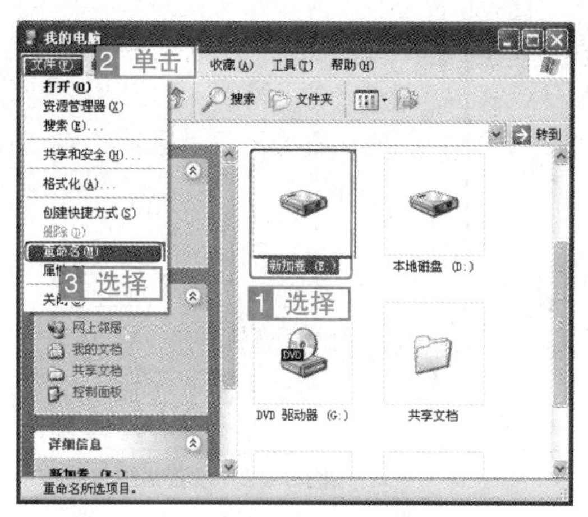

图 3–73　通过菜单打开磁盘属性对话框

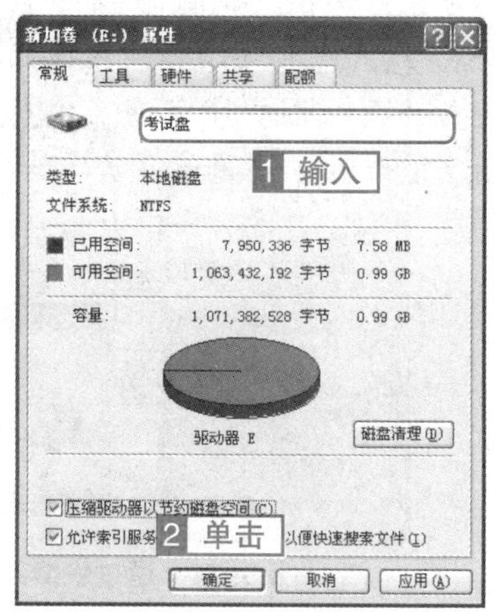

图 3–74　设置磁盘卷标

3.5.3　磁盘扫描

当磁盘文件系统出现错误或有损坏的扇区时，通过磁盘扫描工具可以检测磁盘是否损坏，修复文件系统的错误。

考点级别： ★★

考点分析：

该考点的考查概率不大，命题较单一，操作简单，因此通过率比较高。

操作方式

类别	菜单	快捷键	快捷菜单	其他方式
磁盘扫描	【文件】→【属性】→【工具】→【开始检查】		【属性】→【工具】→【开始检查】	

真 题 解 析

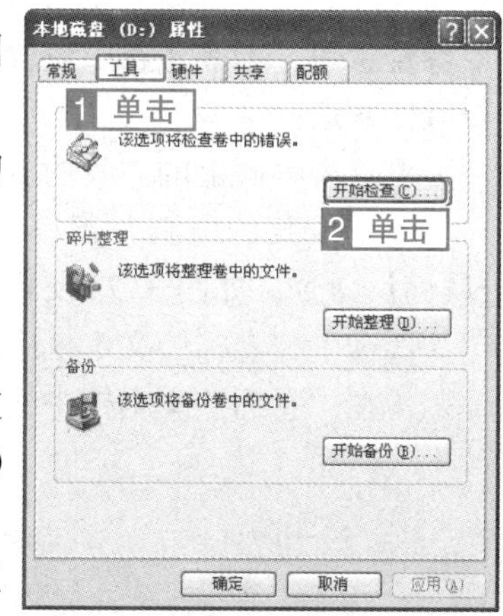

图 3–75　打开“磁盘扫描”工具

◇**题　　目：**扫描 D 盘，自动修复文件系统错误，并试图恢复坏扇区。

◇**考查意图：**本题考查磁盘扫描的操作及磁盘扫描属性的设置。

◇**操作方法：**

1 双击桌面【我的电脑】图标，打开“我的电脑”窗口。

2 在“我的电脑”窗口中选择 D 盘，然后单击【文件】菜单，在下拉菜单中选择【属性】命令；或者右击 D 盘，在快捷菜单中选择【属性】命令。

3 在弹出的“本地磁盘(D:) 属性”对话框中单击【工具】选项卡，然后单击 开始检查(C)... 按钮，如图 3–75 所示。

4 在弹出的“检查磁盘 本地磁盘(D:)”对话框中选中“自动修复文件系统错误”和“扫描并试图恢复坏扇区”复选项，然后单击[开始(S)]按钮，如图 3–76 所示。

5 检查结束后弹出“已经完成检查”对话框，单击[确定]按钮，如图 3–77 所示，返回“检查磁盘 本地磁盘(D:) 属性”对话框。单击[确定]按钮关闭“本地磁盘(D:) 属性”对话框。

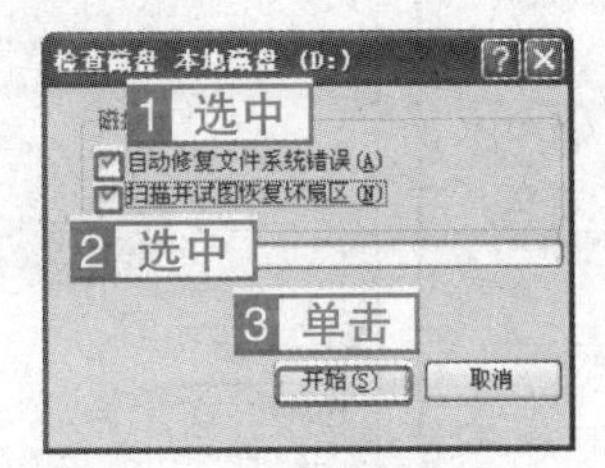

图 3–76　设置磁盘扫描属性

图 3–77　“已完成磁盘检查”对话框

3.5.4　磁盘清理

利用磁盘清理工具可以清理磁盘上的临时文件、缓存文件等，从而释放被它们占用的磁盘空间，提高系统的性能。

考点级别： ★★

考点分析：

该考点的考查概率较低，命题比较单一，操作比较简单，因此通过率比较高，如对D 盘进行清理，并压缩驱动器。

操作方式

类别	菜单	快捷菜单	其他方式
磁盘清理	【文件】→【属性】→【常规】→【磁盘清理】	【属性】→【常规】→【磁盘清理】	【开始】→【所有程序】→【附件】→【系统工具】→【磁盘清理】

真 题 解 析

◇**题 目 1：** 利用我的电脑，对 D 盘进行清理，并压缩驱动器。

◇**考查意图：** 本题考查使用磁盘清理工具对磁盘进行清理的操作，并要求设置压缩驱动器属性，在解答的时候一定要按照命题叙述的顺序进行操作。

◇**操作方法：**

1 双击桌面【我的电脑】图标，打开“我的电脑”窗口。

2 在“我的电脑”窗口中选择 D 盘，然后单击【文件】菜单，在下拉菜单中选择【属性】命令；或者右击 D 盘，在快捷菜单中选择【属性】命令。

3 单击【常规】选项中的[磁盘清理(D)]按钮，打开“磁盘清理”对话框，如图 3–78 所示。

4 在“磁盘清理”对话框中的“要删除的文件”列表中选中要删除的文件类别，然后单击[确定]按钮，系统进行删除操作后，返回“磁盘属性”对话框。如图 3–79 所示。

5 在“磁盘属性”对话框中，选中“压缩驱动器以节约磁盘空间”复选项，然后单击[应用(A)]按钮后，再单击[确定]按钮，如图3-80所示。

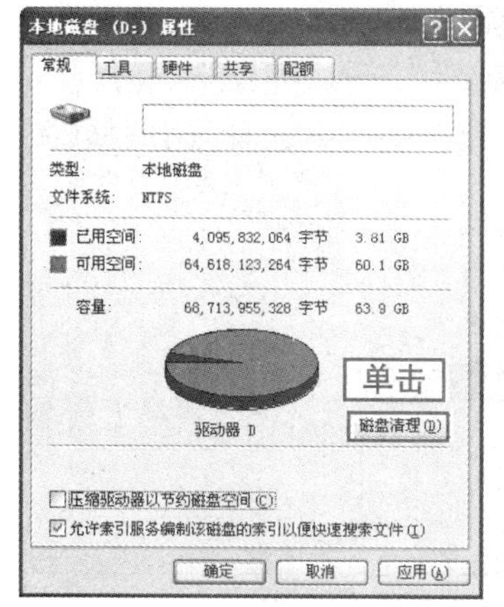

图3-78 打开磁盘清理窗口操作

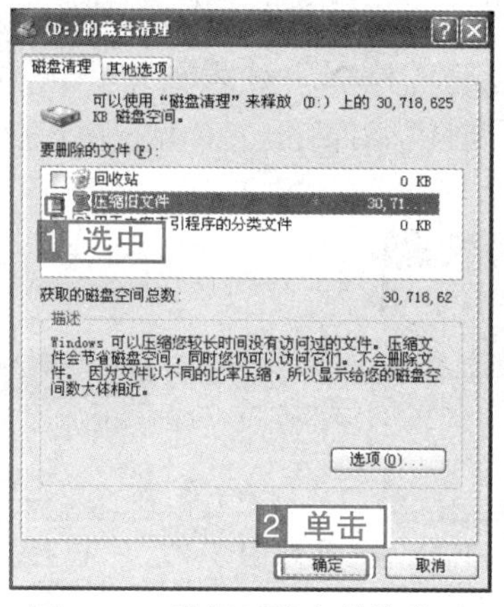

图3-79 选择删除文件的类别

图3-80 压缩D盘驱动器空间

◇**题 目 2：**通过“开始”菜单对C盘进行磁盘清理。

◇**考查意图：**本题考查的是通过“开始”菜单调用系统工具中的“磁盘清理”命令，执行磁盘清理操作。

◇**操作方法：**

1 单击[开始]按钮，在弹出的“开始”菜单中选择【所有程序】，在弹出的子菜单中选择【附件】，在弹出的子菜单中选择【系统工具】，然后在子菜单中选择【磁盘清理】命令，如图3-81所示。

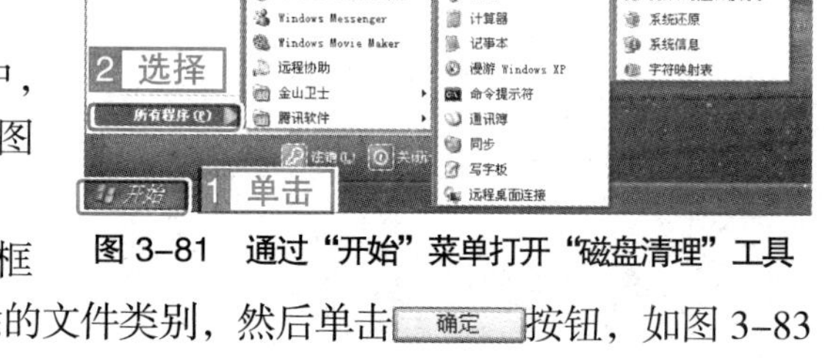

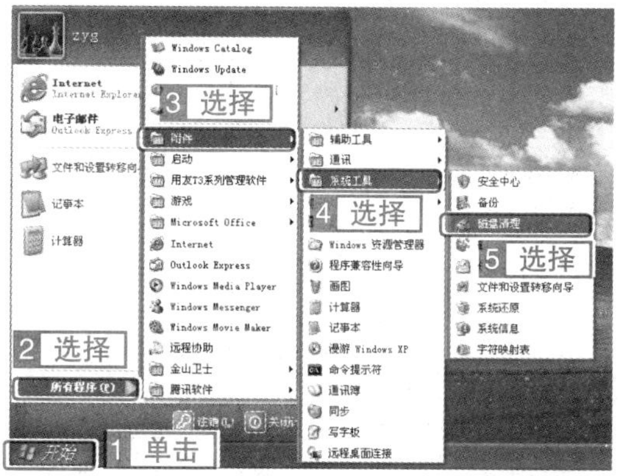

图3-81 通过“开始”菜单打开“磁盘清理”工具

2 在弹出的“选择驱动器”对话框中，选择C盘，然后单击[确定]按钮，如图3-82所示。

3 在打开的“(C:)的磁盘清理”对话框中的“要删除的文件”列表里，选中要删除的文件类别，然后单击[确定]按钮，如图3-83所示。

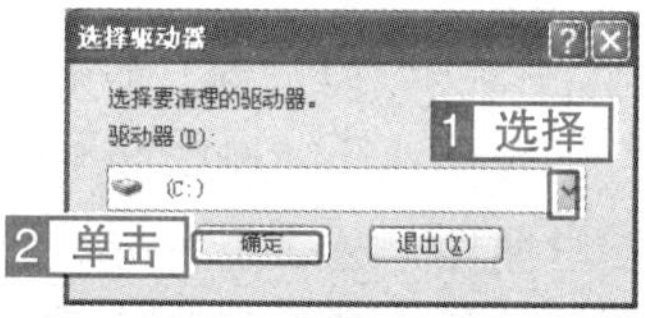

图3-82 “选择驱动器”对话框

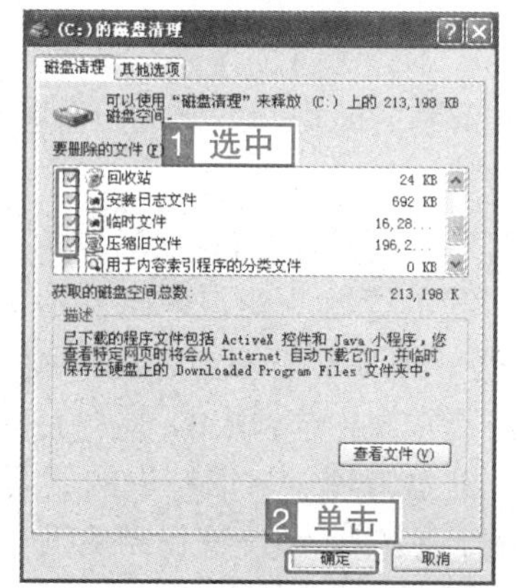

图3-83 “磁盘清理”对话框

3.5.5　磁盘碎片整理

因为用户经常进行新建、删除、修改等文件操作，会在磁盘上产生大量的磁盘碎片，使计算机的整体性能降低。所以要进行磁盘碎片整理，将磁盘上的文件碎片合并成连续的磁盘空间，并将可用空间集中到磁盘的尾部。

考点级别：★★

考点分析：

该考点的考查概率较低，命题比较单一，操作比较简单，考生只需了解打开“磁盘碎片整理程序”窗口的方法便可。

操作方式

类别	菜单	快捷菜单	其他方式
碎片整理	【文件】→【属性】→【工具】→【开始整理】	【属性】→【工具】→【开始整理】	【开始】→【所有程序】→【附件】→【系统工具】→【磁盘碎片整理程序】

真 题 解 析

◇**题　　目：**利用“资源管理器”对 C 盘进行磁盘碎片整理分析。

◇**考查意图：**本题要求考生首先打开资源管理器，然后在资源管理器中对磁盘 C 进行碎片整理操作。

◇**操作方法：**

1 右击 开始 按钮，在弹出的快捷菜单中选择【资源管理器】命令，如图 3-84 所示；或者右击桌面【我的电脑】图标，在弹出的快捷菜单中选择【资源管理器】命令；或者单击 开始 按钮，在弹出的菜单中选择【所有程序】项目，在弹出的子菜单中选择【附件】项目，然后在弹出的子菜单中选择【Windows 资源管理器】命令，打开“资源管理器”窗口。

2 在“资源管理器”窗口的左侧“文件夹”窗格中，选择“本地磁盘（C:）”，然后单击【文件】菜单，在弹出的下拉菜单中选择【属性】命令，如图 3-85 所示。

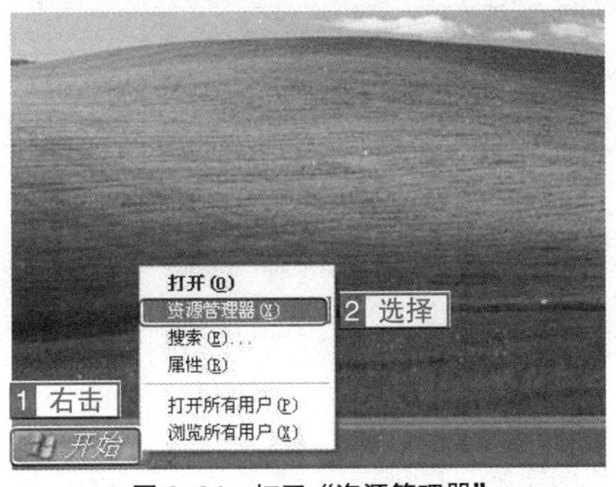

图 3-84　打开“资源管理器”

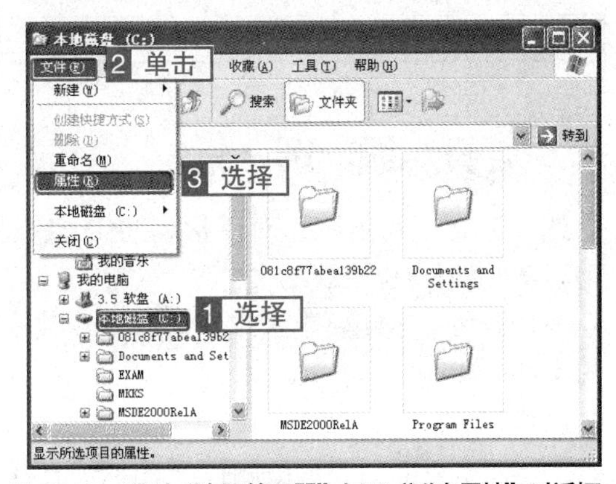

图 3-85　通过“资源管理器”打开“磁盘属性”对话框

3 在打开的"本地磁盘(C:)属性"对话框中单击【工具】选项卡，然后单击 开始整理(D)... 按钮，如图3-86所示。

4 在弹出的"磁盘碎片整理程序"窗口的磁盘列表中选择C盘，然后单击 碎片整理 按钮，如图3-87所示。

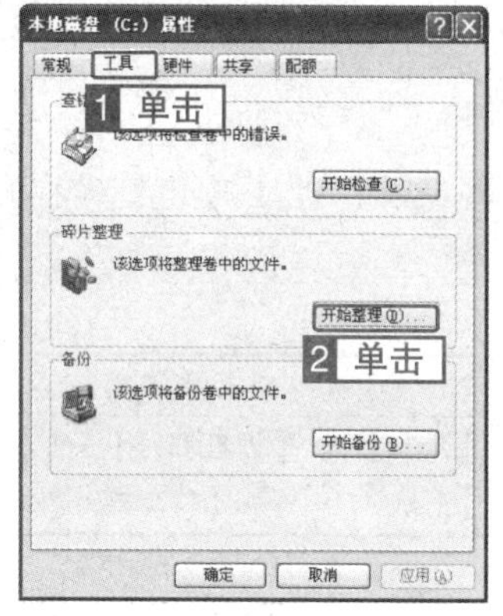

图3-86 启动磁盘碎片整理

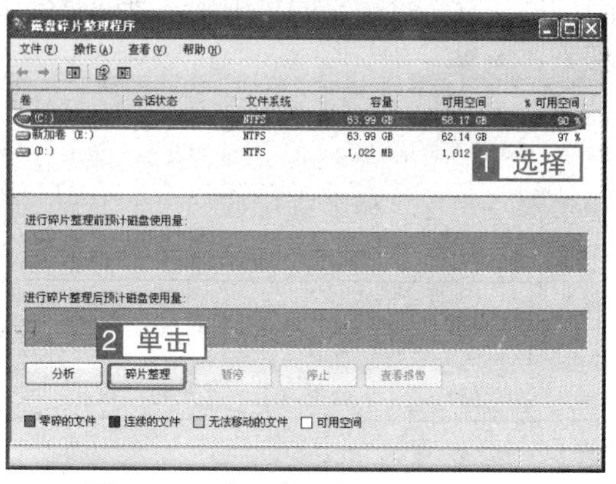

图3-87 对C盘进行磁盘碎片整理

5 磁盘碎片整理结束后弹出"已完成碎片整理"对话框，单击对话框中的 关闭(C) 按钮，关闭此对话框，如图3-88所示。

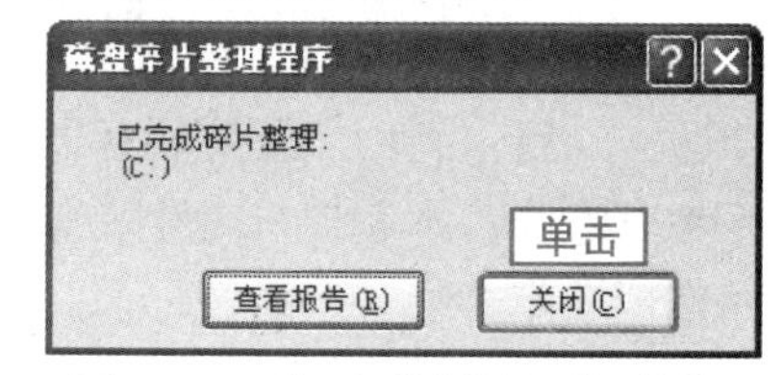

图3-88 "已完成碎片整理"对话框

3.5.6 磁盘共享设置

考点级别： ★★

考点分析：

该考点的考查概率较低，命题比较单一，操作比较简单。

操作方式

类别	菜单	快捷菜单	其他方式
磁盘共享	【文件】→【属性】→【共享】	【属性】→【共享】	

真 题 解 析

◇**题　　目：** 利用属性对话框，将D盘设置为网络共享，共享名为"share"，并设置"允许网络用户更改我的文件"。

◇**考查意图：** 本题要求考生在设置磁盘共享操作的同时还要设置"允许网络用户更改我的文件"选项。

◇**操作方法：**

1 双击桌面【我的电脑】图标，打开"我的电脑"窗口。

2 在"我的电脑"窗口中选择D盘，然后单击【文件】菜单，在下拉菜单中选择

【属性】命令；或者右击 D 盘，在快捷菜单中选择【属性】命令。打开 D 盘的磁盘属性对话框。

3 在打开的对话框中单击【共享】选项卡，在打开的【共享】选项卡中单击“如果您如道风险，但还要共享驱动器的根目标，请单击此处”超链接，如图 3-89 所示。

4 在“网络共享和安全”选项组中选中“在网络上共享这个文件夹”复选项，在“共享名”文本框中输入“share”，然后选中“允许网络用户更改我的文件”复选项。

5 单击对话框中的 应用(A) 按钮后，再单击 确定 按钮，关闭对话框，如图 3-90 所示。

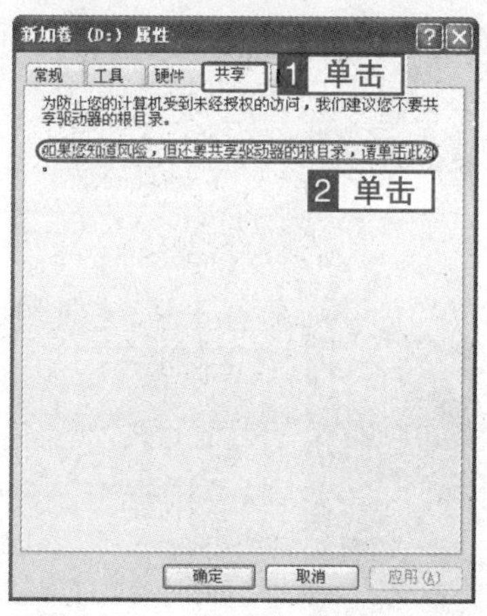

图 3-89　“共享”选择卡

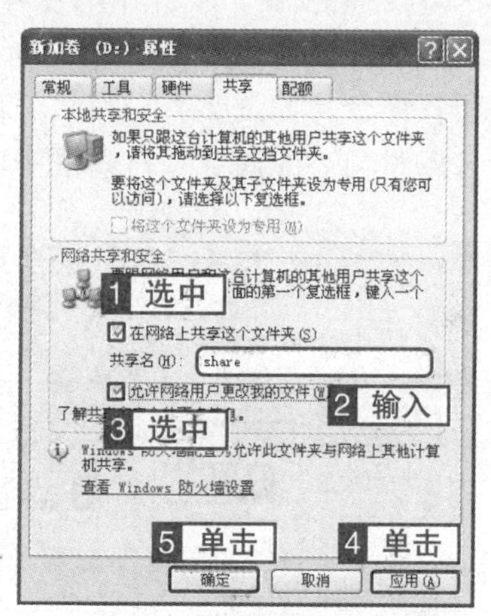

图 3-90　设置磁盘共享

3.6　备份与还原磁盘数据

用户可以使用 Windows XP 中磁盘备份与还原工具，备份硬盘中的数据副本，然后将数据存储到其他存储设备。如果硬盘上的原始数据被意外删除或覆盖，可以从存档副本中还原磁盘上的数据。

3.6.1　备份磁盘数据

考点级别：★★

考点分析：

该考点的考查概率较低，在考试中主要以备份文件数据和注册表数据的操作来命题。

操作方式

类别	菜单	快捷菜单	其他方式
备份磁盘数据	【文件】→【属性】→【工具】→【开始备份】	【属性】→【工具】→【开始备份】	【开始】→【所有程序】→【附件】→【系统工具】→【备份】

真 题 解 析

◇**题　　目：**请将“我的文档”文件夹进行备份，备份文件保存到磁盘E，备份名为“beifen.bkf”。

◇**考查意图：**本题考查考生通过“备份或还原向导”，备份“我的文档”文件夹到E盘的操作。

◇**操作方法：**

1 单击 开始 按钮，在弹出的“开始”菜单中选择【所有程序】项目，在弹出的子菜单中选择【附件】项目，在弹出的子菜单中选择【系统工具】项目，然后在子菜单中选择【备份】命令，如图3–91所示，打开“备份与还原向导”对话框。

2 在“备份与还原向导”对话框中单击 下一步(N) > 按钮，如图3–92所示。

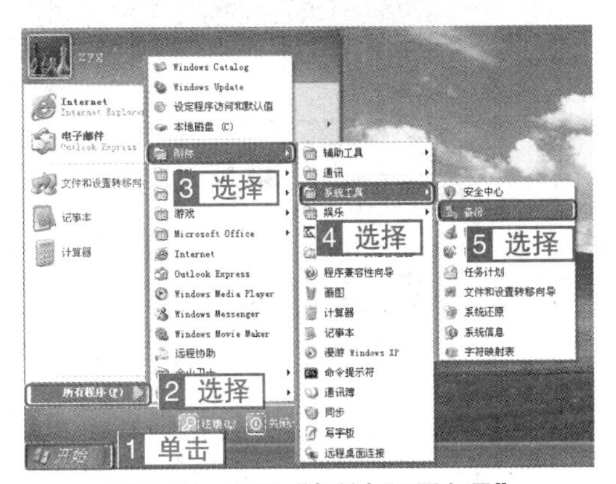

图3–91　打开“备份与还原向导”

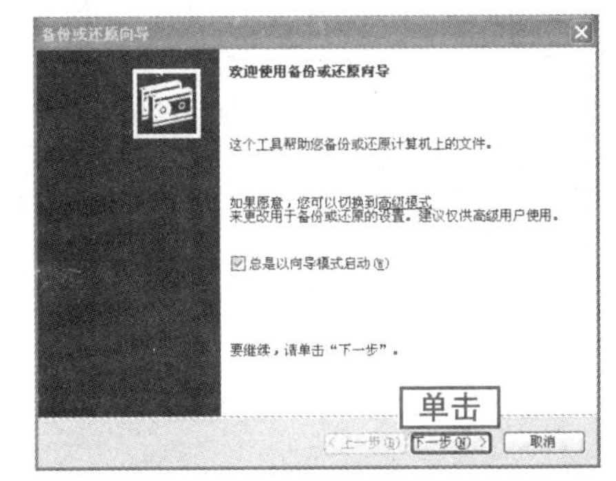

图3–92　“在欢迎使用备份或还原向导”对话框

3 在打开的“备份或还原”对话框中，选择“备份文件和设置”单选项，然后单击 下一步(N) > 按钮，如图3–93所示。

4 在打开的“要备份的内容”对话框中，选择“让我选择要备份的内容”单选项，然后单击 下一步(N) > 按钮，如图3–94所示。

5 在打开的“要备份的项目”对话框中，选中“要备份的项目”列表中的“我的文档”复选项，然后单击 下一步(N) > 按钮，如图3–95所示。

6 在打开的“备份类型、目标和名称”对话框中单击 浏览(W)... 按钮，弹出“另存为”对话框，如图3–96所示。

7 在“另存为”对话框中单击左侧的【我的电脑】 图标，在右侧选择E盘，然后在文件名文本框中输入“beifen”，单击 保存(S) 按钮，返回“备份类型、目标和名称”对话框，如图3–97所示。

8 单击“备份类型、目标和名称”对话框中的 下一步(N) > 按钮，如图3–98所示。

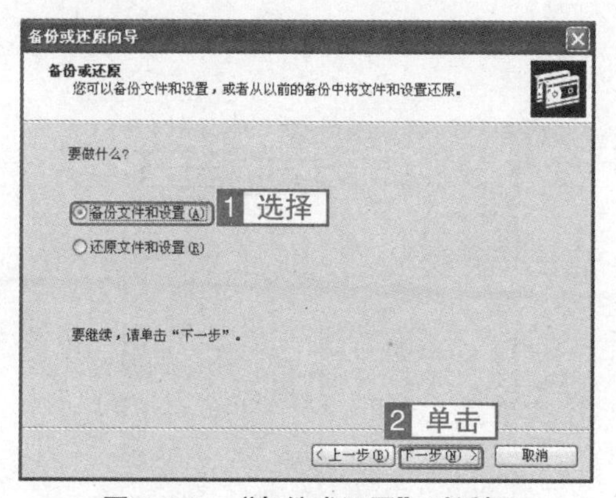

图 3–93 “备份或还原”对话框

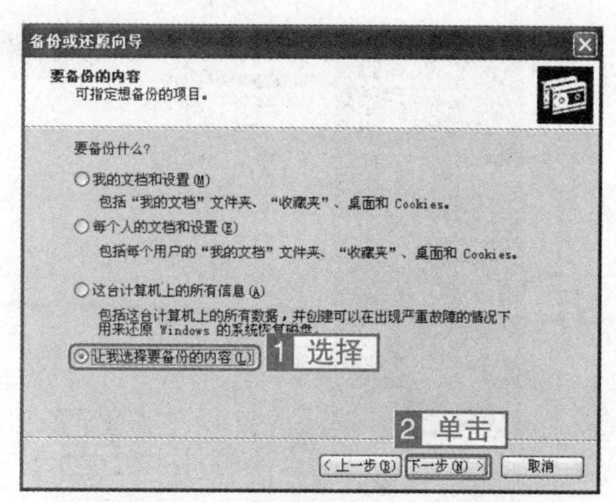

图 3–94 “要备份的内容” 对话框

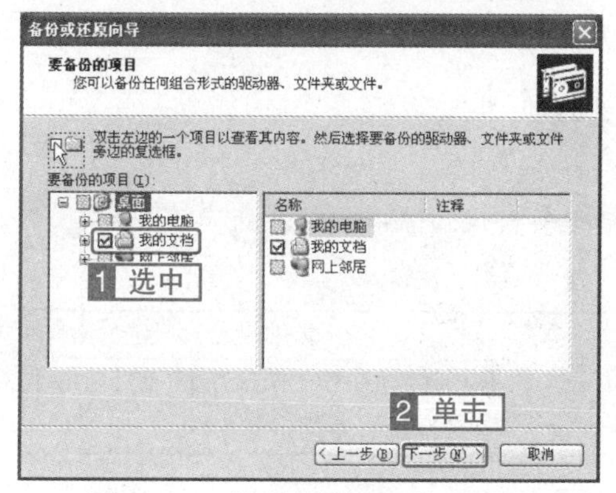

图 3–95 “要备份的项目”对话框

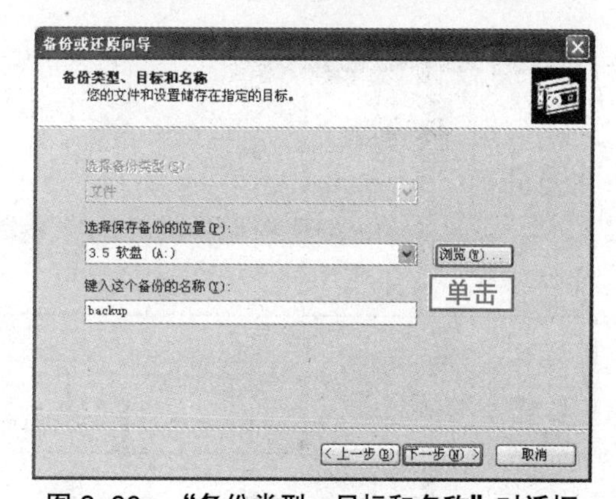

图 3–96 “备份类型、目标和名称”对话框

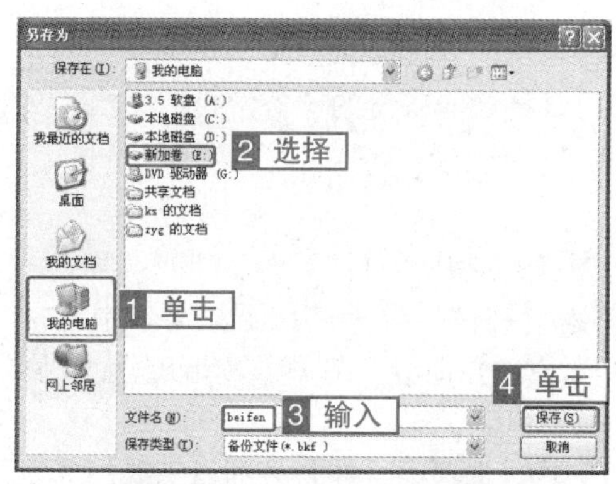

图 3–97 “另存为”对话框

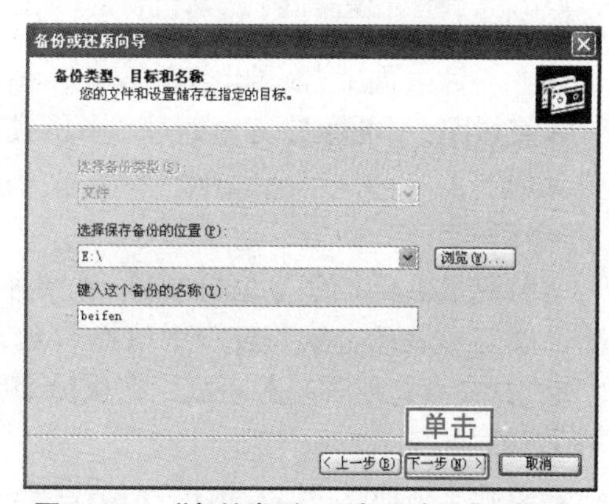

图 3–98 “备份类型、目标和名称”对话框

9 打开“正在完成备份或还原向导”对话框，单击对话框中的 完成 按钮，如图 3–99 所示。

10 系统开始进行备份操作并打开“备份进度”对话框，备份结束后单击 关闭(C) 按钮，关闭此对话框，如图 3–100 所示。

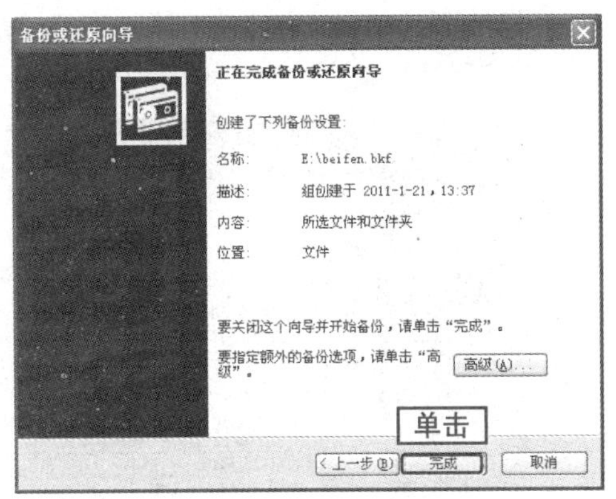

图 3-99 "正在完成备份或还原向导"对话框

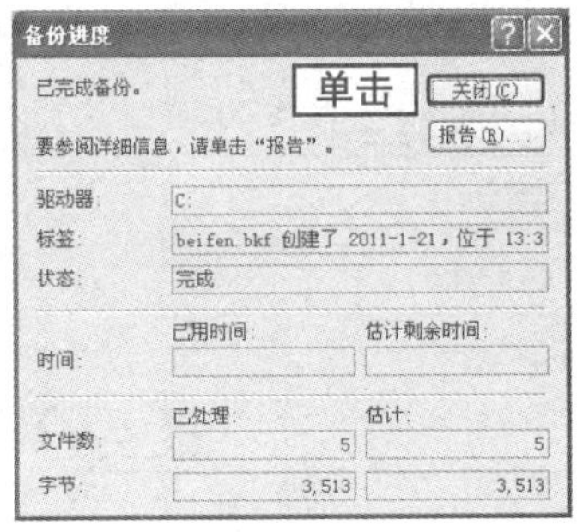

图 3-100 "备份进度"对话框

3.6.2 还原磁盘数据

考点级别：★★

考点分析：

该考点的考查概率较低，在考试中主要以还原文件数据和注册表数据的操作来命题。

操作方式

类别	菜单	快捷菜单	其他方式
还原磁盘数据	【文件】→【属性】→【工具】→【开始备份】	【属性】→【工具】→【开始备份】	【开始】→【所有程序】→【附件】→【系统工具】→【备份】

真题解析

◇**题　　目：** 通过"我的电脑"窗口，将要还原项目下的"备份我的文档"还原。

◇**考查意图：** 本题要求考生通过"备份或还原向导"，将之前备份的"备份我的文档"文件还原。

◇**操作方法：**

1 双击桌面上的【我的电脑】图标，打开"我的电脑"窗口。

2 在"我的电脑"窗口中选择 C 盘，然后单击【文件】菜单，在下拉菜单中选择【属性】命令；或者右击 C 盘，在快捷菜单中选择【属性】命令。打开"本地磁盘(C:) 属性"对话框。

3 在"本地磁盘(C:) 属性"对话框中，单击【工具】选项卡，在打开的【工具】选项卡中单击开始备份(B)...按钮，如图 3-101 所示，打开"备份或还原向导"对话框。

4 在"备份或还原向导"对话框中，单击下一步(N) >按钮，打开"备份或还原"对话框，如图 3-102 所示。

5 在打开的"备份或还原"对话框中，选择"还原文件和设置"单选项，然后单击下一步(N) >按钮，打开"还原项目"对话框，如图 3-103 所示。

6 在打开的"还原项目"对话框中，选中"要还原的项目"列表中"备份我的文档"

中的所有备份项目，然后单击下一步(N) >按钮，如图 3-104 所示。

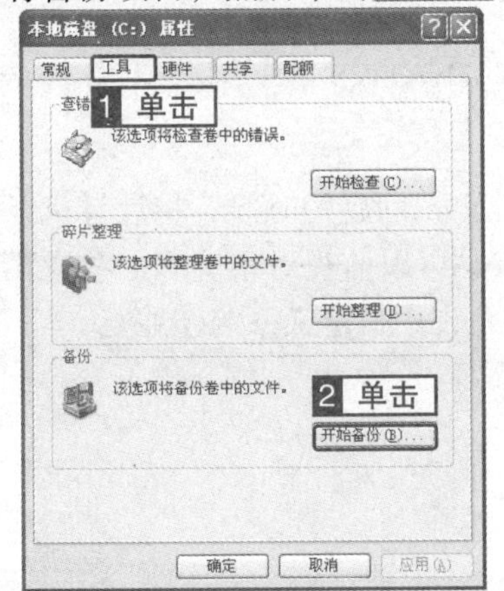

图 3-101　打开“备份或还原向导”对话框

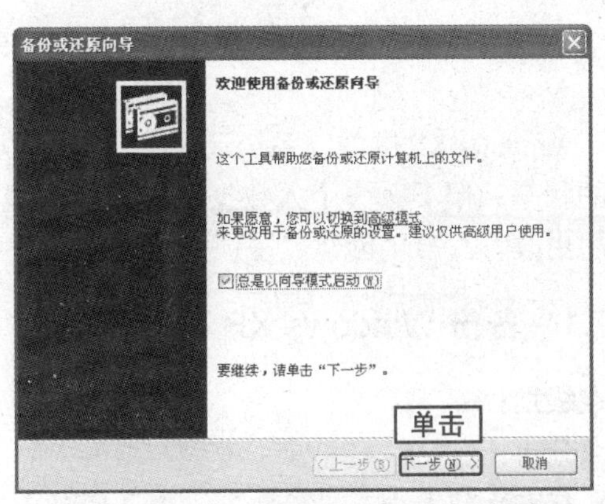

图 3-102　“备份或还原向导”对话框

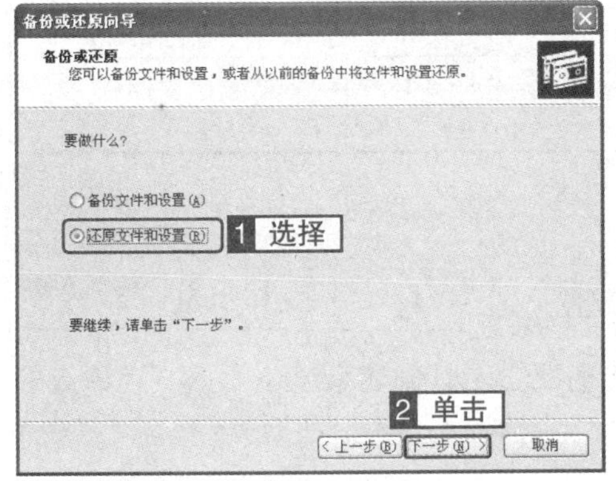

图 3-103　“备份或还原”对话框

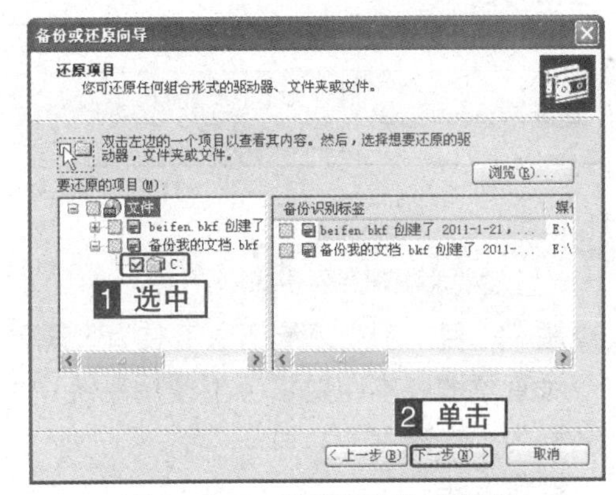

图 3-104　“还原项目”对话框

7 打开“正在完成备份或还原向导”对话框，单击对话框中的完成按钮，如图 3-105 所示。

8 系统开始进行备份操作并打开“备份进度”对话框，备份结束后单击关闭(C)按钮，关闭此对话框，如图 3-106 所示。

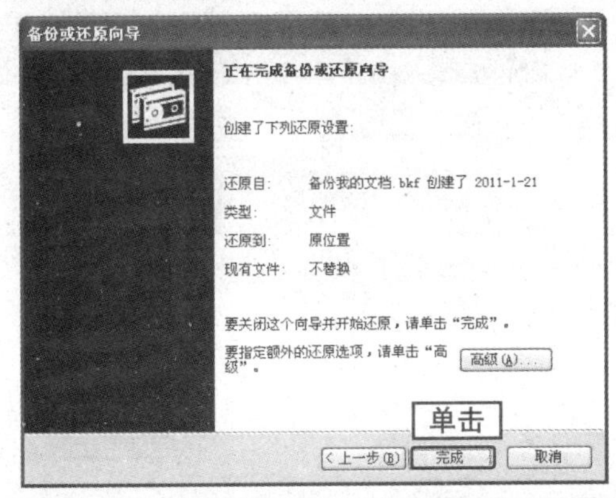

图 3-105　“正在完成备份或还原向导”对话框

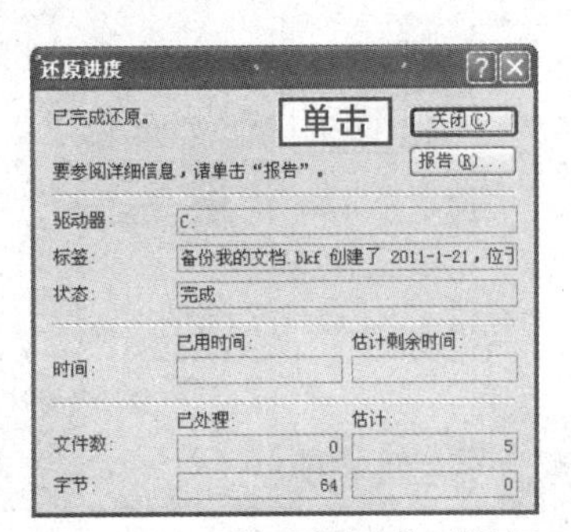

图 3-106　“还原进度”对话框

3.7　备份与还原 Windows XP

Windows XP 中的“系统还原”工具可以在系统出现问题的时候，将计算机还原到过去的状态，但不丢失个人数据文件。“系统还原点”可以监视对系统和一些应用程序文件的更改，并自动创建容易识别的还原点；系统也允许用户定义系统还原点。

3.7.1　备份 Windows XP

考点级别：★

考点分析：

该考点的考查概率较低，考生只需要了解打开“系统还原”对话框的方法便可。

操作方式

类别	菜单	快捷菜单	其他方式
备份 Windows XP	【开始】→【所有程序】→【附件】→【系统工具】→【系统还原】		

真 题 解 析

◇**题　　目：**利用系统还原工具为系统创建一个“检修点”。

◇**考查意图：**本题要求考生使用系统中的“系统还原”工具创建系统还原点，还原点的名称为“检修点”。

◇**操作方法：**

1 单击 开始 按钮，在弹出的“开始”菜单中选择【所有程序】项目，在弹出的子菜单中选择【附件】项目，在弹出的子菜单中选择【系统工具】项目，然后在子菜单中选择【系统还原】命令，如图 3–107 所示，打开“系统还原”对话框。

2 在“系统还原”对话框中，选择“创建一个还原点”单选项，然后单击 下一步(N) > 按钮，如图 3–108 所示，打开“创建一个还原点”对话框。

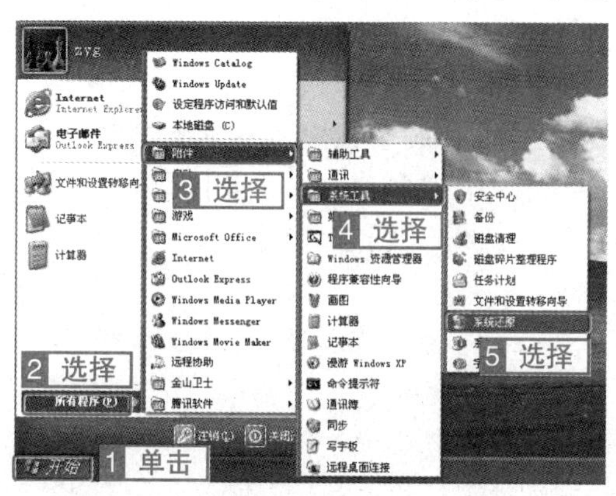

图 3–107　打开“系统还原”对话框

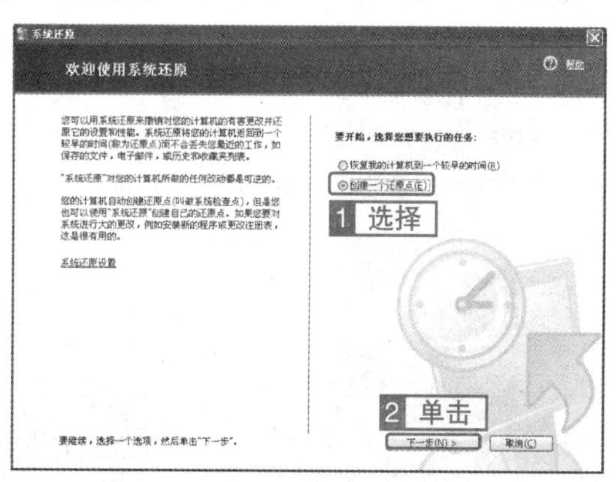

图 3–108　“系统还原”对话框

3 在“创建一个还原点”对话框的“还原点描述”文本框中输入“检修点”，然后单击[创建(R)]按钮，如图 3-109 所示，系统开始进行创建还原点的操作。

4 还原点创建结束后会打开“还原点已创建”对话框，单击对话框中的[关闭(C)]按钮，完成系统还原点的创建操作，如图 3-110 所示。

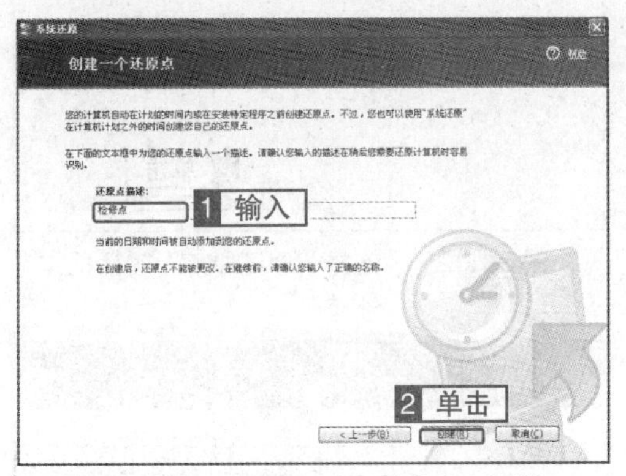

图 3-109　“创建一个还原点”对话框

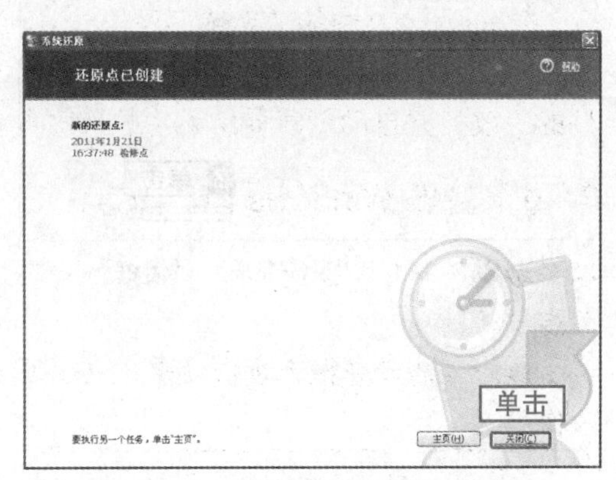

图 3-110　“还原点已创建”对话框

3.7.2　还原 Windows XP

考点级别：★

考点分析：

该考点的考查概率较低，考生只需要了解打开“系统还原”对话框的方法便可。

操作方式

类别	菜单	快捷菜单	其他方式
还原 Windows XP	【开始】→【所有程序】→【附件】→【系统工具】→【系统还原】		

真 题 解 析

◇**题　　目：**恢复“我的计算机”系统到一个较早时间。

◇**考查意图：**本题要求考生使用系统中的“系统还原”工具还原 Windows XP，还原点的名称为“我的计算机”。

◇**操作方法：**

1 单击[开始]按钮，在弹出的“开始”菜单中选择【所有程序】项目，在弹出的子菜单中选择【附件】项目，在弹出的子菜单中选择【系统工具】项目，然后在子菜单中选择【系统还原】命令，打开“系统还原”对话框。

2 在“系统还原”对话框中，选择“恢复我的计算机到一个较早的时间”单选项，然后单击[下一步(N) >]按钮，如图 3-111 所示。打开“选择一个还原点”对话框。

3 在打开的“选择一个还原点”对话框中的还原点列表里，选择较早的一个还原点，然后单击[下一步(N) >]按钮，如图 3-112 所示。打开“确认还原点选择”对话框。

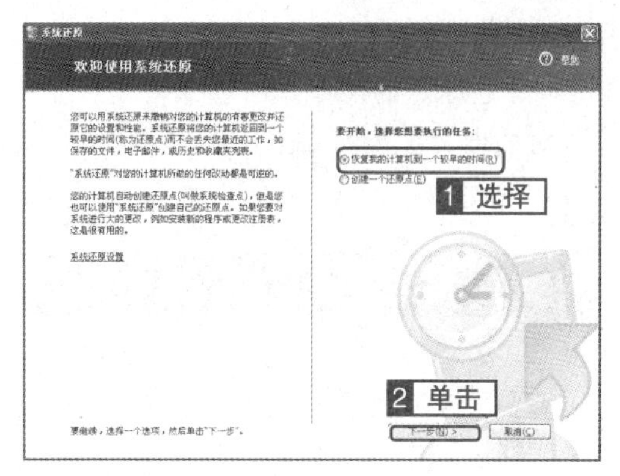

图 3-111 “系统还原”对话框

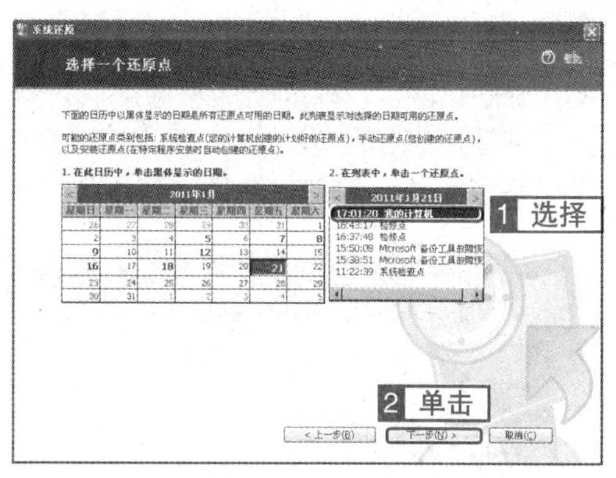

图 3-112 “选择一个还原点”对话框

4 在“确认还原点选择”对话框中单击 下一步(N) > 按钮，操作如图 3-113 所示。系统开始进行还原操作。系统还原完毕会自动重新启动。

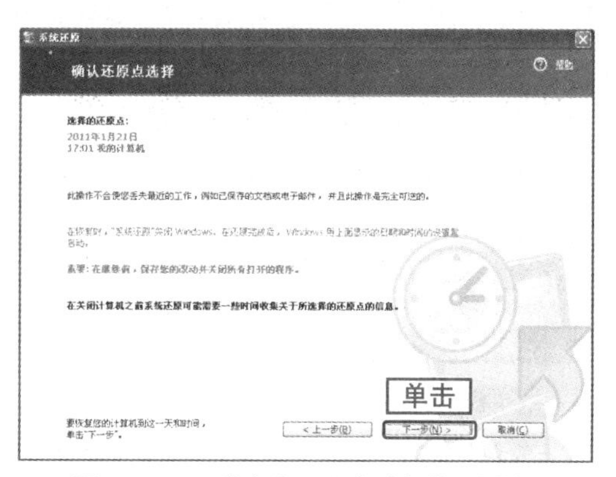

图 3-113 “确认还原点选择”对话框

本章考点及其对应操作方式一览表

考点	考频	操作方式
打开“资源管理器”	★★	右击【开始】→【资源管理器】；右击【我的电脑】→【资源管理器】
打开“我的电脑”	★★	双击桌面【我的电脑】图标；【开始】→【我的电脑】
浏览文件或文件夹	★★★	【文件】菜单→【打开】；快捷菜单【打开】或【资源管理器】
更改显示方式	★★★	【查看】菜单；“文件浏览窗格”的快捷菜单【查看】命令
排列图标	★★★	【查看】菜单→【排列图标】；快捷菜单【排列图标】
排序显示	★★★	单击“文件浏览窗格”标题头
更改“详细信息”列表项	★★★	【查看】菜单→【选择详细信息】
选择单一对象	★★★	单击要选择的对象
选择连续多个对象	★★★	单击第一个（或最后一个）对象，然后按【Shift】键的同时单击最后一个（或第一个）对象
选择不连续多个对象	★★★	按【Ctrl】键的同时依次单击选择的对象
反选对象	★★★	【编辑】菜单→【反向选择】
选择全部	★★★	【编辑】菜单→【全部选定】；快捷键【Ctrl+A】
新建文件夹	★★★	【文件】菜单→【新建】→【文件夹】；快捷菜单【新建】→【文件夹】
新建文件	★★★	【文件】菜单→【新建】→【文件类型】；快捷菜单【新建】→【文件类型】
复制文件和文件夹	★★★	【编辑】菜单→【复制到文件夹】；【编辑】菜单→【复制】和【编辑】菜单→【粘贴】；快捷键【Ctrl+C】和【Ctrl+V】
发送文件和文件夹	★★★	【文件】菜单→【发送到】；快捷菜单【发送到】
移动文件和文件夹	★★★	【编辑】菜单→【移动到文件夹；【编辑】菜单→【剪切】和【编辑】菜单→【粘贴】；快捷键【Ctrl+X】和【Ctrl+V】
重命名文件和文件夹	★★★	【文件】菜单→【重命名】；快捷菜单【重命名】
删除文件和文件夹	★★★	【文件】菜单→【删除】；快捷菜单【删除】
搜索文件和文件夹	★★★	【开始】菜单→【搜索】；快捷菜单【搜索】
设置或更改文件的打开方式	★★★	【文件】菜单→【打开方式】；快捷菜单【打开方式】
设置文件和文件夹属性	★★★	【文件】菜单→【属性】；快捷菜单【属性】
设置文件夹选项	★★★	【工具】菜单→【文件夹选项】
查看“回收站”中的文件	★★★	双击“回收站”图标；
还原部分删除的文件或文件夹	★★★	【文件】菜单→【还原】；快捷菜单【还原】
还原全部删除的文件或文件夹	★★★	任务窗格中【还原所有项目】
删除部分“回收站”中的文件或文件夹	★★★	【文件】菜单→【删除】；快捷菜单【删除】

续表

删除全部“回收站”中的文件或文件夹	★★★	【文件】菜单→【清空回收站】；快捷菜单【清空回收站】
设置“回收站”属性	★★★	快捷菜单【属性】
运行应用程序	★★★	【开始】菜单→【所有程序】；【开始】菜单→【运行】
创建应用程序的快捷方式	★★★	【文件】菜单→【发送到】→【桌面快捷方式】；快捷菜单【新建】→【快捷方式】或【创建快捷方式】
打开任务管理器	★	【Alt+Ctrl+Del】或【Ctrl+Shift+Esc】；任务栏快捷菜单【任务管理器】
格式化磁盘	★★	【文件】菜单→【格式化】；快捷菜单【格式化】
设置磁盘的常规属性	★★	【文件】菜单→【属性】→【常规】；快捷菜单【属性】→【常规】
磁盘扫描	★★	【文件】菜单→【属性】→【工具】→【开始检查】
磁盘清理	★★	【文件】菜单→【属性】→【常规】→【磁盘清理】
磁盘碎片整理	★★	【文件】菜单→【属性】→【工具】→【开始整理】
磁盘共享	★★	【文件】菜单→【属性】→【共享】；快捷菜单【属性】→【共享】
备份磁盘数据	★★	【文件】菜单→【属性】→【工具】→【开始备份】
还原磁盘数据	★★	【文件】菜单→【属性】→【工具】→【开始备份】
备份 Windows XP	★	【开始】菜单→【所有程序】→【附件】→【系统工具】→【系统还原】
还原 Windows XP	★	【开始】菜单→【所有程序】→【附件】→【系统工具】→【系统还原】

通　关　真　题

CD 注：以下测试题可以通过光盘【实战教程】→【通关真题】进行测试。

第 1 题　桌面上有“我的电脑”窗口，请打开“资源管理器”窗口。

第 2 题　在桌面上打开“资源管理器”。

第 3 题　显示“资源管理器”窗口的地址栏，标准按钮，链接按钮和状态栏。

第 4 题　请将“C:\EXAM”文件夹中的文件按照类型排列，再查看文件的详细信息。

第 5 题　桌面上有打开的“我的文档”窗口，请利用快捷菜单按修改时间排列窗口中的图标。

第 6 题　请利用鼠标，在窗口的“查看”菜单中打开“选择详细信息”对话框，获得关于“访问日期”的帮助信息。

第 7 题　显示已知文件类型的扩展名。

第 8 题　将我的电脑下的资源按“备注”重新排列。

第 9 题　使用“缩略图”方式查看“资源管理器”文件列表窗口中的文件。

第 10 题　请利用键盘打开窗口“查看”菜单，以幻灯片方式浏览图片文件。

第 11 题　在桌面上先关闭“图片收藏”文件夹窗口，再关闭“我的文档”窗口。

第 12 题　当前窗口为 C 盘窗口，请利用窗口菜单将当前窗口转为其上级窗口“我的电脑”。

第 13 题　为文件夹“幻灯片方式查看图片”增加“幻灯片”查看模式，并用幻灯片方式查看。

第 14 题　在 Windows 窗口，利用信息区新建文件夹“窗口操作”，并设置属性为只读。

第 15 题　直接在文件列表窗口中操作，将 C 盘根文件夹下的“EXAM”文件夹设置为与其他网络用户共享，共享名为“EXAM”。

第 16 题　将文件夹“C:\测试”的隐藏属性去掉，并将此项设置应用于该文件夹及其子文件夹的文件中。

第 17 题　请将 F 盘下的文件夹“C++”设为网络共享，共享名为“程序设计语言”并且允许其他用户更改文件夹中的文件。

第 18 题　在“考题”文件夹窗口，请利用工具按钮将文件“考试大纲.doc”的属性设置为只读。

第 19 题　通过“资源管理器”共享文件夹“OE 教育”，再利用“资源管理器”将其删除。

第 20 题　隐藏已知文件类型的扩展名。

第 21 题　对“文件夹选项”进行相应设置，使得鼠标指向文件夹和桌面项时显示提示信息。

第 22 题　利用文件夹选项设置，在文件夹中显示常见任务，在不同的窗口中打开不同的文件夹，仅当指向图标标题时加下划线。

第 23 题 在“我的电脑”窗口，请利用“文件夹选项”命令创建新的文件类型 wkj，并为 wkj 新文件类型设置图标为如第一行第二个所示的图片样式 。

第 24 题 设置“文件夹选项”，将扩展名为“.BMP”的文件夹的打开方式更改为“画图”。

第 25 题 对“文件夹选项”进行相应设置，使地址栏中不显示完整路径，在我的电脑上显示控制面板。

第 26 题 取消对第一个文件夹的选择。

第 27 题 选中当前窗口中的所有文件。

第 28 题 利用“资源管理器”选择 C:\EXAM 文件夹中除“附件一.doc”外的所有文件夹和文件夹。

第 29 题 在打开的“我的文档”窗口中，有的对象已经被选择，将没选择的对象选择。

第 30 题 请在 C 盘窗口中新建一个“考试大纲”文件夹，然后关闭 C 盘窗口。

第 31 题 在 G 盘根文件夹下建立新文件“图片.bmp”，再创建一个演示文稿“幻灯片.ppt”。

第 32 题 利用“资源管理器”，在 C 盘根文件夹下创建名为“OE 教育”的文件夹和“KS.txt”的空白文本文件。

第 33 题 在当前文件夹下新建一个 Excel 文件“table.xls”。

第 34 题 请将“D:\ 素材”文件夹下的文件“OE.gif”复制到 D 盘文件夹（不允许使用鼠标直接拖动方式）。

第 35 题 将 D 盘根目录文件夹下的文件“PokerFace.mp3”发送到“可移动磁盘(G:)”。

第 36 题 利用“资源管理器”将“C:\ 测试”中的“ks.txt”文件复制到“C：\ 我的文档”文件夹中。

第 37 题 请打开 E 盘窗口，将文件和文件夹按详细信息显示后，将其中修改日期为 2010 年 11 月份的所有文件复制到 L 盘“杂项”文件夹中。

第 38 题 利用“资源管理器”将“D:\ 风景图片 \ 贡嘎风光”文件夹中的“贡嘎雪山.jpg”复制到“E:\ 图片”文件夹中。

第 39 题 使用鼠标拖动的方式复制 E 盘中名为“777”的文本文件到“L:\test\word 文件”文件夹中，并用浏览栏查看“L:\test\word 文件”文件夹。

第 40 题 利用快捷键和地址栏将文件“C:\clipbrd.exe”移动到“D:\temp”文件夹中。

第 41 题 利用工具栏按钮，将 C 盘文件夹中的“OE.TXT”移动到 D 盘的“LCDS”文件夹中。

第 42 题 在“资源管理器”窗口，用鼠标拖动的方式将 D 盘中的“考试策略”文件夹，移动到 C 盘根目录下。

第 43 题 在“资源管理器”中，将“E:\te”中的“工资表.xls”文件移动到桌面的“员工工资”文件夹中，并打开员工工资文件夹查看该文件（用鼠标拖动的方式）。

第 44 题 利用“资源管理器”将 E 盘“te”文件夹中的“APH.zdg”文件移动到 D 盘根目录下（操作过程中，必须使用键盘分别完成剪切和粘贴操作）。

第 45 题 使用工具栏将文件“E:\te\ 情况说明.doc”移动到“E:\te\ 重要文件”文件夹中。

第 46 题 利用 Windows 窗口信息区将文件夹“OE”重命名为“OE 职称试题集”。

第 47 题 利用当前窗口，将“综合文件”文件夹下的“借我一生.mp3”文件重命名为“水木年华借我一生.mp3”，将“images4.jpg”改为“shuipoliangshan.jpg”

(请按题目中的顺序操作)。

第 48 题　将当前窗口中的文件夹“pic”重命名为“图片”。

第 49 题　请利用 C 盘窗口信息区，把“TEST.TXT”文件删除。

第 50 题　在打开的“考题”窗口，请自定义工具栏增加“删除”按钮，并利用工具栏将“考试大纲.doc”删除。

第 51 题　彻底删除 C 盘根文件夹下的文件夹“考题”。

第 52 题　删除“F：\OE 教育”文件夹下的文件“OE.BMP”。

第 53 题　彻底删除当前窗口的“考试资料”文件夹。

第 54 题　使用文件夹的查看、排序功能，快速找到并删除 E 盘根目录下 20MB 以上的文件（不含文件夹）。

第 55 题　请将 E 盘根目录下的“pic”文件夹中的文件按类型排序，并按详细信息查看，然后彻底删除其中所有扩展名为“.png”的文件。

第 56 题　搜索上个星期内修改过的，文件大于 1MB 的文件。

第 57 题　请在 F 盘中查找名为“360setup.exe”的文件。

第 58 题　在 C 盘下搜索文件名以 M 打头的文本文件（.txt）。

第 59 题　请利用菜单在 E 盘搜索文件扩展名为“.jpg”的文件，搜索完后将搜索到的全部文件移动到 E 盘“峨眉山佛光”文件夹。

第 60 题　将 C 盘下，文件或文件夹名以字母“s”开头，且第三个字母为“c”的全部文件移动到“我的文档”中。

第 61 题　将“OE 教育.html”以“写字板”的方式打开。

第 62 题　在“我的文档”窗口中，请利用鼠标打开“我的音乐”文件夹。

第 63 题　在“共享图像”窗口，请利用鼠标，打开“示例图片”窗口，并浏览图片。

第 64 题　查看“回收站”中项目的详细信息。

第 65 题　请将回收站中文件名中含有字母“k”的所有文件还原。

第 66 题　利用工具栏将当前窗口中的“工资表.xls”文件放入“回收站”中。

第 67 题　请将“回收站”中名为“音乐”的文件夹删除。

第 68 题　请将“回收站”中名为“ap2.jpg”的文件还原。

第 69 题　请设置“回收站”属性为“独立配置驱动器”，C 盘、D 盘的回收站均设置所占最大空间为驱动器的 15%。

第 70 题　设置回收站属性为“所有驱动器均使用同一设置”并不显示删除确认对话框。

第 71 题　利用运行对话框打开记事本程序。

第 72 题　通过“开始”菜单中的“运行”命令，打开 wordpad.exe。

第 73 题　通过“运行”命令启动计算器。

第 74 题　在当前窗口中，利用快捷方式向导将应用程序 MSACCESS.EXE 设置为以 MSACCESS 命名的快捷方式，(MSACCESS.EXE 路径为 E:\acc\Office\MSACCESS.exe)。

第 75 题　利用快捷方式向导，在桌面“看图软件”文件夹中，创建一个名为“看图”的快捷方式（可执行文件目录为“C:\Program Files\ACDSee\ACDsee.exe”）。

第 76 题　在当前窗口，利用快捷菜单创建“Tom-Skype_4.2.4.56.exe”的快捷方式。

第77题 通过C盘office文件夹下的快捷方式“Microsoft Office PowerPoint 2003”运行应用程序“PowerPoint.exe”。

第78题 在不使用窗口菜单的情况下，为当前文件夹名为“ACDsee”的应用程序在桌面上创建快捷方式，然后使用该快捷方式启动相应的应用程序。

第79题 请利用“任务管理器”，为D盘根文件夹下的应用程序“360setup.exe”建立新任务。

第80题 利用任务管理器将“剪贴板”程序添加到任务中，文件标识名为：“C:\windows\system32\clipbrd.exe”。

第81题 请利用任务管理器，结束应用程序中浏览器的任务，并查看联网情况。

第82题 利用“我的电脑”，将可移动磁盘F盘进行格式化，并将磁盘卷标设为“BFWJ”。

第83题 将D盘格式化，要求文件系统为NTFS格式，卷标为sys。

第84题 利用“我的电脑”对C盘进行扫描后，请在任务栏上添加L盘工具栏。

第85题 对C盘进行磁盘清理，同时删除回收站中的文件。

第86题 通过“开始”菜单，对C盘进行磁盘清理。

第87题 在“我的电脑”中，对C盘进行“磁盘碎片整理”。

第88题 请将E盘根目录下的“ziti”文件夹设成网络共享，共享名为“fonts”，并且允许其他用户更改文件夹中的文件。

第89题 利用“资源管理器”将E盘设为网络共享。

第90题 将C盘备份到可移动磁盘H。

第91题 通过“开始”菜单，将要还原项目下的“备份我的文档”还原。

第92题 在当前窗口中，将磁盘E盘中的“杂项”文件夹备份到L盘中，名字为back。

第93题 利用“开始”菜单打开磁盘备份程序，将磁盘“E:\手册”文件夹做一次备份，备份到L盘下，名字为bk。

第94题 利用“开始”菜单打开还原程序，将“要还原的项目”中的第一个项目中的文件进行还原。

第95题 通过“我的电脑”，设置所有驱动器关闭系统还原功能。

第4章 系统设置与管理

"控制面板"是一个非常重要的系统文件夹，它功能繁多。通过"控制面板"可以对设备进行设置与管理，设置系统环境参数的默认值和属性，添加新的硬件和软件。本章主要介绍"控制面板"的启动，以及利用"控制面板"对显示属性进行设置，对日期、时间、语言和区域属性进行设置，对鼠标进行设置，添加与管理打印机；介绍如何添加、更改、删除应用程序，添加和删除 Windows 组件和添加新硬件，以及如何添加新帐户和对帐户进行管理。

本章考点

掌握的内容★★★

设置桌面背景
设置屏幕保护程序
设置显示外观
设置桌面主题
设置刷新频率
设置鼠标按键
设置鼠标指针样式
设置鼠标特性
设置语言及输入法的添加和删除
自定义数字、货币、时间和日期属性
设置系统日期和时间
选择时区
设置与 Internet 时间同步
添加打印机
设置打印机
使用打印机管理器
创建用户帐户
更改用户登录和注销方式
更改用户属性
设置帐户策略
设置本地策略
设置本地组策略
使用微软管理控制台

熟悉的内容★★

启动控制面板
控制面板的视图切换
设置分辨率和颜色质量
设置区域和语言属性
添加应用程序
更改应用程序
删除应用程序

了解的内容★

字体的安装和删除
添加和删除 Windows 组件
添加硬件

4.1 "控制面板"的启动与视图模式

Windows XP 系统安装时，一般都给出了系统环境的最佳设置。用户可以利用"控制面板”对系统环境进行个性化设置。

4.1.1 “控制面板”的启动

考点级别：★★

考点分析：

本考点的出题率较低，命题方式比较多，通常情况是结合其他考点进行考查，有时也会单独命题。

操作方式

类别	菜单	其他方式
启动“控制面板”	【开始】→【控制面板】	单击“我的电脑”左侧“任务”窗格中【控制面板】超链接； 单击“资源管理器”左侧“文件夹”窗格中“控制面板”文件夹； 双击“我的电脑”或“资源管理器”右侧窗格中的【控制面板】图标

真 题 解 析

◇**题　　目：**利用“资源管理器”启动“控制面板”。

◇**考查意图：**本题考查的是利用“资源管理器”打开“控制面板”的方法。

◇**操作方法：**

方法一

1 使用前面介绍的操作方式，打开“资源管理器”窗口。

2 在“资源管理器”左侧“文件夹”窗格中，选择“控制面板”文件夹，如图4–1所示。

方法二

1 使用前面介绍的操作方式，打开“资源管理器”窗口。

2 在“资源管理器”左侧的“文件夹”窗格中，选择“我的电脑”文件夹，双击右侧窗格中的【控制面板】图标，如图4–2所示。

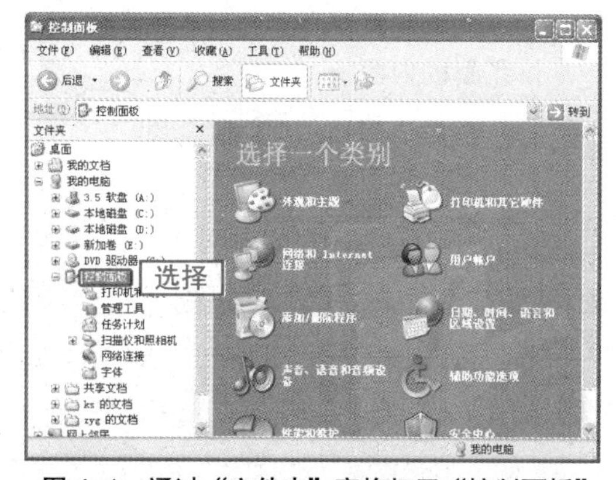

图4–1　通过“文件夹”窗格打开“控制面板”

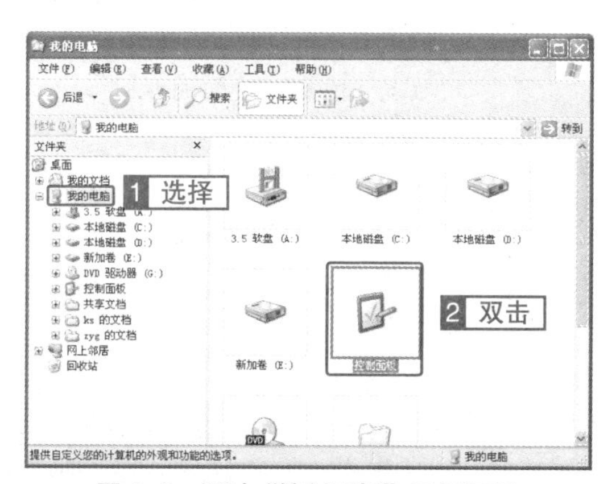

图4–2　通过“控制面板”图标打开

触类旁通

在默认的设置中，“我的电脑”和“资源管理器”中是没有“控制面板”图标的，可以使用第 3 章介绍的设置窗口文件夹选项的方法进行设置。

4.1.2　控制面板的视图切换

“控制面板”有分类视图和经典视图两种视图模式。Windows XP 中默认的是分类视图。

考点级别：★★

考点分析：

控制面板中的很多操作都会涉及视图的切换，所以本考点的出题率较高，命题方式比较多，通常情况是结合其他考点进行考查，有时也会单独命题。

操作方式

类别	菜单	单击	快捷菜单	快捷键
切换“控制面板”视图		单击窗口任务窗格中【切换到经典视图】或【切换到分类视图】超链接		

真 题 解 析

◇**题　　目：**利用“我的电脑”启动“控制面板”，并将其切换到经典视图。

◇**考查意图：**本题首先要通过“我的电脑”窗口启动“控制面板”，然后将“控制面板”由分类视图切换到经典视图。

◇**操作方法：**

1 双击桌面【我的电脑】图标，打开“我的电脑”窗口。

2 单击“我的电脑”窗口左侧任务窗格中【控制面板】超链接，如图 4–3 所示；或者双击右侧窗格中的【控制面板】图标，打开“控制面板”窗口。

3 在打开的“控制面板”窗口中，单击左侧任务窗格中的【切换到经典视图】超链接，如图 4–4 所示，将“控制面板”窗口切换到“经典视图”模式。

图 4–3　通过“我的电脑”打开“控制面板”

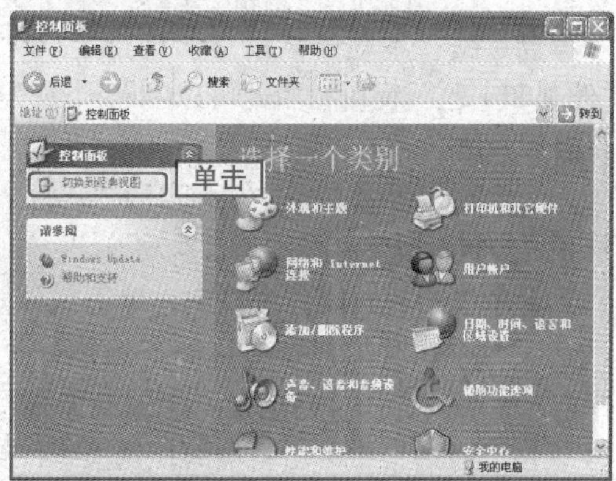

图 4–4　将“控制面板”切换到经典视图

4.2　定制个性化显示效果

用户可以利用“显示 属性”对话框来对 Windows XP 进行个性化显示设置。可以通过以下方法打开“显示 属性”对话框：

- 在“控制面板”分类视图下，单击【外观和主题】分类项目，弹出“外观和主题”窗口。在窗口的“选择一个任务”中单击任意一个项目，以及在“或选择一个控制面板图标”中单击【显示】图标。
- 在“控制面板”的经典视图下，双击【显示】图标；或者右击【显示】图标，在弹出的快捷菜单中选择【打开】命令。
- 右击桌面空白处，在快捷菜单中选择“属性”命令。

4.2.1　设置桌面

利用“显示 属性”对话框的“桌面”选项卡，用户可以设置个性化的桌面颜色和背景方案，同时也可以自定义桌面显示内容。

考点级别：★★★

考点分析：

本考点的出题率较高，操作比较简单，一般命题中会明确给出背景图片的具体路径和名称。

操作方式

类别	右键菜单	其他方式
设置桌面	“桌面”快捷菜单→【属性】→【桌面】	“控制面板”经典视图：【显示】→【桌面】； “控制面板”分类视图：【外观和主题】→【更改桌面背景】

真 题 解 析

◇**题 目 1：**利用“外观和主题”窗口，把桌面颜色设为粉红色，背景设为“Bliss”。

◇**考查意图：**本题虽然没有明确指定出“控制面板”的视图类型，但题目中要求使用“外观和主题”窗口，由此可以判断须使用分类视图来操作。

◇**操作方法：**

1 单击“开始”按钮，在弹出的“开始”菜单中选择【控制面板】命令，如图 4-5 所示，打开“控制面板”窗口。

2 在“控制面板”窗口中，单击【外观和主题】分类项目，弹出“外观和主题”窗口，如图 4-6 所示，在窗口的“选择一个任务”中单击【更改桌面背景】项目，如图 4-7 所示；或者在“或选择一个控制面板图标”中单击【显示】图标，在打开的“显示 属性”对话框中单击【桌面】选项卡，打开“桌面”选项卡。

3 在“桌面”选项卡的“颜色”下拉框中选择粉红色。

4 在“桌面”选择卡的背景列表中选择“Bliss”。

5 单击 应用(A) 按钮，再单击 确定 按钮完成设置，如图 4-8 所示。

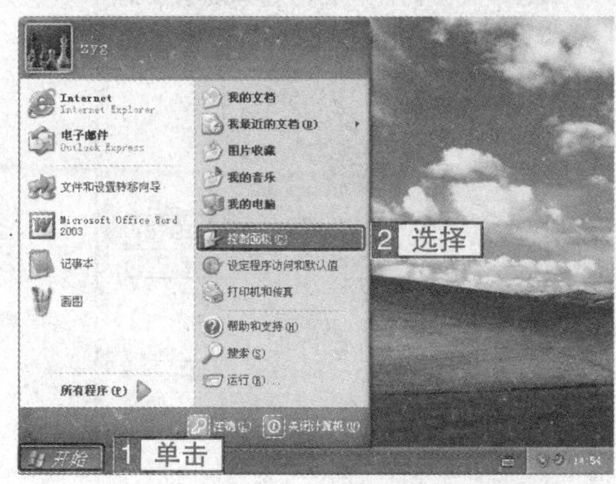

图 4-5　通过“开始”菜单打开“控制面板”

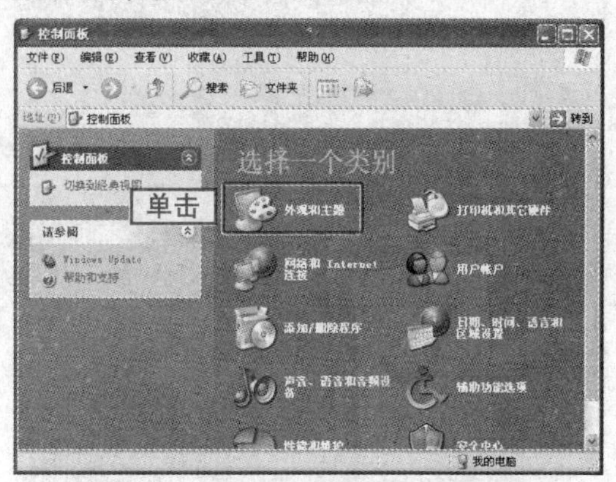

图 4-6　通过“控制面板”分类视图打开“外观和主题”分类

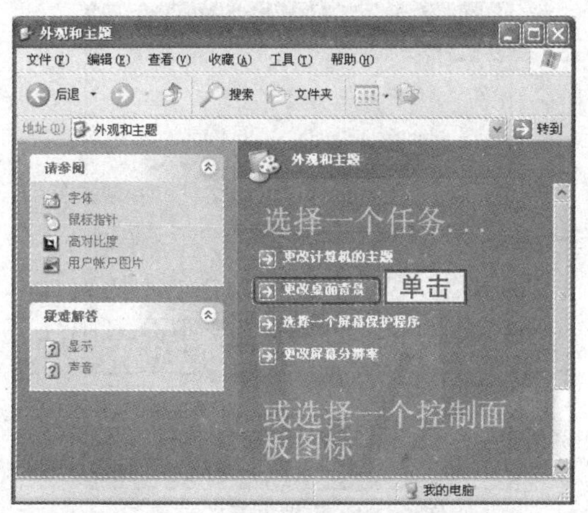

图 4-7　“外观和主题”分类窗口

图 4-8　设置桌面显示属性

◇**题 目 2**：利用“显示 属性”对话框，将桌面背景改成“我的文档”中的“日历.jpg”，位置为“平铺”。

◇**考查意图**：本题没有明确指定打开“显示属性”对话框的操作方式，考生可以使用操作最方便的操作方式操作，本题主要考查的是将指定的图片设置成桌面背景的方法，同时设置位置为“平铺”。

◇**操作方法**：

1 右击桌面空白处，在弹出的快捷菜单中选择【属性】命令，如图 4-9 所示，打开“显示 属性”对话框。

2 打开“显示 属性”对话框中的“桌面”选项卡，单击 浏览(W)... 按钮，如图 4-10 所示，打开“浏览”对话框，单击左侧窗格中的“我的文档”图标，在右侧窗格中选择“日历.jpg”文件，单击 打开(O) 按钮，如图 4-11 所示。

3 在“位置”下拉列表中选择“平铺”选项，单击 应用(A) 按钮，再单击 确定 按钮完成设置，如图 4–12 所示。

图 4–9 桌面“快捷菜单”

图 4–10 “显示 属性”对话框“桌面”选项卡

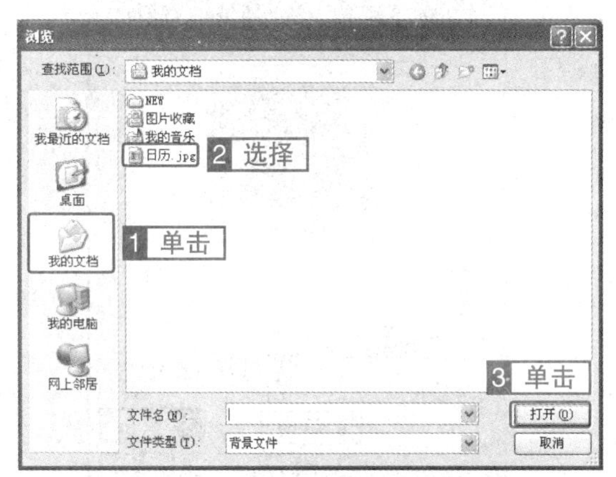

图 4–11 利用“浏览”对话框选择背景图片

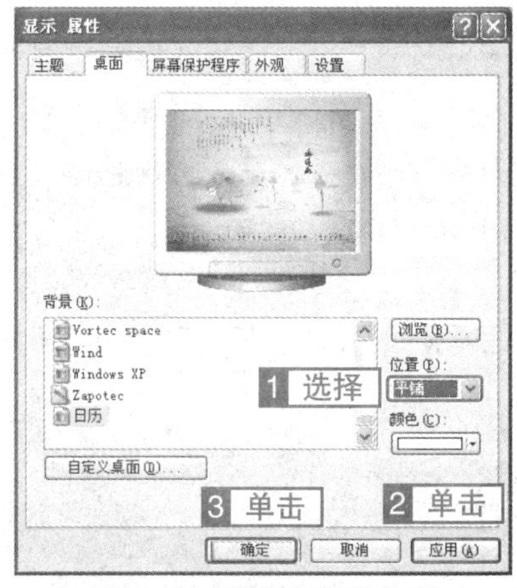

图 4–12 设置背景的位置

4.2.2 设置屏幕保护程序

当计算机的闲置时间达到指定的值时，屏幕保护程序就会自动执行。

考点级别：★★★

考点分析：

本考点的考查概率比较高，操作比较简单，在命题中一般都会明确指定设置的属性值。

操作方式

类别	右键菜单	其他方式
设置屏幕保护程序	“桌面”快捷菜单→【属性】→【屏幕保护程序】	“控制面板”经典视图：【显示】→【屏幕保护程序】；“控制面板”分类视图：【外观和主题】→【选择一个屏幕保护程序】

真 题 解 析

◇**题 目 1**：设置屏幕保护程序为字幕，文字为“OE 教育 WinXP”，文字格式为“隶书”，字幕位置随机。

◇**考查意图**：本题考查了设置屏幕保护的方法，指定了屏幕保护程序的名称为“字幕”，同时还要求设置文字、字体和字幕的位置属性。

◇**操作方法**：

1 单击 开始 按钮，在弹出的“开始”菜单中选择【控制面板】命令。

2 在“控制面板”窗口中，单击【外观和主题】分类项目，弹出“外观和主题”窗口，在窗口的“选择一个任务”中单击【选择一个屏幕保护程序】项目，如图 4–13 所示；或者在“或选择一个控制面板图标”中单击【显示】图标，在打开的“显示 属性”对话框中单击【屏幕保护程序】选项卡。

3 选择“屏幕保护程序”下拉框中的“字幕”，然后单击 设置(T) 按钮，如图 4–14 所示。

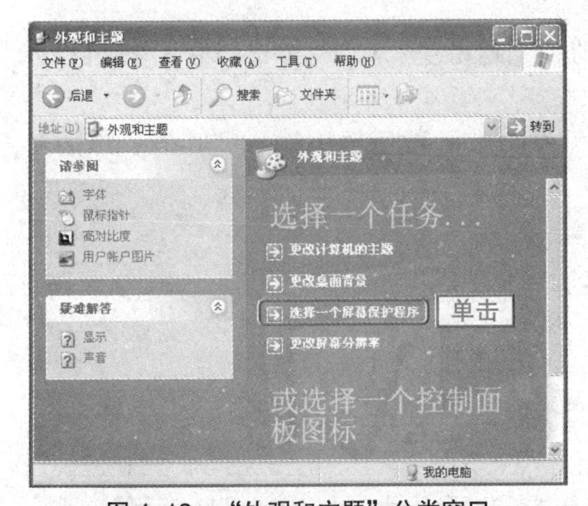

图 4–13　“外观和主题”分类窗口

图 4–14　“屏幕保护程序”选项卡

4 在“字幕设置”对话框的“文字”文本框中输入“OE 教育 WinXP”，在“位置”选项组中选择“随机”单选项，单击 文字格式(F)... 按钮，如图 4–15 所示。

5 在“文字格式”对话框的“字体”列表中选择“隶书”，单击 确定 按钮，如图 4–16 所示，返回“字幕设置”对话框。

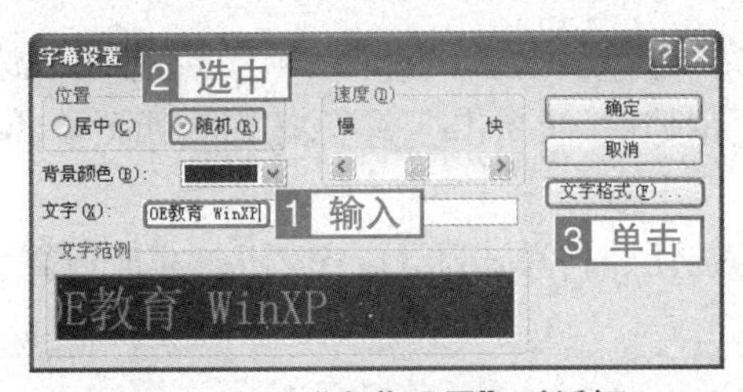

图 4–15　“字幕设置”对话框

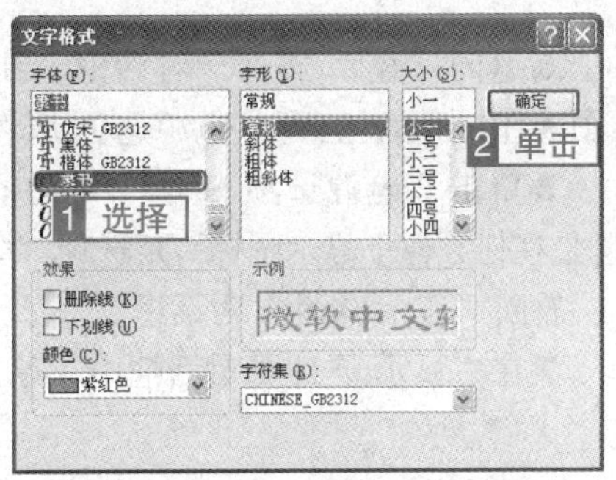

图 4–16　“文字格式”对话框

6 在“字幕设置”对话框中，单击 确定 按钮，返回“显示 属性”对话框。

7 在“显示 属性”对话框中，单击 应用(A) 按钮，再单击 确定 按钮完成设置操作。

◇**题目 2：**设置屏幕保护程序为飞越星空，流星个数 100 个，屏幕保护等待时间 20 分钟，总是在任务栏上显示电源图标。

◇**考查意图：**本题考查的也是设置屏幕保护的方法，指定了屏幕保护程序的名称为“飞越星空”，要求流星个数 100 个、屏幕保护等待时间 20 分钟和总是在任务栏上显示电源图标。

◇**操作方法：**

1 单击 开始 按钮，在弹出的“开始”菜单中选择【控制面板】命令，打开“控制面板”窗口。

2 在“控制面板”窗口中，单击【外观和主题】分类项目，弹出“外观和主题”窗口，在窗口的“选择一个任务”中单击【选择一个屏幕保护程序】项目；或者在“或选择一个控制面板图标”中单击【显示】图标，在打开的“显示 属性”对话框中单击【屏幕保护程序】选项卡。

3 选择“屏幕保护程序”下拉框中的“飞越星空”，然后单击 设置(T) 按钮，如图 4–17 所示，打开“飞越星空设置”对话框。

4 在“飞越星空设置”对话框的“流星个数”数值框中输入“100”，然后单击 确定 按钮，如图 4–18 所示。

图 4–17 “屏幕保护程序”选项卡

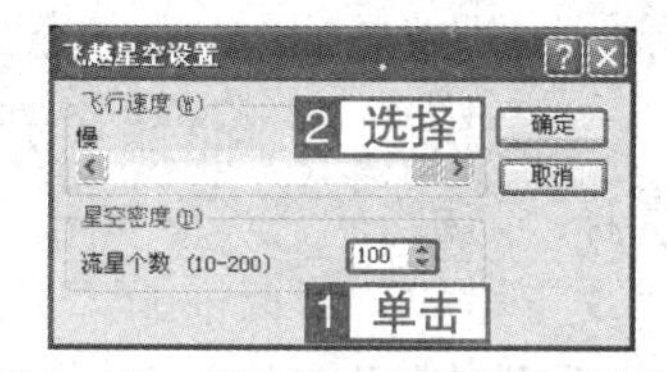

图 4–18 “飞越星空设置”对话框

5 返回“显示 属性”对话框，在“等待”数值框中输入“20”，单击 电源(O)... 按钮，如图 4–19 所示，打开“电源选项 属性”对话框。

6 单击“电源选项 属性”对话框中的【高级】选项卡，在“选项”选项组中选中“总是在任务栏上显示图标”复选项，单击 应用(A) 按钮，再单击 确定 按钮，如图 4–20 所示，返回“显示 属性”对话框。

7 在“显示 属性”对话框中，单击 应用(A) 按钮，再单击 确定 按钮，完成设置。

图 4-19　“屏幕保护程序”选项卡

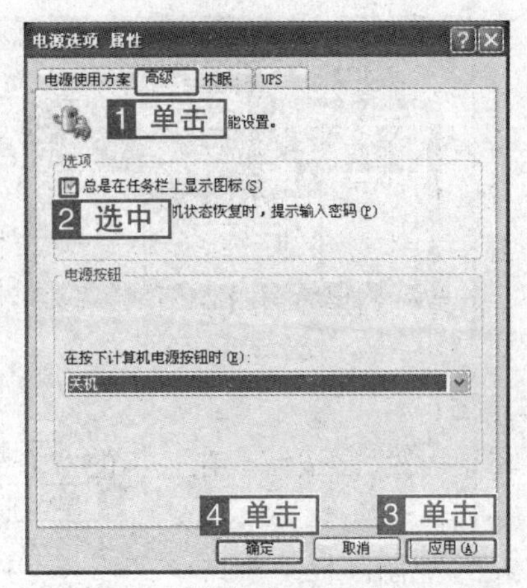

图 4-20　“电源选项 属性”对话框

4.2.3　设置外观

外观是指桌面、窗口、对话框等元素的样式、字体和颜色等。用户可以利用“显示属性”对话框中的“外观”选项卡进行个性化设置。

考点级别：★★★

考点分析：

本考点的出题率较高，命题方式比较直接，通过率比较高。

操作方式

类别	右键菜单	其他方式
设置外观	“桌面”快捷菜单→【属性】→【外观】	“显示 属性”对话框→【外观】

真 题 解 析

◇**题　目　1：** 请利用“显示属性”对话框，将 Windows XP 窗口的标题按钮大小设置为“32”。

◇**考查意图：** 本题考查了设置 Windows XP 外观的方法，命题中要求设置“标题按钮”文字的大小，这个属性需在“高级外观”对话框中进行设置。

◇**操作方法：**

1 单击 开始 按钮，在弹出的“开始”菜单中选择【控制面板】命令，打开“控制面板”窗口。

2 在“控制面板”窗口中，单击【外观和主题】分类项目，弹出“外观和主题”窗口，在窗口的“选择一个任务”中单击任一项目；或者在“或选择一个控制面板图标”中单击【显示】图标，在打开的“显示 属性”对话框中单击【外观】选项卡。

3 单击“外观”选项卡中的 高级(D) 按钮，如图 4-21 所示。

4 打开“高级外观”对话框，在“项目”下拉列表中选择“标题按钮”选项，在“大小”数值框中输入“32”，单击 确定 按钮，如图 4-22 所示。

5 返回“显示 属性”对话框，单击 应用(A) 按钮，再单击 确定 按钮完成设置。

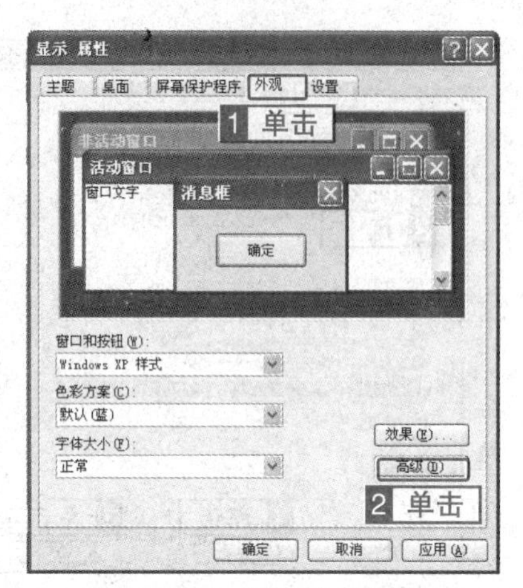

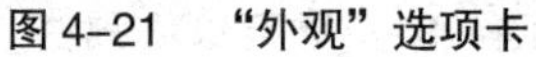

图 4-21 “外观”选项卡

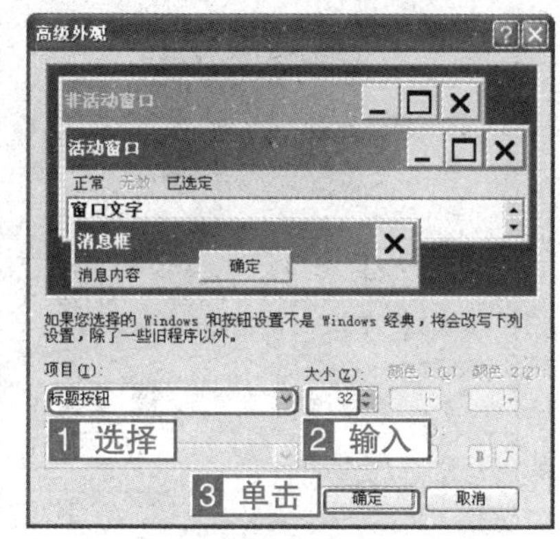

图 4-22 “高级外观”对话框

◇**题 目 2**：请利用“显示属性”对话框，设置为菜单和工具提示使用滚动效果为“过渡效果”。

◇**考查意图**：本题考查了设置 Windows XP 外观中效果的设置方法，效果的设置需要在“效果”对话框中进行设置。

◇**操作方法**：

1 单击 开始 按钮，在弹出的“开始”菜单中选择【控制面板】命令，打开“控制面板”窗口。

2 在“控制面板”窗口中，单击【外观和主题】分类项目，弹出“外观和主题”窗口，在窗口的“选择一个任务”中单击任一项目；或者在“或选择一个控制面板图标”中单击【显示】图标，在打开的“显示 属性”对话框中单击【外观】选项卡。

3 单击“外观”选项卡中的 效果(E)... 按钮，如图 4-23 所示。

4 打开“效果”对话框，在“为菜单和工具提示使用下列过渡效果”下拉列表中选择“滚动效果”选项，单击 确定 按钮，如图 4-24 所示，返回“显示 属性”对话框。

5 在“显示 属性”对话框中，单击 应用(A) 按钮，再单击 确定 按钮完成设置。

图 4-23 在“外观”选项卡中打开“效果”对话框

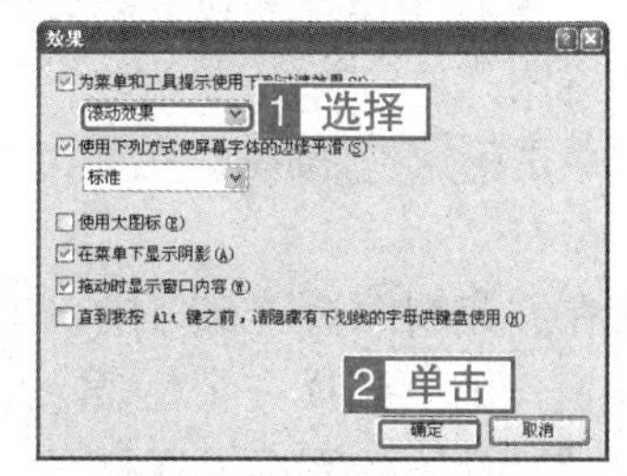

图 4-24 设置为菜单和工具提示使用过渡效果

4.2.4 设置主题

主题是对计算机桌面提供统一外观的一组可视化元素，如窗口、图标、字体、颜色、背景和屏幕保护程序等，在“显示 属性”对话框的“主题”选项卡中进行设置。

考点级别： ★★★

考点分析：

本考点的出题率较高，命题方式比较直接，通过率比较高。如要求将 Windows XP 的主题设置成“Windows 经典”。

操作方式

类别	右键菜单	其他方式
设置主题	“桌面”快捷菜单→【属性】→【主题】	“控制面板”经典视图：【显示】→【主题】；“控制面板”分类视图：【外观和主题】→【更改计算机的主题】

真 题 解 析

◇**题　　目：** 请将 Windows XP 系统的桌面主题设置为“Windows 经典”。

◇**考查意图：** 本题考查了设置 Windows XP 桌面主题的方法。

◇**操作方法：**

1 单击 开始 按钮，在弹出的“开始”菜单中选择【控制面板】命令，打开“控制面板”窗口。

2 在“控制面板”窗口中，单击【外观和主题】分类项目，弹出“外观和主题”窗口，在窗口的“选择一个任务”中单击【更改计算机的主题】项目；或者在“或选择一个控制面板图标”中单击【显示】图标，在打开的“显示 属性”对话框中单击【主题】选项卡。

3 打开“主题”选项卡，在“主题”下拉列表中选择“Windows 经典”选项。

4 单击 应用(A) 按钮，再单击 确定 按钮完成设置，如图 4-25 所示。

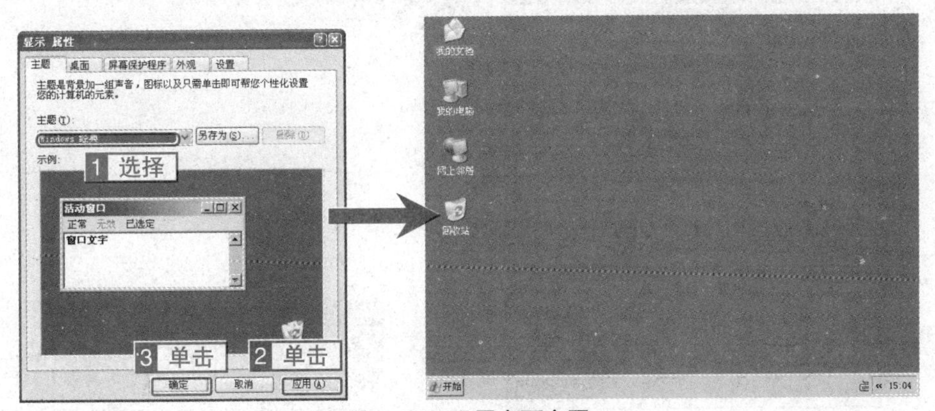

图 4-25　设置桌面主题

4.2.5　设置分辨率和颜色质量

在改变系统时，需要对显示的分辨率和颜色质量重新设置。用户可以利用“显示 属性”对话框中的“设置”选项卡，改变显示器的参数设置。

考点级别：★★

考点分析：

本考点的出题率较高，命题方式比较简单，通过率比较高。如要求设置屏幕分辨率为 800×600，考生需按要求进行设置即可。

操作方式

类别	右键菜单	其他方式
设置主题	“桌面”快捷菜单→【属性】→【设置】	“控制面板”经典视图：【显示】→【设置】； “控制面板”分类视图：【外观和主题】→【更改屏幕分辨率】

真 题 解 析

◇**题　　目**：请利用“外观和主题”窗口，将显示器的屏幕分辨率设置为 800×600，将显示器的颜色质量设置为“中（16 位）”。

◇**考查意图**：本题考查了设置分辨率和显示质量的方法。

◇**操作方法**：

1 打开“控制面板”窗口，单击【外观和主题】分类项目，弹出“外观和主题”窗口，在窗口的“选择一个任务”中单击【更改屏幕分辨率】项目，如图 4-26 所示。

2 打开“显示 属性”对话框中的“设置”选项卡，拖动“屏幕分辨率”滑块到“800×600”的位置，在“颜色质量”下拉列表框中选择“中（16 位）”。

3 单击[应用(A)]按钮，打开“监视器设置”对话框，单击[是(Y)]按钮，确认保留设置，返回“显示 属性”对话框，如图 4-27 所示。

4 单击“显示 属性”对话框中的[确定]按钮完成设置并关闭对话框。

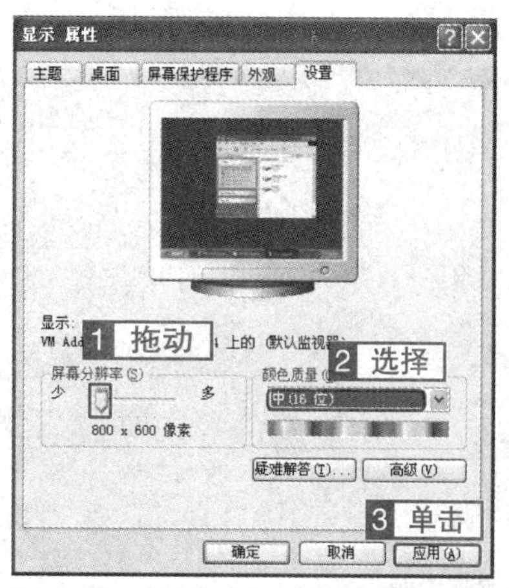

图 4-26　设置系统分辨率和颜色质量

图 4-27　确认保留设置

4.3　日期、时间、语言和区域设置

由于各个国家地理位置与文化背景各不相同，所使用的日期格式、时间格式、货币格式和数字表示方法等都存在区别，为此，Windows XP 提供了区域设置功能。

4.3.1　区域设置

考点级别：★★

考点分析：

本考点的出题率较低，命题方式比较简单，通过率比较高。如要求将系统区域设置为“象牙海岸”。

操作方式

类别	“控制面板”经典视图	“控制面板”分类视图
区域设置	【区域和语言选项】	【日期、时间、语言和区域设置】→【区域和语言选项】; 【日期、时间、语言和区域设置】→【更改数字、日期和时间的格式】

真题解析

◇**题　　目：**请利用“我的电脑”窗口，将区域中的“位置”设置为“象牙海岸”，以便方便地得到当地信息。

◇**考查意图：**本题考查了设置系统区域的方法。

◇**操作方法：**

1 双击桌面【我的电脑】图标，打开“我的电脑”窗口。

2 单击“我的电脑”窗口左侧任务窗格中的【控制面板】超链接，如图 4-28 所示。

3 单击“控制面板”窗口中的【日期、时间、语言和区域设置】分类项目，如图 4-29 所示。

图 4-28　利用“我的电脑”窗口打开“控制面板”

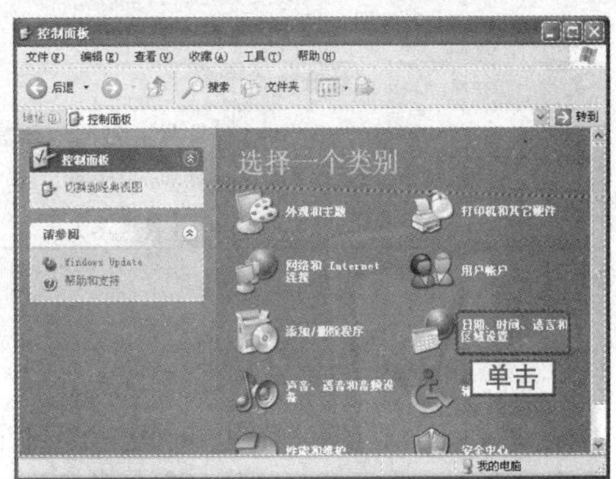

图 4-29　打开“日期、时间、语言和区域设置”

4 打开“日期、时间、语言和区域设置”窗口，在“或选择一个控制面板图标”中单击【区域和语言选项】选项，如图 4–30 所示；或者在“选择一个任务”中单击【更改数字、日期和时间的格式】选项。

5 打开“区域和语言选项”对话框中的“区域选项”选项卡，在“位置”下拉框中选择“象牙海岸”选择项，单击 应用(A) 按钮，再单击 确定 按钮完成设置，如图 4–31 所示。

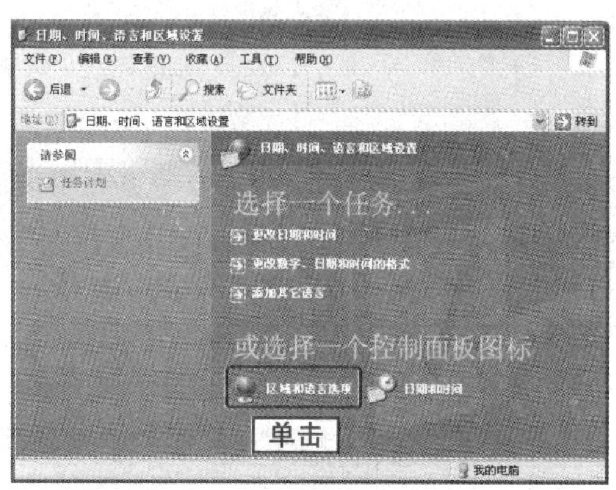

图 4–30　打开“区域和语言选择”对话框

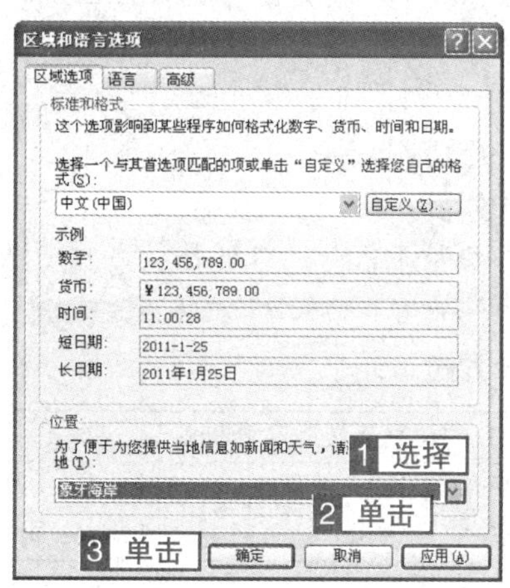

图 4–31　设置系统区域位置

4.3.2　设置数字、货币、时间和日期格式

由于各个国家和地区的数字、货币时间和日期格式不同，Windows XP 提供了许多格式方案，但如果用户对系统提供的格式方案不满意，可以通过自定义的方式进行个性化设置。

考点级别：★★★

考点分析：

本考点的出题率较高，命题方式比较简单，通过率比较高，在命题时一般是要求对某一属性进行设置。

操作方式

类别	“控制面板”经典视图	“控制面板”分类视图
区域设置	【区域和语言选项】	【日期、时间、语言和区域设置】→【区域和语言选项】→【自定义】；【日期、时间、语言和区域设置】→【更改数字、日期和时间的格式】→【自定义】

真 题 解 析

◇**题 目 1：** 请利用“日期、时间、语言和区域设置”窗口，设置时间格式为“tthh:mm:ss”。

◇**考查意图：** 本题考查的是自定义时间格式的设置方法。

◇**操作方法：**

1 打开“控制面板”窗口，单击“日期、时间、语言和区域设置”分类项目。

2 打开“日期、时间、语言和区域设置”窗口，在“选择一个任务”中单击【更改数字、日期和时间的格式】选项，如图 4–32 所示；或者在“或选择一个控制面板图标”中单击【区域和语言选项】选项。打开“区域和语言选项”对话框。

3 打开“区域和语言选项”对话框中的“区域选项”选项卡，单击 自定义(Z)... 按钮，打开“自定义区域选项”对话框。

4 打开“自定义区域选项”对话框中的“时间”选项卡，在“时间格式”下拉列表框中输入“tthh:mm:ss”。

5 单击 应用(A) 按钮，再单击 确定 按钮完成设置，如图 4–33 所示。

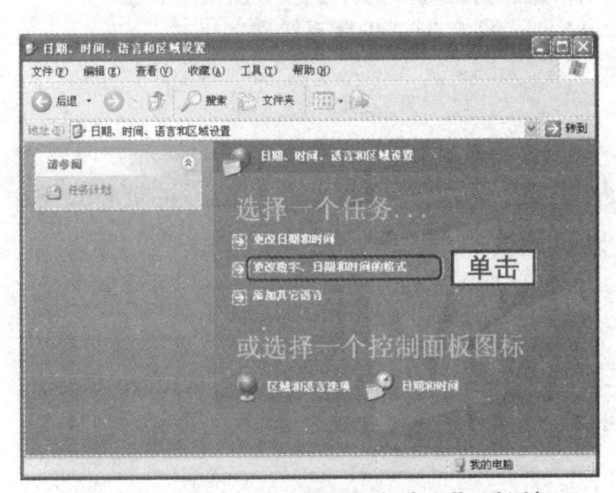

图 4–32　打开“区域和语言选项”对话框

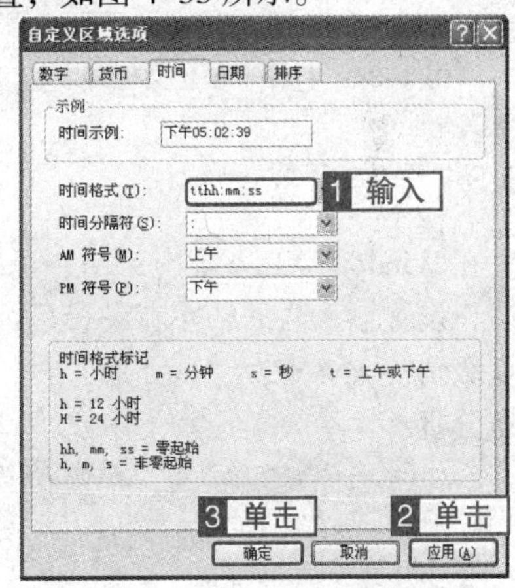

图 4–33　设置系统时间显示格式

◇**题　目　2：**利用“日期、时间、语言和区域设置”窗口设置“数字格式”为只有整数，负数格式为“–1.1”。

◇**考查意图：**本题考查的是自定义数字格式的设置方法。命题中要求只有整数，因此小数位数为“0”。

◇**操作方法：**

1 打开“控制面板”窗口，单击“日期、时间、语言和区域设置”分类项目。

2 打开“日期、时间、语言和区域设置”窗口，在“或选择一个控制面板图标”中单击【区域和语言选项】选项；或者在“选择一个任务”中单击【更改数字、日期和时间的格式】选项。打开“区域和语言选项”对话框。

3 打开“区域和语言选项”对话框中的“区域选项”选项卡，单击 自定义(Z)... 按钮，打开“自定义区域选项”对话框，如图 4–34 所示。

4 打开“自定义区域选项”对话框中的“数字”选项卡，在“小数位数”下拉列表中选择“0”，在“负数格式”下拉列表中选择“–1.1”。

5 单击 应用(A) 按钮，再单击 确定 按钮完成设置，如图 4–35 所示。

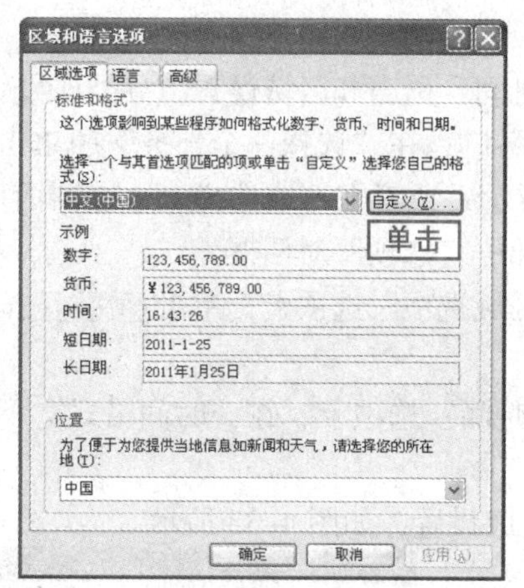

图 4–34　打开"自定义区域"选项对话框

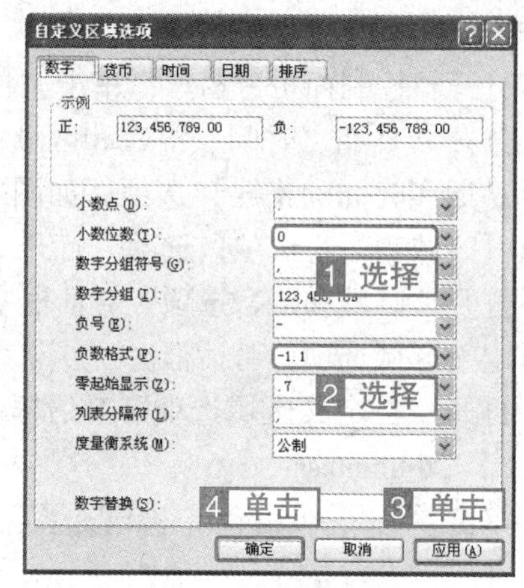

图 4–35　设置系统数字格式

4.3.3　语言设置

在 Windows XP 系统中，用户可以规定启动计算机时的默认输入语言、添加或删除输入法、设置输入法的属性和设置是否在桌面上显示语言栏等。

考点级别： ★★★

考点分析：

本考点的出题率较高，命题方式比较直接，通过率比较高，命题以添加或删除输入法和设置输入法的属性为多。

操作方式

类别	"控制面板"经典视图	"控制面板"分类视图
语言设置	【区域和语言选项】→【语言】	【日期、时间、语言和区域设置】→【区域和语言选项】→【语言】; 【日期、时间、语言和区域设置】→【添加其它语言】

真 题 解 析

◇**题 目 1**：添加"微软拼音输入法 3.0 版"，然后删除"搜狗拼音输入法"。

◇**考查意图：** 本题考查的是添加和删除输入法的方法。

◇**操作方法：**

1 打开"控制面板"窗口，单击"日期、时间、语言和区域设置"分类项目。

2 打开"日期、时间、语言和区域设置"窗口，在"或选择一个控制面板图标"中单击【区域和语言选项】选项；或者在"选择一个任务"中单击【添加其它语言】选项。

3 打开"区域和语言选项"对话框中的"语言"选项卡，单击详细信息(D)...按钮，如图 4–36 所示。

4 打开"文字服务和输入语言"对话框，单击添加(D)...按钮，如图 4–37 所示。

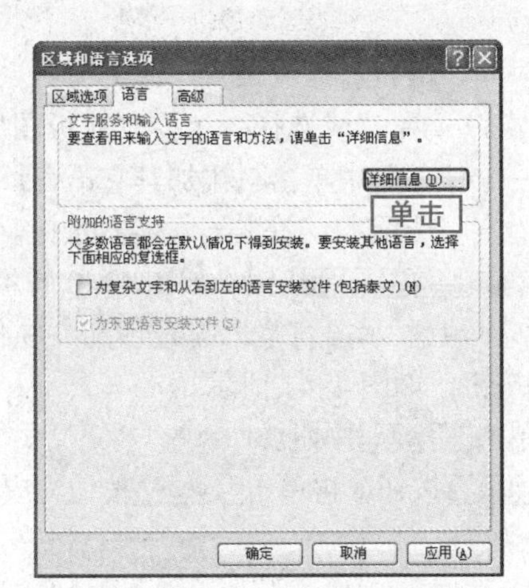

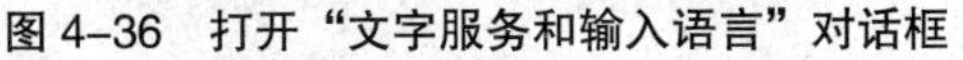

图 4–36　打开"文字服务和输入语言"对话框

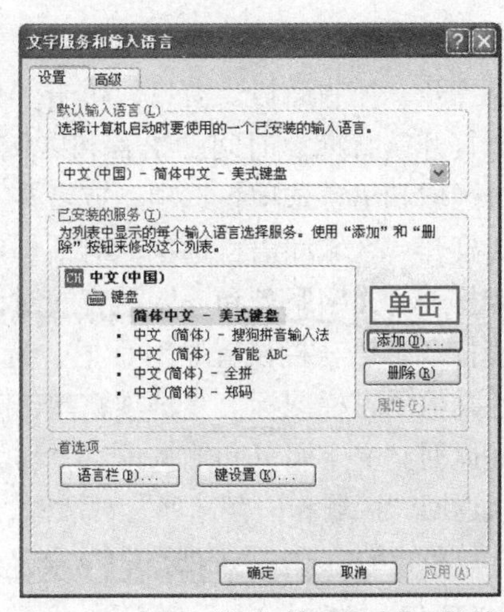

图 4–37　打开"添加输入语言"对话框

5 打开"添加输入语言"对话框，在"输入语言"下拉框中选择"中文（中国）"选项，在"键盘布局 / 输入法"下拉框中选择"微软拼音输入法 3.0 版"选项，单击 确定 按钮，如图 4–38 所示。

6 返回"文字服务和输入语言"对话框，在"已安装的服务"列表框中选择"搜狗拼音输入法"选项，单击 删除(R)... 按钮，然后单击 应用(A) 按钮，再单击 确定 按钮，如图 4–39 所示。

7 返回"区域和语言选项"对话框，单击 应用(A) 按钮，再单击 确定 按钮完成设置。

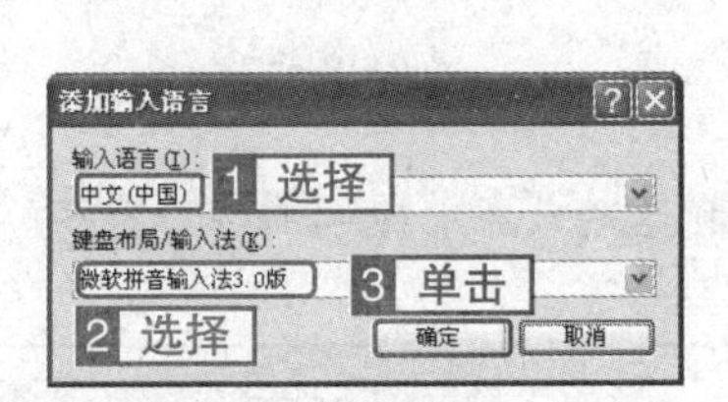

图 4–38　添加输入法

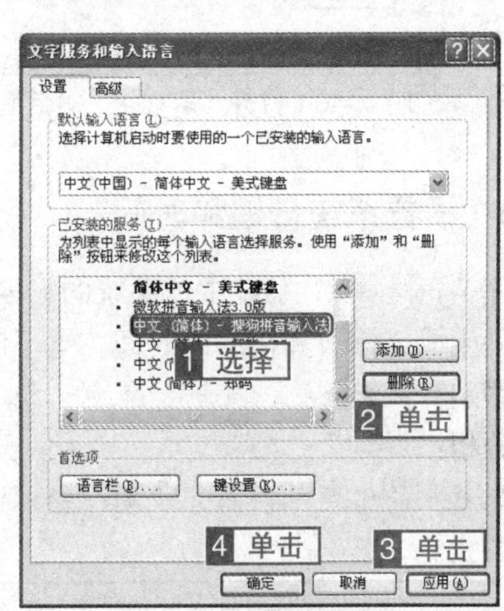

图 4–39　删除输入法

◇**题 目 2**：请利用"日期、时间、语言和区域设置"窗口，设置在"桌面上显示语言栏"和设置"在任务栏中显示其他语言栏图标"。

◇**考查意图**：本题考查的是设置语言栏属性的相关知识点，因此需在"语言栏设置"对话框中进行设置。

◇**操作方法：**

1 打开“控制面板”窗口，单击“日期、时间、语言和区域设置”分类项目。

2 打开“日期、时间、语言和区域设置”窗口，在“或选择一个控制面板图标”中单击【区域和语言选项】选项；或者在“选择一个任务”中单击【添加其它语言】选项。

3 打开“区域和语言选项”对话框中的“语言”选项卡，单击[详细信息(D)...]按钮。

4 打开“文字服务和输入语言”对话框，单击[语言栏(B)...]按钮，如图4-40所示。

5 打开“语言栏设置”对话框，选中“在桌面上显示语言栏”复选项和“在任务栏中显示其他语言栏图标”复选项，单击[确定]按钮，如图4-41所示。

6 返回“文字服务和输入语言”对话框，单击[确定]按钮。

7 返回“区域和语言选项”对话框，单击[应用(A)]按钮，再单击[确定]按钮完成设置。

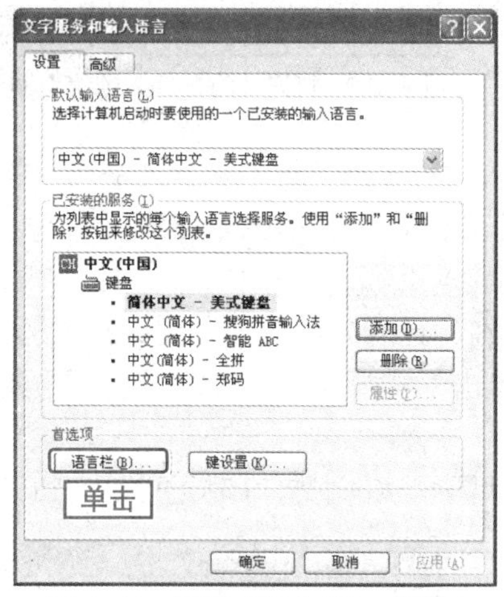

图4-40 打开“语言栏”对话框

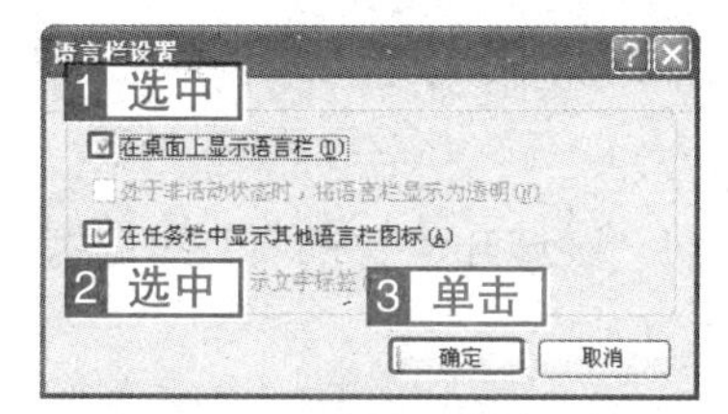

图4-41 设置语言栏属性

4.3.4 设置系统日期和时间

在Windows XP系统中，系统的日期和时间是非常重要的。通过日期和时间，可以了解文件生成、修改和访问的时间，电子邮件发出的时间等。

考点级别： ★★★

考点分析：

本考点的出题率较高，命题一般以设置系统当前日期或当前时间为多。

操作方式

类别	“控制面板”经典视图	“控制面板”分类视图
设置日期和时间	【日期和时间】	【日期、时间、语言和区域设置】→【更改日期和时间】； 【日期、时间、语言和区域设置】→【日期和时间】

◇**题 目 1：** 请利用控制面板将系统的日期和时间设置为“2013年10月24日 18:05:08”

(请按年、月、日、小时、分、秒顺序设置)。

◇**考查意图**：本题考查了设置系统当前日期和时间的方法，在设置的时候一定要按命题中规定的顺序进行操作。

◇**操作方法**：

1 打开“控制面板”窗口，单击“日期、时间、语言和区域设置”分类项目。

2 打开“日期、时间、语言和区域设置”窗口，在“选择一个任务”中单击【更改日期和时间】选项，如图 4–42 所示；或者在“或选择一个控制面板图标”中单击【日期和时间】选项。

3 打开“日期和时间 属性”对话框，在“日期”选项组中单击年“份数”值框右侧的按钮，设置年份为“2013”，在“月份”下拉列表中选择“十月”，在“日”列表框中选择“24”。

4 在“时间”选项组中的“时间”数值框中输入“18：05：08”。

5 单击 应用(A) 按钮，再单击 确定 按钮完成设置，如图 4–43 所示。

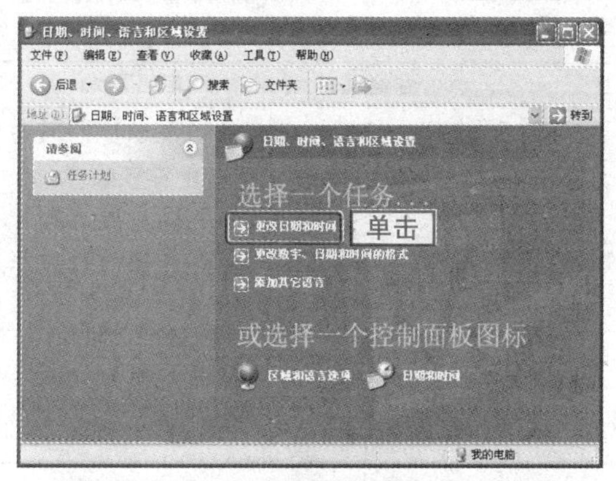

图 4–42　打开“日期和时间属性”对话框

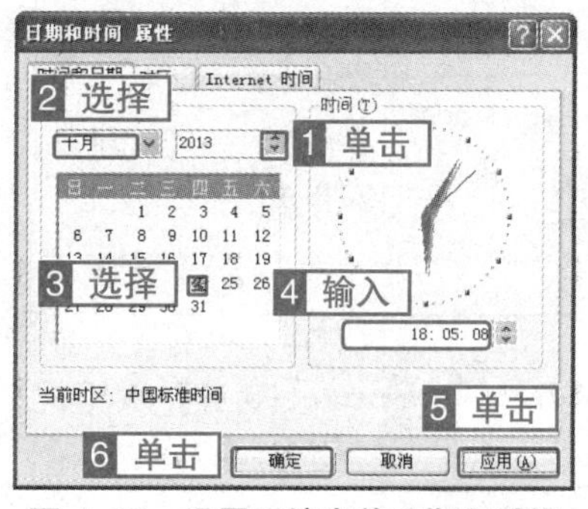

图 4–43　设置系统当前日期和时间

◇**题 目 2**：请利用“日期、时间、语言和区域设置”窗口，将系统的“时区”设置为“吉隆坡，新加坡”。

◇**考查意图**：本题考查设置时区的方法。

◇**操作方法**：

1 打开“控制面板”窗口，单击“日期、时间、语言和区域设置”分类项目。

2 打开“日期、时间、语言和区域设置”窗口，在“选择一个任务”中单击【更改日期和时间】选项；或者在“或选择一个控制面板图标”中单击【日期和时间】选项。

3 打开“日期和时间属性”对话框中的“时区”对话框，在下拉列表中选择“(GMT+08：00) 吉隆坡，新加坡。

图 4–44　设置系统时区

4 单击 应用(A) 按钮，再单击 确定 按钮完成设置，如图 4–44 所示。

4.4 打印机的添加、设置与管理

在日常的工作中，打印机是非常重要的输出设备。在用户使用计算机的过程中，有时需要将一些文件以书面的形式输出，如果用户安装了打印机就可以打印各种文档和图片等内容，这将为用户的工作和学习提供极大的方便。

4.4.1 添加打印机

考点级别：★★★

考点分析：

本考点的操作步骤比较多，命题比较复杂，设置的属性比较多，所以在考试中出题率较低。

操作方式

类别	菜单	单击	右键菜单	其他方式
打开“打印机和传真”窗口	【开始】→【打印机和传真】			【控制面板】→【打印机和其它硬件】→【打印机和传真】或【查看安装的打印机或传真打印机】
添加打印机	【打印机和传真】窗口→【文件】→【添加打印机】	【打印机和传真】窗口→【添加打印机】	【打印机和传真】窗口→【添加打印机】	【控制面板】→【添加打印机】

真题解析

◇**题　　目：**请利用“打印机和其它硬件”窗口，安装“Apple”厂商生产的“Apple Color LaserWriter 12/600”型号的打印机，使用“LPT2”端口，打印机名为“苹果LaserPrinter”，设置为“共享”，共享名为“苹果激光打印机”，位置为“考试中心”，不打印测试页（不要求检测，直接安装本地打印机）。

◇**考查意图：**本题要求考生首先添加打印机，在添加过程中需要对打印机的端口、共享和打印测试页属性进行设置。

◇**操作方法：**

1 打开“控制面板”窗口，单击“打印机和其它硬件”分类项目，如图4-45所示。

2 打开“打印机和其它硬件”窗口，在“选择一个任务”中单击【添加打印机】项目，打开“添加打印机向导”，如图4-46所示。或者可以使用以下方法打开“打印机和传真”窗口。

- 打开“控制面板”中的“打印机和其它硬件”窗口，在“选择一个任务”中单击【查看安装的打印机或传真打印机】项目或在“或选择一个控制面板图标”中单击【打印机和传真】项目。

- 单击 开始 按钮，在弹出的“开始”菜单中选择【打印机和传真】命令，打开“打印机和传真”窗口，单击“打印机和传真”窗口任务窗格中的【添加打印机】超链接；或者单击【文件】菜单，在弹出的子菜单中选择【添加打印机】命令；或者右击窗口空白处，在快捷菜单中选择【添加打印机】命令。也可以打开“添加打印机向导”。

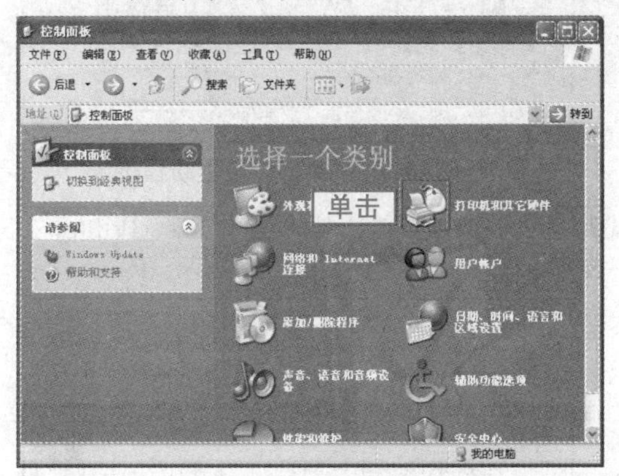

图 4–45　打开“打印机和其它硬件”窗口

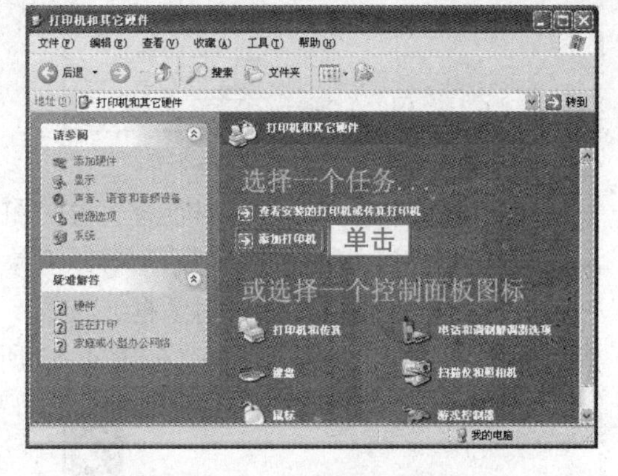

图 4–46　打开“添加打印机向导”

3 单击“添加打印机向导”的“欢迎使用添加打印机向导”对话框中的 下一步(N) > 按钮，如图 4–47 所示。

4 打开“本地或网络打印机”对话框，选择“连接到此计算机的本地打印机”单选项，取消选中“自动检测并安装即插即用打印机”复选项，单击 下一步(N) > 按钮，如图 4–48 所示。

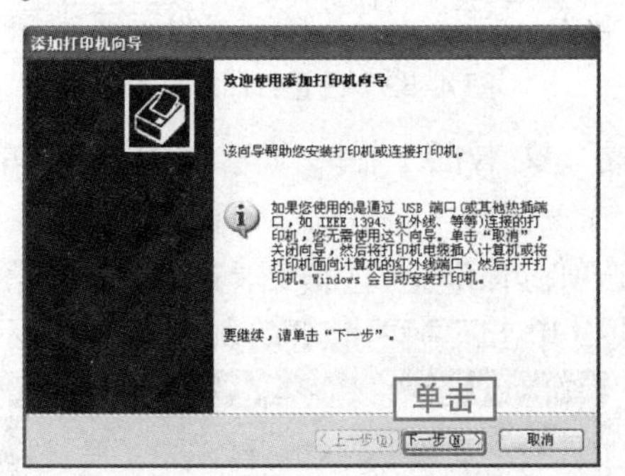

图 4–47　“欢迎使用添加打印机向导”对话框

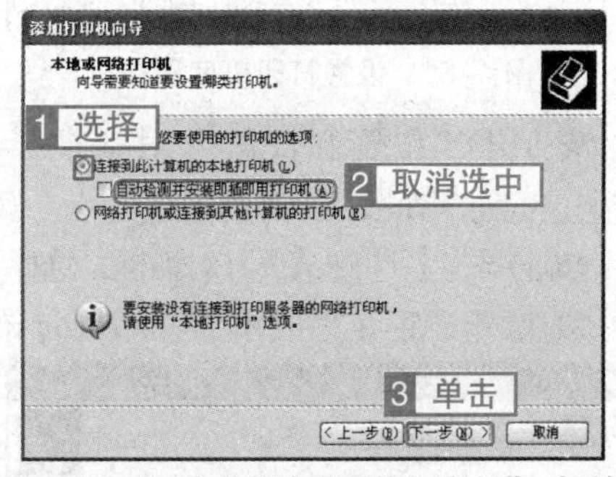

图 4–48　设置“本地或网络打印机”对话框

5 打开“选择打印机端口”对话框，选择“使用以下端口”单选项，在“打印机端口”下拉列表框中选择“LPT2:　(打印机端口)”选项，单击 下一步(N) > 按钮，如图 4–49 所示。

6 打开“安装打印机软件”对话框，在“厂商”列表框中选择“Apple”选项，在“打印机”列表框中选择“Apple Color LaserWriter 12/600”选项，单击 下一步(N) > 按钮，如图 4–50 所示。

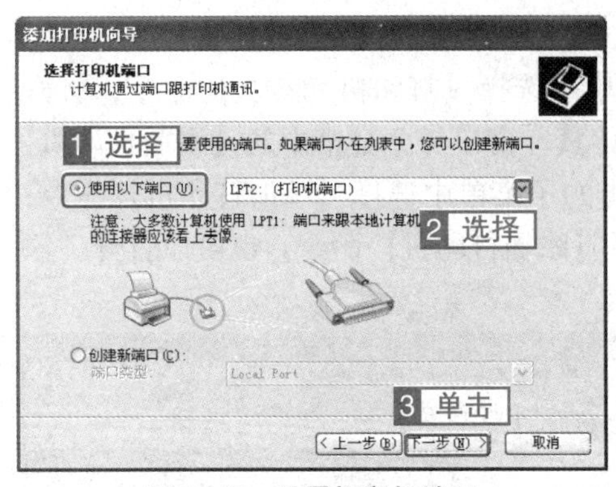

图 4-49　设置打印机端口

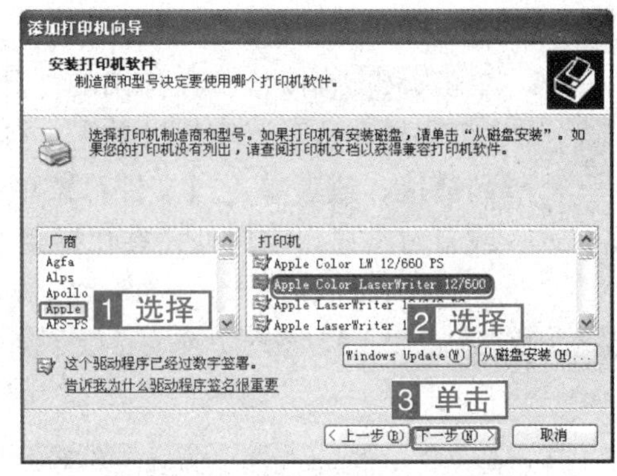

图 4-50　选择打印机驱动程序

7 打开"命名打印机"对话框，在"打印机名"文本框中输入"苹果 LaserPrinter"，单击下一步(N) >按钮，如图 4-51 所示。

8 打开"打印机共享"对话框，选择"共享名"单选项，在文本框中输入"苹果激光打印机"，单击下一步(N) >按钮，如图 4-52 所示。

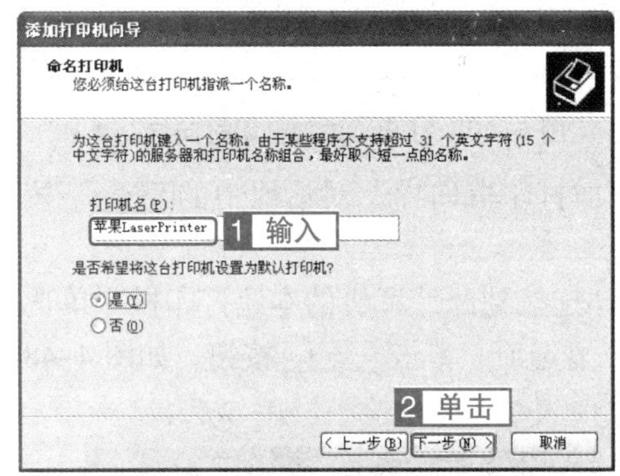

图 4-51　设置打印机名称

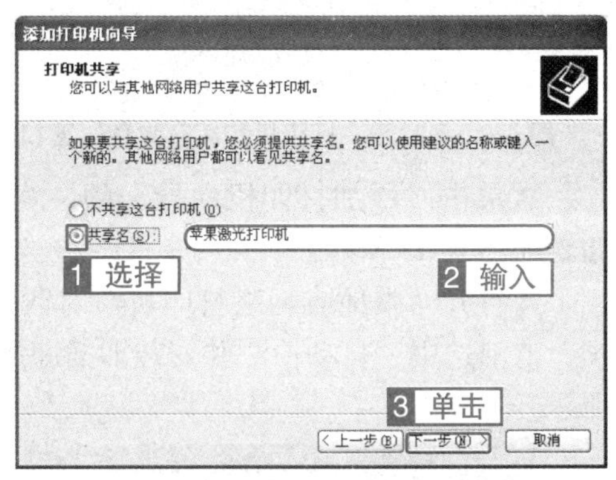

图 4-52　设置打印机共享名称

9 打开"位置和注解"对话框，在"位置"文本框中输入"考试中心"，单击下一步(N) >按钮，如图 4-53 所示。

10 打开"打印测试页"对话框，选择"否"单选项，单击下一步(N) >按钮，如图 4-54 所示。

11 打开"正在完成添加打印机向导"对话框，单击完成按钮，如图 4-55 所示。

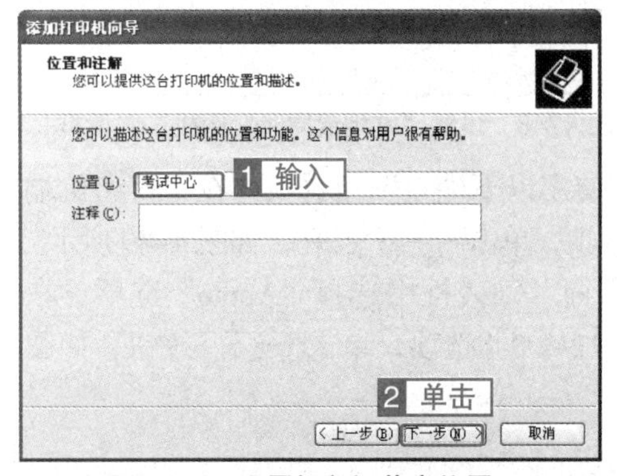

图 4-53　设置打印机共享位置

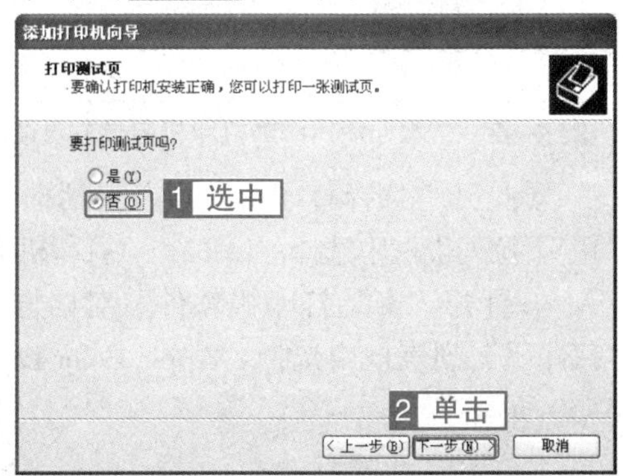

图 4-54　打印测试页设置

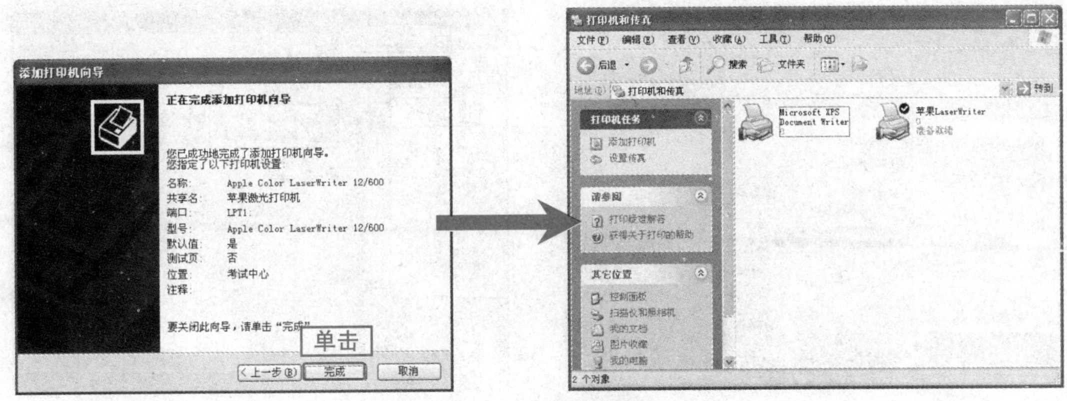

图 4–55　完成安装

4.4.2　设置打印机

打印机设置一般包括设置默认打印机和设置打印首选项两种操作。

考点级别：★★★

考点分析：

由于不同的打印机其首选项中的属性不相同，考生只需掌握如何打开打印机的首选项即可，所以在考试中设置打印首选项的命题率较低，命题方式也较简单；设置默认打印机的命题率比较大。

操作方式

类别	菜单	右键菜单
设置默认打印机	【文件】→【设为默认打印机】	【设为默认打印机】
设置打印机首选项	【文件】→【打印首选项】	【打印首选项】

真 题 解 析

◇**题　　目：**请利用“打印机和传真”窗口，设置“HP LaserJet P2015 Series PCL 5e”为默认打印机，使布局方向为“横向”，每张纸打印的页数为“9”，打印纸张输出为“A3”，启用高级打印功能（请按顺序操作）。

◇**考查意图：**本题考查了设置默认打印机的操作方法和设置打印首选项的操作，本题要求按照命题的描述顺序进行操作。

◇**操作方法：**

1 单击 开始 按钮，在弹出的“开始”菜单中选择【打印机和传真】命令，如图 4–56 所示；或者打开“控制面板”中的“打印机和其它硬件”窗口，在“选择一个任务”中单击【查看安装的打印机或传真打印机】分类或在“或选择一个控制面板图标”中单击【打印机和传真】分类。

2 打开“打印机和传真”窗口，选择“HP LaserJet P2015 Series PCL 5e”打印机图标，选择【文件】菜单中的【设为默认打印机】命令，如图 4–57 所示；或右击“HP LaserJet P2015 Series PCL 5e”打印机图标，在快捷菜单中选择【设为默认打印机】命令。

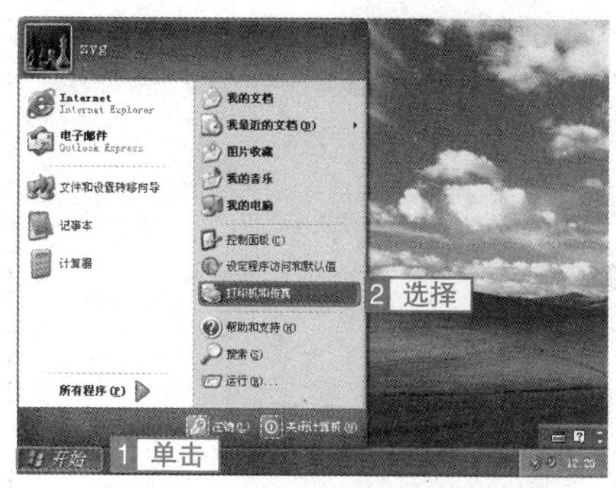

图 4–56　打开“打印机和传真”窗口

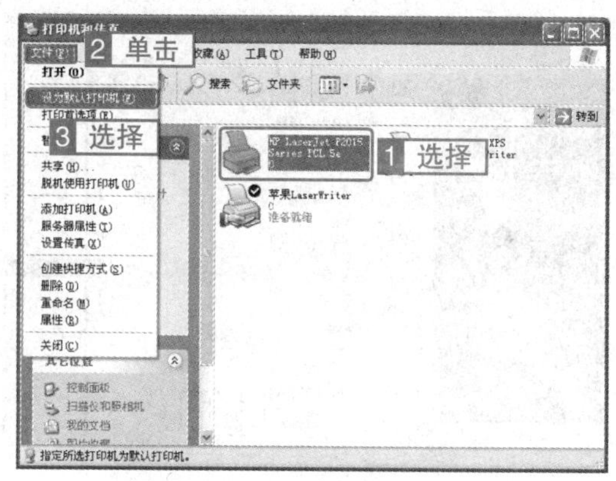

图 4–57　设置默认打印机操作

3 选择“HP LaserJet P2015 Series PCL 5e”打印机图标，单击【文件】菜单中的【打印首选项】命令，如图 4–58 所示；或右击“HP LaserJet P2015 Series PCL 5e”打印机图标，在弹出的快捷菜单中选择【打印首选项】命令。

4 单击“HP LaserJet P2015 Series PCL 5e 打印首选项”对话框中的“完成”选项卡，在“方向”选项组中选择“横向”单选项，在“每张打印页数”下拉列表框中选择“每张打印 9 页”选项，如图 4–59 所示。

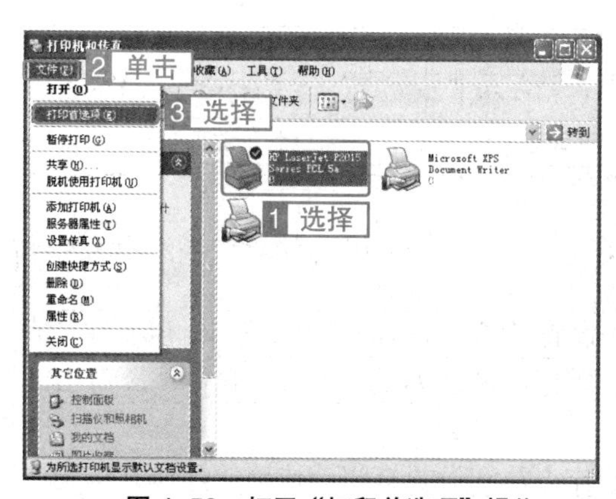

图 4–58　打开“打印首选项”操作

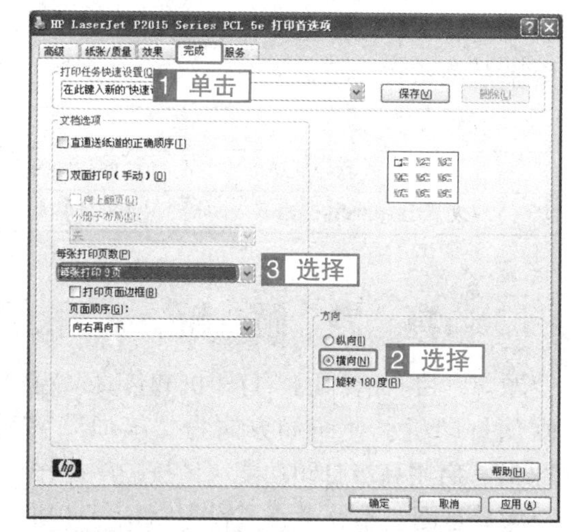

图 4–59　设置“完成”选项卡中的属性

5 单击“纸张 / 质量”选项卡，在“纸张选项”选项组的“尺寸”下拉列表框中选择“A3”，如图 4–60 所示。

6 单击“高级”选项卡，在“高级打印功能”下拉列表框中选择“已启用”选项，然后单击 应用(A) 按钮，再单击 确定 按钮完成设置，如图 4–61 所示。

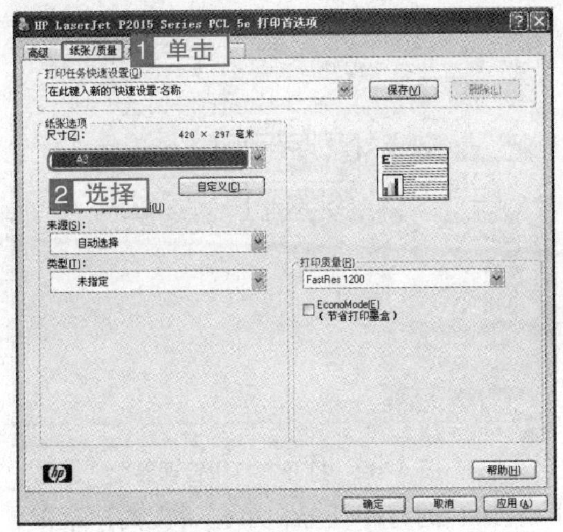

图 4-60　设置"纸张 / 质量"选项卡中的属性

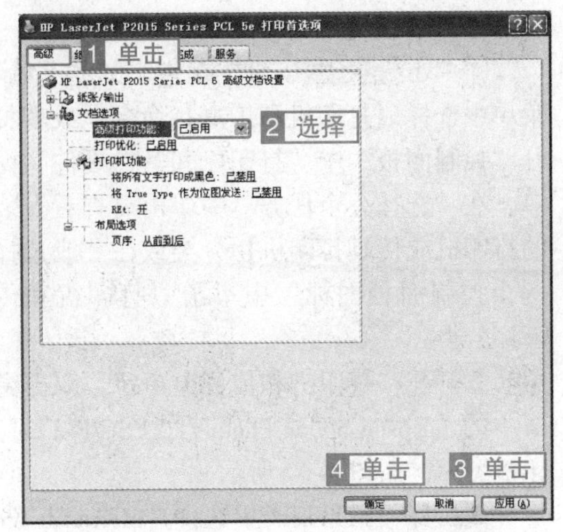

图 4-61　设置"高级"选项卡中的属性

4.4.3　使用打印管理器

打印机每接收一个打印任务，便会把打印任务按时间顺序放置到打印队列中，并逐个在后台进行打印。用户可以利用"打印管理器"窗口，对打印队列中的打印任务进行人为管理，以便满足用户的实际需求。

考点级别：★★★

考点分析：

本考点考查概率较低，命题方式也较简单，考生只需按照命题的要求进行操作即可。

操作方式

类别	菜单	右键菜单	其他方式
查看打印任务	"打印机和传真"窗口→【开始】→【关闭计算机】		双击任务栏"通知区域"中的打印机图标
取消部分打印任务	【文档】→【取消】	【取消】	
取消全部打印任务	【打印机】→【取消所有文档】		
重新启动打印	【文档】→【重新启动】	【重新启动】	
暂停部分打印任务	【文档】→【暂停】	【暂停】	
暂停全部打印任务	【打印机】→【暂停打印】		

真 题 解 析

◇**题　　目：**请利用"打印机和传真"窗口，打开"Epson Stylus Photo 720 ESC/P 2"的打印机管理器，取消正在打印的"Microsoft Word- 通知"文档。

◇**考查意图：**本题考查取消打印任务的操作，本题要求按照命题的描述顺序进行操作。

◇**操作方法**：

1 单击 开始 按钮，在弹出的“开始”菜单中选择【打印机和传真】命令；或者打开“控制面板”中“打印机和其它硬件”窗口，在“选择一个任务”中单击【查看安装的打印机或传真打印机】分类或在“或选择一个控制面板图标”中单击【打印机和传真】分类。

2 打开“打印机和传真”窗口，双击窗口中的“Epson Stylus Photo 720 ESC/P 2”打印机图标，如图4-62所示。

图4-62 打开“打印管理器”

3 在打印任务列表中选择“Microsoft Word-通知”的打印任务，单击【文档】菜单，在弹出的子菜单中选择【取消】命令，如图4-63所示。

4 在打开的提示对话框中单击 是(Y) 按钮，取消打印任务，如图4-64所示。

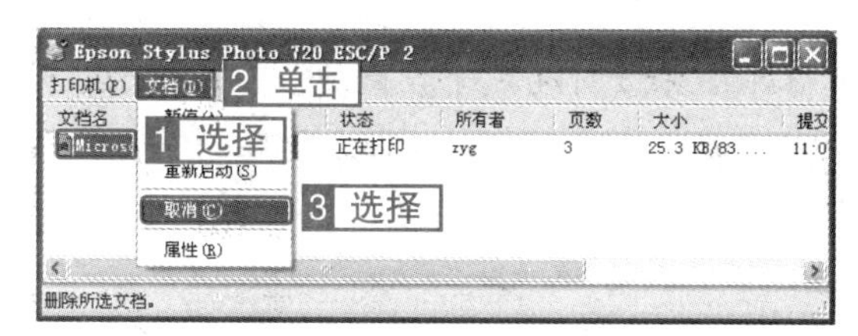

图4-63 取消打印任务

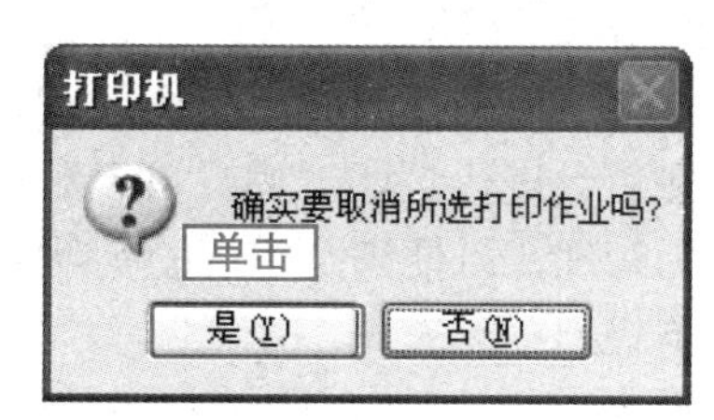

图4-64 确认取消打印

4.5 设置鼠标属性

在日常的工作中，鼠标是非常重要的输入设备之一，当鼠标移动时，屏幕上的鼠标指针随着移动。一般情况下，鼠标的指针是一个箭头。但在不同的工作状态下，鼠标指针的形状不同。Windows XP允许用户对鼠标进行个性化设置。

4.5.1 设置鼠标按键

考点级别：★★★

考点分析：

本考点的考查概率比较高，但操作比较简单，通过率比较高。命题以设置鼠标双击速度和切换主要和次要的按钮为主。

操作方式

类别	“控制面板”经典视图	“控制面板”分类视图
设置鼠标按键	【鼠标】→【鼠标键】	【打印机和其它硬件】→【鼠标】→【鼠标键】

真　题　解　析

◇题　　目：利用滑块进行设置，使双击速度最快。

◇考查意图：本题要求考生设置鼠标双击的速度。

◇操作方法：

1 打开“控制面板”窗口，单击【打印机和其它硬件】分类项目。

2 打开“打印机和其它硬件”窗口，在“或选择一个控制面板图标”中单击【鼠标】分类，如图 4–65 所示。

3 打开“鼠标 属性”对话框中的“鼠标键”选项卡，在“双击速度”选项组中拖动滑块到最快，如图 4–66 所示。

4 单击［应用(A)］按钮，再单击［确定］按钮完成设置。

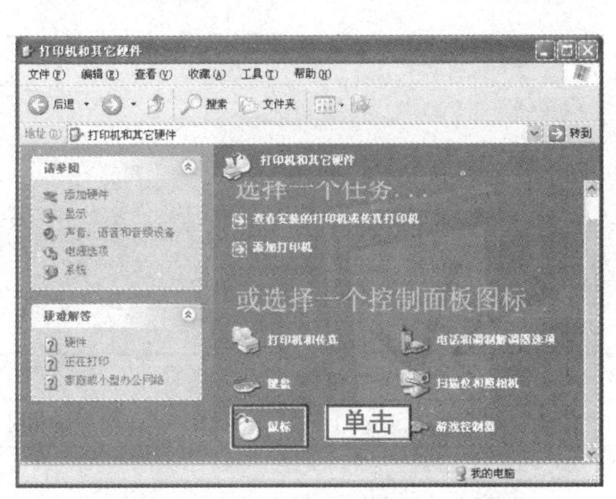

图 4–65　打开“鼠标 属性”对话框

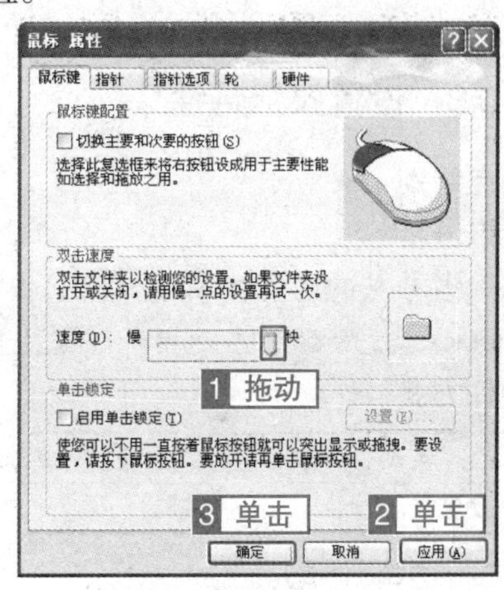

图 4–66　设置鼠标双击速度

4.5.2　设置鼠标指针样式

考点级别： ★★★

考点分析：

本考点的考查概率比较高，命题方式主要有两种，一种是设置预设方案，另一种是对鼠标指针设置指定的样式。

操作方式

类别	“控制面板”经典视图	“控制面板”分类视图
设置鼠标指针样式	【鼠标】→【指针】	【打印机和其它硬件】→【鼠标】→【指针】

真　题　解　析

◇题　　目：利用“控制面板”将鼠标的指针方案设置为“三维青铜色（系统方案）”。

◇考查意图：本题要求考生更改鼠标的指针方案。

◇**操作方法：**

1 打开“控制面板”窗口，单击【打印机和其它硬件】分类项目。

2 打开“打印机和其它硬件”窗口，在“或选择一个控制面板图标”中单击【鼠标】分类。

3 打开“鼠标 属性”对话框中的“指针”选项卡，在“方案”下拉列表框中选择“三维青铜色（系统方案）”选项。

4 单击 应用(A) 按钮，再单击 确定 按钮完成设置，如图4–67所示。

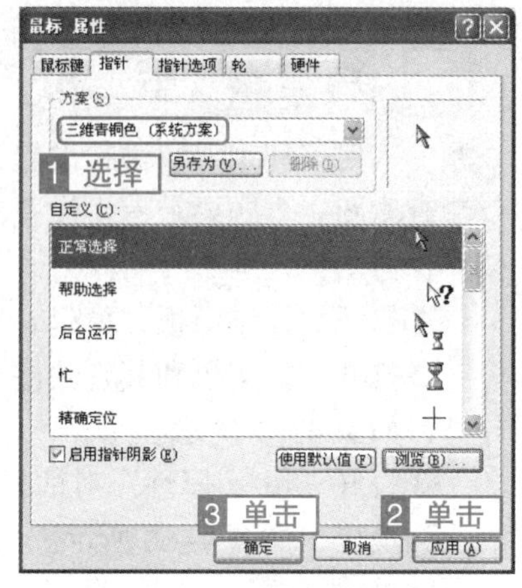

图4–67　设置鼠标指针方案

4.5.3　设置鼠标特性

考点级别： ★★★

考点分析：

本考点的考查概率比较高，但操作比较简单，通过率比较高。命题常以设置鼠标指针移动速度和设置显示指针踪迹为主。

操作方式

类别	“控制面板”经典视图	“控制面板”分类视图
设置鼠标特性	【鼠标】→【指针选项】	【打印机和其它硬件】→【鼠标】→【指针选项】

真 题 解 析

◇**题　　目：** 请利用“控制面板”将鼠标改为左手习惯（将右按钮设置成用于重要性能），设置显示鼠标指针轨迹，显示为最短。

◇**考查意图：** 本题要求考生首先切换鼠标按键，然后再设置显示鼠标指针轨迹且最短。

◇**操作方法：**

1 打开“控制面板”窗口，单击【打印机和其它硬件】分类项目。

2 打开“打印机和其它硬件”窗口，在“或选择一个控制面板图标”中单击【鼠标】分类。

3 打开“鼠标 属性”对话框中的“鼠标键”选项卡，在“鼠标键配置”选项组中选中“切换主要和次要的按钮”复选项，如图4–68所示。

4 打开“指针选项”选项卡，在“可见性”选项组中选中“显示指针踪迹”复选项，拖动滑块到最短。

5 单击 应用(A) 按钮，再单击 确定 按钮完成设置，如图4–69所示。

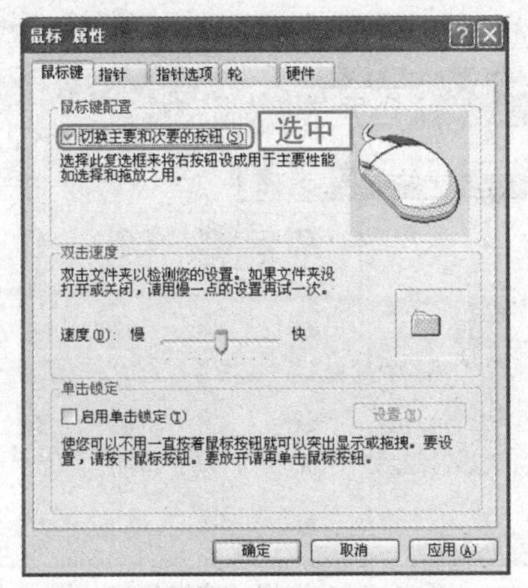

图 4–68　“切换主要和次要的按钮”操作

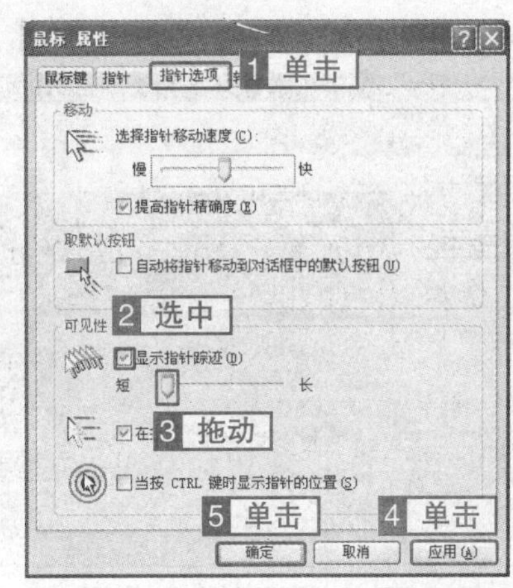

图 4–69　设置“显示指针踪迹”操作

4.6　安装与删除字体

字体是一组风格统一的字符集，在 Windows XP 中，系统预装了 100 多种字体。用户也可以根据需要，利用“字体”窗口，安装或删除字体。

4.6.1　安装字体

考点级别：★

考点分析：

本考点的考查概率比较低，命题时一般会指定字体来源。如要求安装“D:\ 宋体”文件夹中的“宋体 – 方正超大字符集”字体。

操作方式

类别	菜单	其他方式
打开“字体”窗口		“控制面板”经典视图：【字体】； “控制面板”分类视图：【外观和主题】→【字体】
安装字体	【文件】→【安装新字体】	

真 题 解 析

◇**题　　目：**请利用控制面板为系统安装新字体“宋体 – 方正超大字符集”，字体文件为“D:\ 宋体”。

◇**考查意图：**本题要求考生使用“控制面板”安装新字体。

◇**操作方法：**

1 打开“控制面板”窗口，单击【外观和主题】分类项目。

2 打开“外观和主题”窗口，在任务窗格中单击【字体】超链接，如图 4–70 所示。

3 打开“字体”窗口，单击【文件】菜单，选择【安装新字体】命令，如图4–71所示。

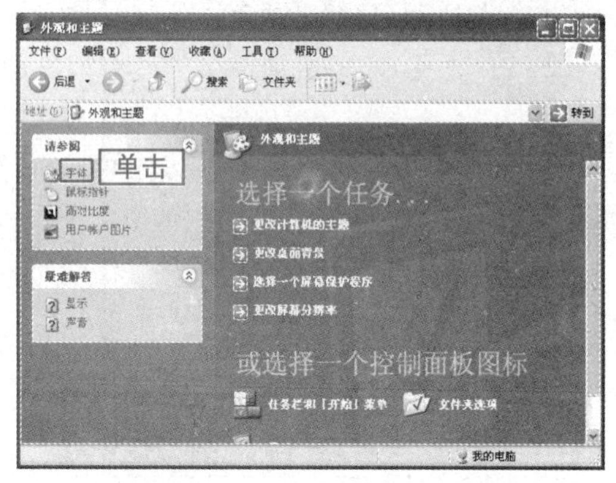

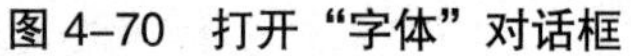
图4–70 打开“字体”对话框

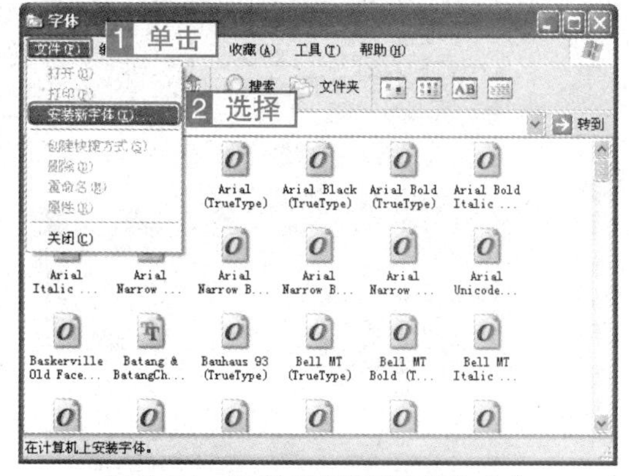

图4–71 选择“安装新字体”命令

4 打开“添加字体”对话框，在“驱动器”下拉列表框中选择“d:”，在“文件夹”列表框中选择“宋体”，在“字体列表”列表框中选择“宋体 – 方正超大字集(TrueType)”，单击 确定 按钮完成字体的安装操作，如图4–72所示。

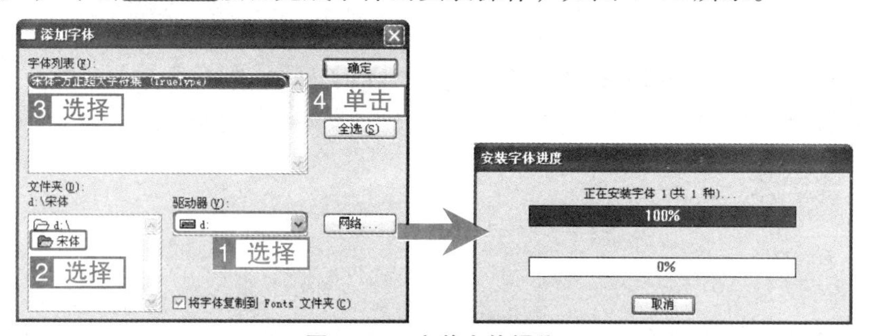

图4–72 安装字体操作

4.6.2 删除字体

考点级别： ★

考点分析：

本考点的考查概率比较低，命题时一般会指定要删除字体的名称。

操作方式

类别	菜单	快捷菜单	快捷键	其他方式
删除字体	【文件】→【删除】	【删除】	【Delete】	

真 题 解 析

◇题　　目：请利用控制面板将字体“华文隶书”删除。

◇考查意图：本题要求考生使用“控制面板”删除新字体。

◇操作方法：

1 打开“控制面板”窗口，单击【外观和主题】分类项目。

2 打开“外观和主题”窗口，在任务窗格中单击【字体】超链接。

3 打开“字体”窗口，选择“华文隶书”字体，单击【文件】菜单，选择【删除】命令，如图 4-73 所示；或者右击“华文隶书”字体，在快捷菜单中选择【删除】命令；或者选择“华文隶书”字体，按【Delete】键。

4 在确认删除字体对话中，单击【是(Y)】按钮完成字体的删除操作，如图 4-74 所示。

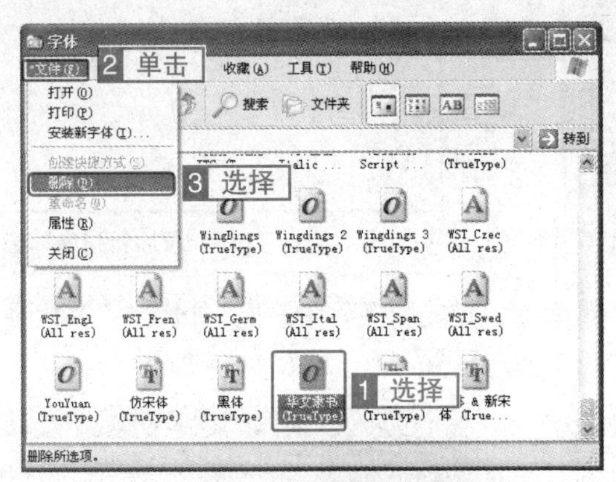

图 4-73　删除字体

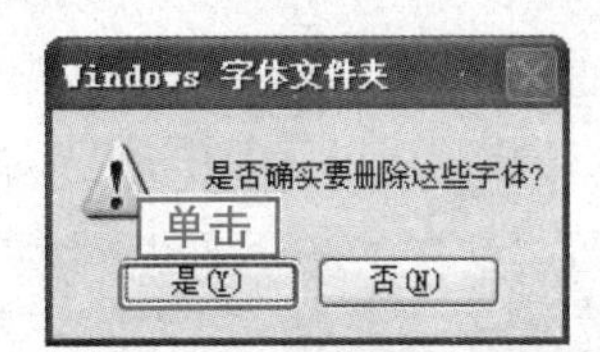

图 4-74　确认删除字体

4.7　添加、删除程序和新硬件

4.7.1　添加应用程序

考点级别：★★

考点分析：

本考点的考查概率比较低，命题时一般会指定安装程序的名称，有时也会指定程序的来源位置，按照向导提示操作即可。

操作方式

类别	控制面板	其他方式
添加应用程序	【添加 / 删除程序】→【添加新程序】	运行应用程序安装文件

真 题 解 析

◇**题　　目：**安装“D:/360setup.exe”程序。

◇**考查意图：**本题要求考生使用“控制面板”中的“添加或删除程序”窗口安装新程序。

◇**操作方法：**

1 打开“控制面板”窗口，单击【添加 / 删除程序】分类项目，如图 4-75 所示。

2 打开“添加或删除程序”窗口，单击左侧“添加新程序”图标，在右侧窗格中单击【CD 或软盘(F)】按钮，如图 4-76 所示。

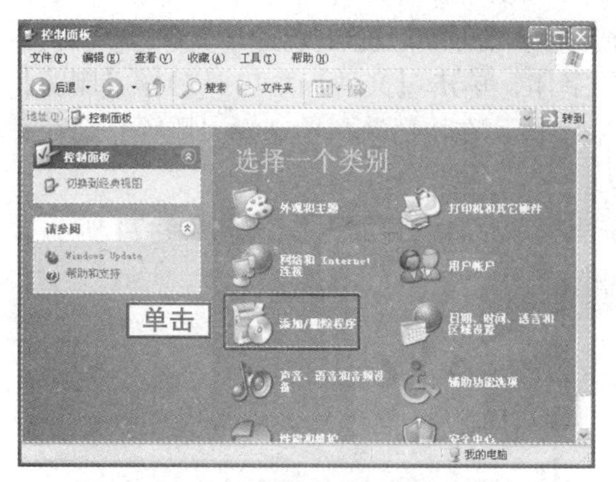

图 4–75　打开“添加或删除程序”窗口

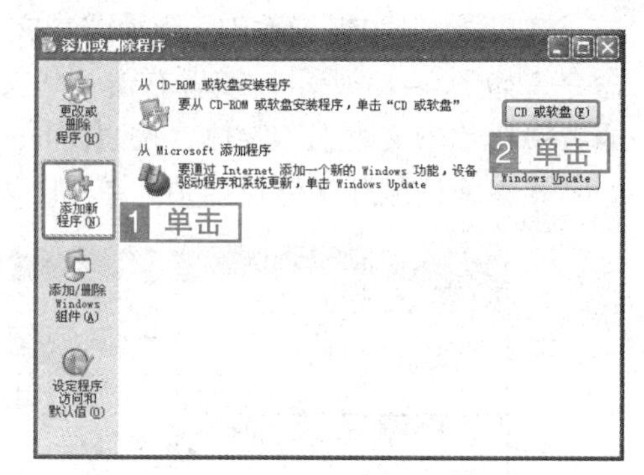

图 4–76　打开“添加新程序”窗口

3 打开“从软盘或光盘安装程序”对话框，单击 下一步(N) > 按钮，如图 4–77 所示。

4 打开“运行安装程序”对话框，单击 浏览(R)... 按钮，如图 4–78 所示。

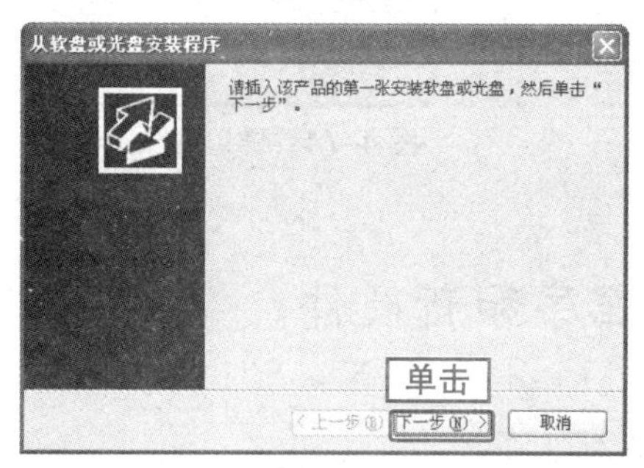

图 4–77　“从软盘或光盘安装程序”对话框

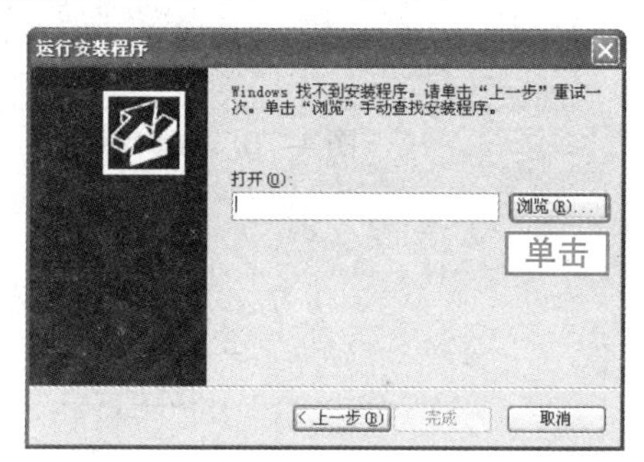

图 4–78　指定要安装程序所在的位置

5 打开“浏览”对话框，在“查找范围”下拉列表框中选择“本地磁盘（D:）”，选择“360setup.exe”文件，单击 打开(O) 按钮，如图 4–79 所示。

6 返回“运行安装程序”对话框，单击 完成 按钮，如图 4–80 所示。

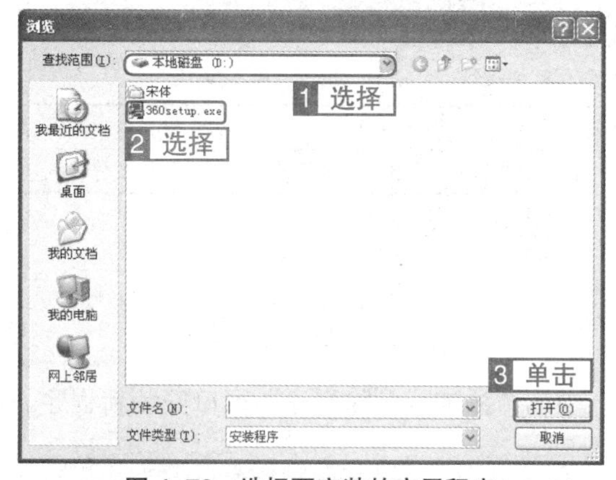

图 4–79　选择要安装的应用程序

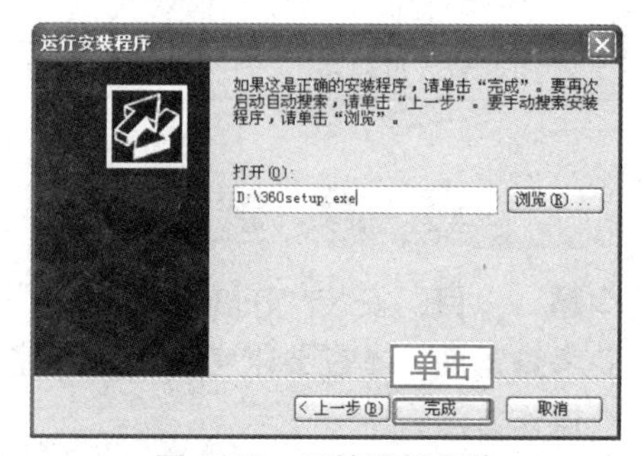

图 4–80　开始进行安装

7 打开“安装 360 安全卫士”对话框，单击 下一步(N) > 按钮，如图 4–81 所示。

8 打开“最终用户授权协议”对话框，单击 我接受(I) 按钮，如图 4–82 所示。

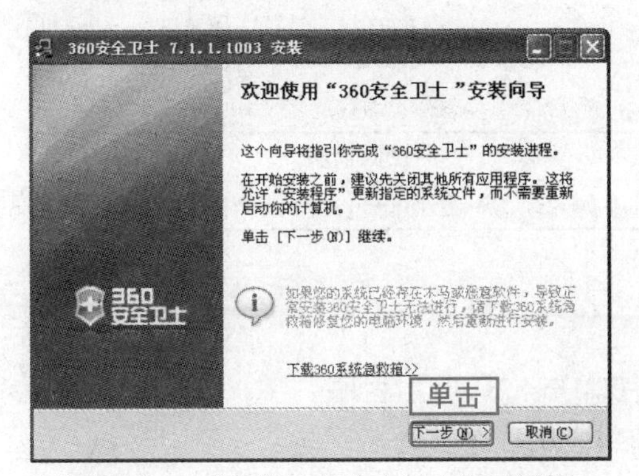

图 4–81　“安装 360 安全卫士”对话框

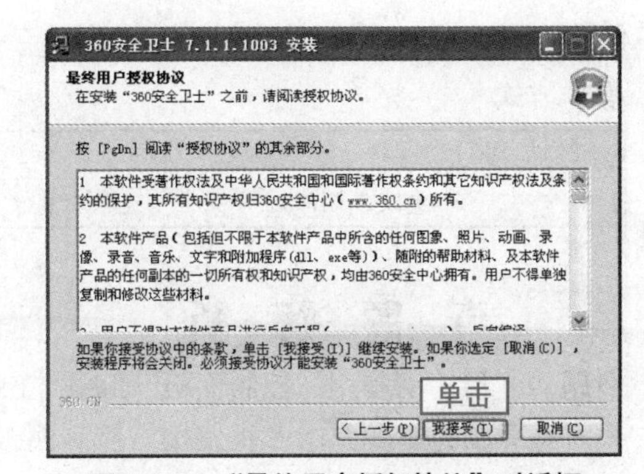

图 4–82　“最终用户授权协议”对话框

9 打开“请选择安装位置”对话框，单击 安装(I) 按钮，如图 4–83 所示。

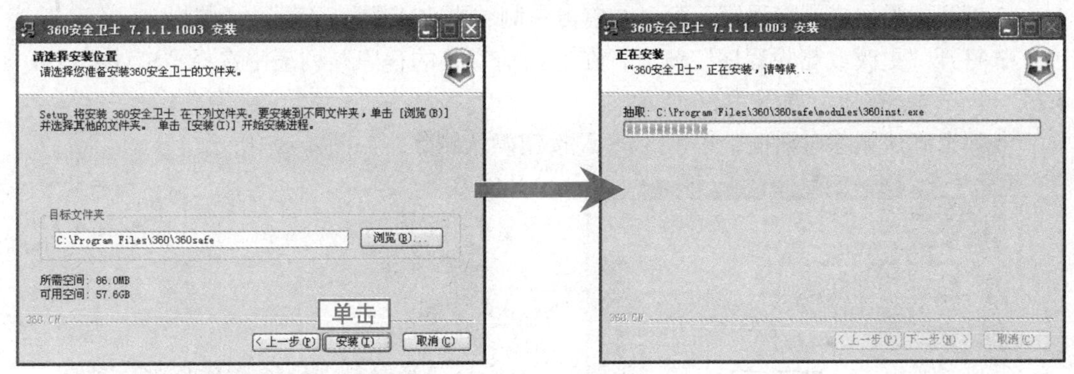

图 4–83　开始安装

10 打开“360 安全卫士浏览器安装设置”对话框，单击 下一步(N) > 按钮，如图 4–84 所示。

11 打开“完成安装”对话框，单击 完成 按钮完成安装操作，如图 4–85 所示。

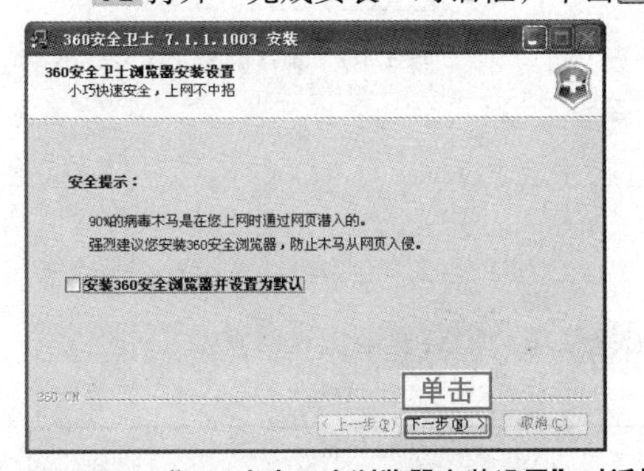

图 4–84　“360 安全卫士浏览器安装设置”对话框

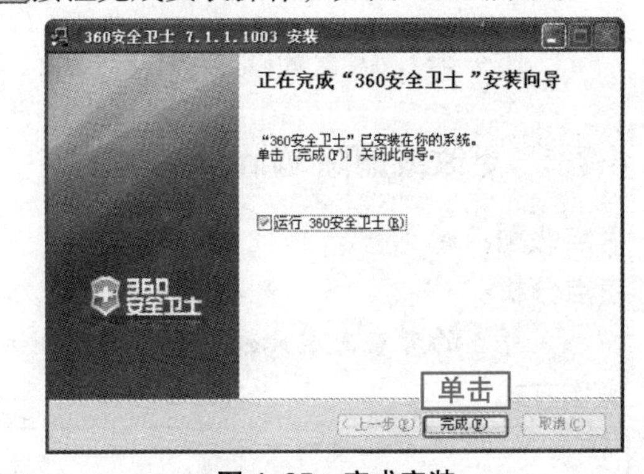

图 4–85　完成完装

4.7.2　更改或删除应用程序

考点级别：★★

考点分析：

本考点的考查概率比较低，命题时一般会指定要更改或删除程序的名称，在更改应用程序时也会指明更改的项目。

操作方式

类别	控制面板
更改或删除应用程序	【添加 / 删除程序】→【更改或删除应用程序】

真 题 解 析

◇**题　　目**：请利用“控制面板”卸载“Skype（TM）4.2”应用程序。

◇**考查意图**：本题要求考生使用“控制面板”卸载应用程序。

◇**操作方法**：

1 打开“控制面板”窗口，单击【添加 / 删除程序】分类项目。

2 打开“添加或删除程序”窗口，单击左侧“更改或删除程序”图标。

3 打开“更改或删除程序”窗口，在“当前安装的程序”列表中选择“Skype（TM）4.2”，单击删除按钮，如图 4–86 所示。

4 弹出确认删除对话框，单击是(Y)按钮确认删除，如图 4–87 所示。

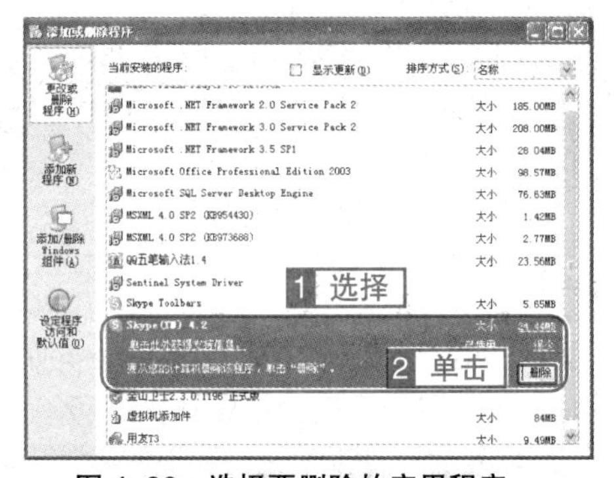

图 4–86　选择要删除的应用程序

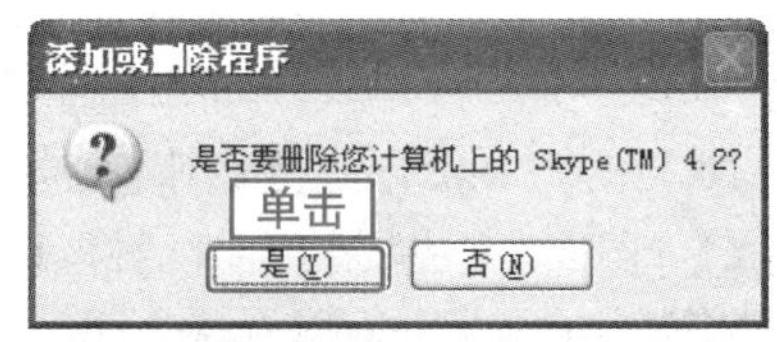

图 4–87　确认删除

4.7.3　更改或删除 Windows 组件

考点级别：★

考点分析：

该考点的考查概率比较低，按照题目要求选择程序并按照提示操作即可。

操作方式

类别	控制面板
更改或删除 Windows 组件	【添加 / 删除程序】→【添加 / 删除 Windows 组件】

真 题 解 析

◇**题 目 1**：添加 Windows 附件的子组件“剪贴板查看器”。

◇**考查意图**：本题考查了使用“Windows 组件向导”添加系统组件的方法。

◇**操作方法：**

1 打开“控制面板”窗口，单击【添加 / 删除程序】分类项目，打开“添加或删除程序”窗口。

2 在“添加或删除程序”窗口中，单击左侧“添加 / 删除 Windows 组件”图标，如图 4–88 所示。

3 打开“Windows 组件向导”对话框，在“组件”列表框中选择“附件和工具”选项，单击详细信息(D)...按钮，如图 4–89 所示。

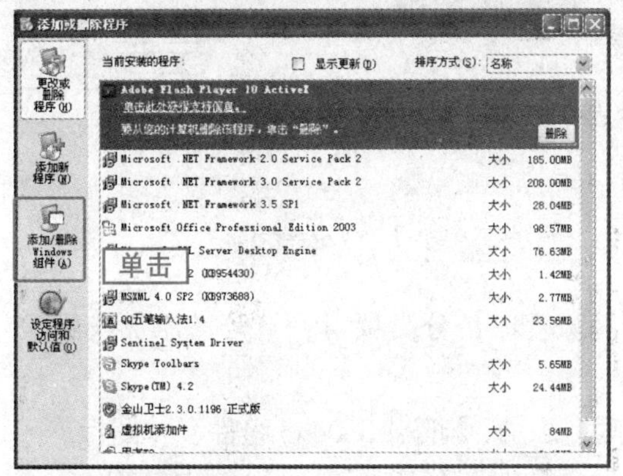

图 4–88 打开“Windows 组件向导”对话框

图 4–89 选择组件操作

4 打开“附件和工具”对话框，在“附件和工具 的子组件”列表框中选择“附件”，单击详细信息(D)...按钮。

5 打开“附件”对话框，在“附件 的子组件”列表框中选中“剪贴板查看器”复选项，然后单击确定按钮。

6 返回“附件和工具”对话框，单击确定按钮，如图 4–90 所示。

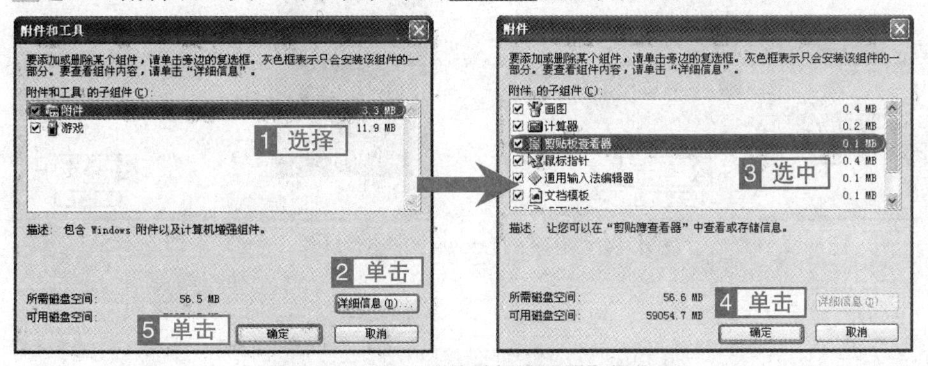

图 4–90 添加“剪贴板查看器”操作

7 返回“Windows 组件向导”对话框，单击下一步(N)>按钮，开始添加组件操作，添加完成后，打开“完成 Windows 组件向导”对话框，单击完成按钮完成添加 Windows 组件的操作，如图 4–91 所示。

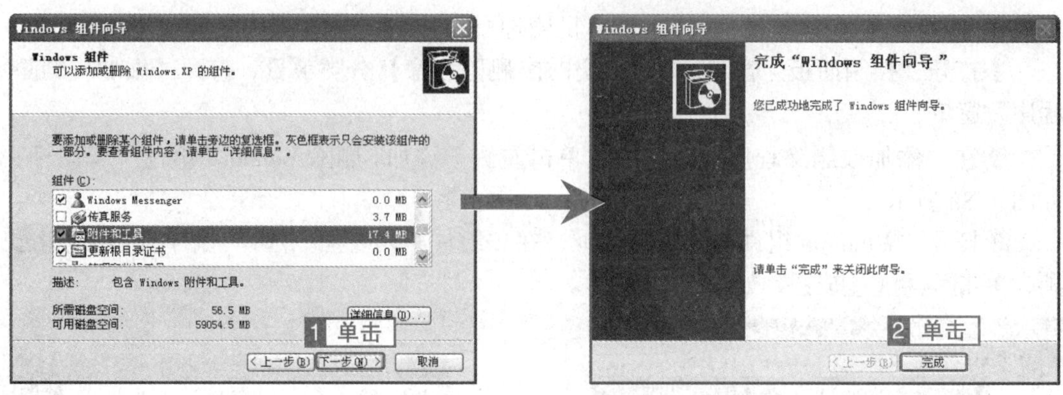

图 4–91 完成安装

◇**题 目 2：**取消"Windows Media Player"组件。

◇**考查意图：**本题考查使用"Windows 组件向导"取消系统组件的方法。

◇**操作方法：**

1 打开"控制面板"窗口，单击【添加 / 删除程序】分类项目，打开"添加或删除程序"窗口。

2 在"添加或删除程序"窗口中，单击左侧"添加 / 删除 Windows 组件"图标。

3 打开"Windows 组件向导"对话框，在"组件"列表框中取消选中"Windows Media Player"复选项，单击下一步(N) >按钮，开始添加组件操作，添加完成后，打开"完成 Windows 组件向导"对话框，单击完成按钮，如图 4–92 所示。

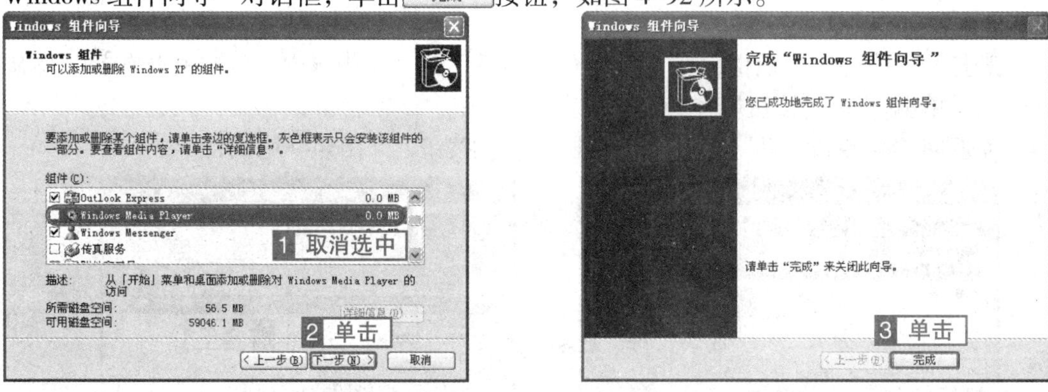

图 4–92 删除 Windows XP 组件操作

4.8 用户管理

Windows XP 是多用户操作系统，它允许设置多个用户帐户，每个用户对同一台计算机都拥有使用权，且每个用户对 Windows XP 环境所做的设置相互独立，互不影响。通过 Windows XP 的"注销"功能可以在不重新启动计算机的情况下，实现不同用户之间的切换。

在 Windows XP 中，用户分为“计算机管理员帐户”、“受限帐户”和“来宾帐户”三种。在创建帐户的时候必须要指定帐户的类型，在系统中只有“计算机管理员”才能更改用户的类型。

4.8.1　创建用户帐户

考点级别：★★★

考点分析：

本考点的考查概率比较高，命题中一般会指定新帐户的名称，有时也会同时指定帐户的类型，考生要注意审题。

操作方式

类别	“控制面板”经典视图	“控制面板”分类视图
创建用户帐户	【用户帐户】→【创建一个新帐户】	【用户帐户】→【创建一个新帐户】

真 题 解 析

◇**题　　目：**添加新用户，名为“KSZX”，类型为计算机管理员。

◇**考查意图：**本题要求考生创建一个用户帐户且帐户类型为计算机管理员。

◇**操作方法：**

1 打开“控制面板”窗口，单击【用户帐户】分类项目，打开“用户帐户”窗口，如图 4–93 所示。

2 在“用户帐户”窗口中的“挑选一项任务”中，单击【创建一个新帐户】分类，打开“为新帐户起名”窗口，如图 4–94 所示。

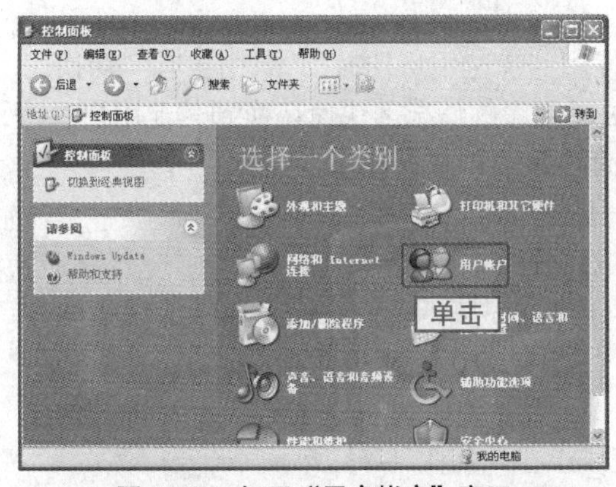

图 4–93　打开“用户帐户”窗口

图 4–94　选择“创建一个新帐户”分类

3 在“为新帐户起名”窗口中，在“为新帐户键入一个名称”文本框中输入“KSZX”，单击[下一步(N) >]按钮，打开“挑选一个帐户类型”窗口，如图 4–95 所示。

4 在“挑选一个帐户类型”窗口中，选择“计算机管理员”单选项，单击[创建帐户(C)]按钮完成帐户创建操作，如图 4–96 所示。

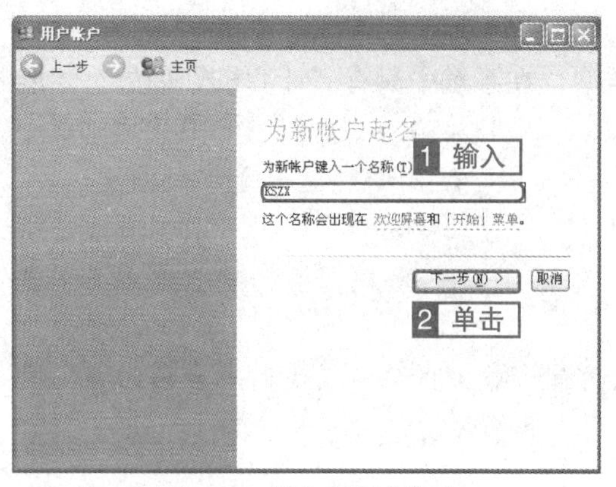

图 4–95　输入新帐户名称

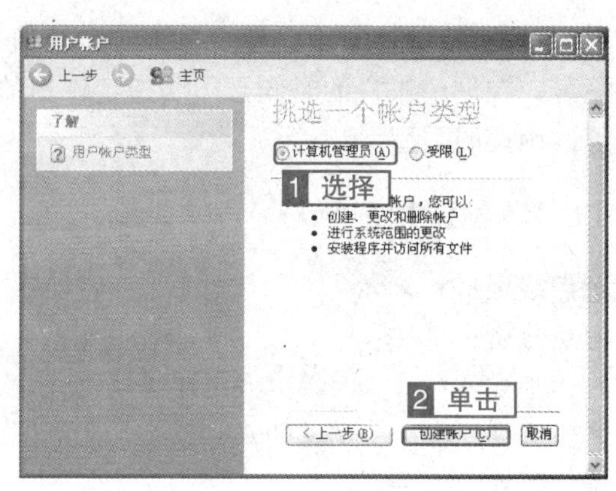

图 4–96　选择新帐户类型

4.8.2　更改用户登录和注销方式

考点级别：★★★

考点分析：

本考点的考查概率比较高，命题比较简单，因此通过率比较高。

操作方式

类别	“控制面板”经典视图	“控制面板”分类视图
更改用户登录和注销方式	【用户帐户】→【更改用户登录或注销的方式】	【用户帐户】→【更改用户登录或注销的方式】

真 题 解 析

◇**题　　目：**“使用欢迎屏幕”登录计算机，使用“快速用户切换”，启用含有“切换用户选项”的“注销 Windows”对话框，使在不关闭程序的情况下快速切换到其他用户。

◇**考查意图：**本题要求考生更改用户登录或注销的方式。

◇**操作方法：**

1 打开“控制面板”窗口，单击【用户帐户】分类项目。

2 打开“用户帐户”窗口，在“挑选一项任务”中单击【更改用户登录或注销的方式】分类，如图 4–97 所示。

3 打开“选择登录和注销选项”窗口，选中“使用欢迎屏幕”复选项，选中“使用快速用户切换”复选项，单击应用选项(A)按钮完成设置，如图 4–98 所示。

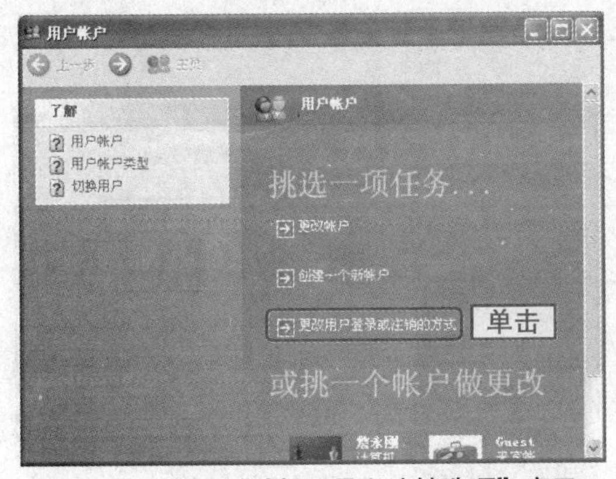

图 4–97　打开“选择登录和注销选项”窗口

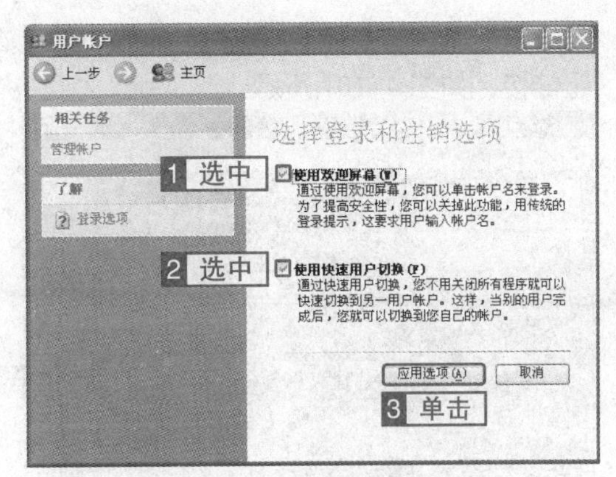

图 4–98　设置登录和注销选项

4.8.3　更改用户属性

Windows XP 允许用户对帐户的属性进行设置，具体包括更改帐户类型和名称、创建密码、更改密码、删除密码、更改标识图片和删除帐户等操作。计算机管理员帐户拥有全部的操作权限；受限帐户只能创建、更改和删除自己的密码和更改自己的标识图片；来宾用户只能更改自己的标识图片。

考点级别：★★★

考点分析：

本考点的考查概率比较高，命题比较简单，因此通过率比较高。如要求考生更改指定帐户的帐户类型。

操作方式

类别	“控制面板”经典视图	“控制面板”分类视图
更改用户属性	【用户帐户】→【更改帐户】	【用户帐户】→【更改帐户】

真　题　解　析

◇**题 目 1：**将计算机管理员用户帐户“程序员”的帐户类型更改为“受限”，将受限帐户“设计员”的帐户类型更改为“计算机管理员”。

◇**考查意图：**本题考查的是更改用户帐户类型的方法。

◇**操作方法：**

1 打开“控制面板”窗口，单击【用户帐户】分类项目。

2 打开“用户帐户”窗口，在“挑选一项任务”中单击【更改帐户】分类，如图 4–99 所示。

3 打开“挑选一个要更改的帐户”窗口，单击“程序员”图标，如图 4–100 所示。

4 打开“您想更改 程序员 的帐户的什么?”窗口，单击【更改帐户类型】超链接。

5 打开“为 程序员 挑选一个新的帐户类型”窗口，选择“受限”单选项，单击 更改帐户类型(C) 按钮。

6 返回“您想更改 程序员 的帐户的什么?”窗口，单击任务窗格中【更改另一用户】超链接，如图 4-101 所示。

图 4-99　选择“更改帐户”

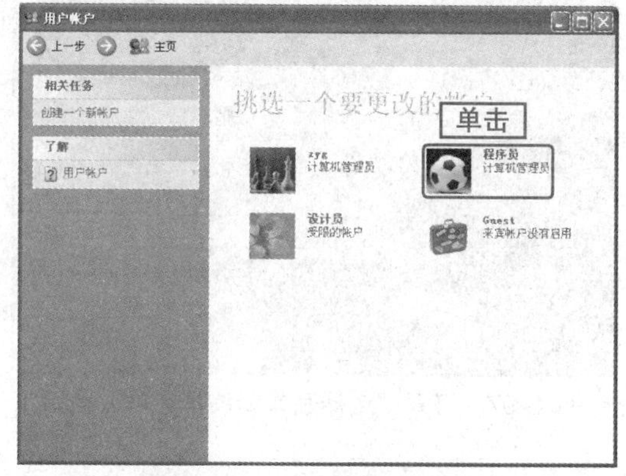

图 4-100　选择更改的帐户

图 4-101　更改帐户类型操作

7 返回“挑选一个要更改的帐户”窗口，单击“设计员”图标。

8 打开“您想更改 设计员 的帐户的什么?”窗口，单击【更改帐户类型】超链接。

9 打开“为 设计员 挑选一个新的帐户类型”窗口，选择“计算机管理员”单选项，单击 更改帐户类型(C) 按钮，如图 4-102 所示。

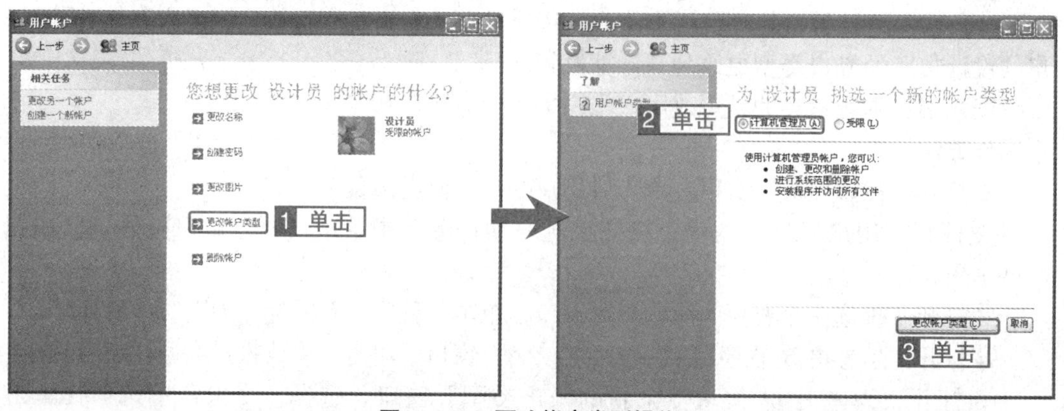

图 4-102　更改帐户类型操作

◇**题　目　2：**请利用“控制面版”，将计算机管理员用户帐户 RSB 的密码更改为“456”，图片更改为“足球”。

◇**考查意图：**本题考查的是更改用户密码和更改帐户标识图片的方法。

◇**操作方法：**

1 打开“控制面板”窗口，单击【用户帐户】分类项目。

2 打开“用户帐户”窗口，在“挑选一项任务”中单击【更改帐户】分类。

3 打开“挑选一个要更改的帐户”窗口，单击“RSB”图标，如图 4–103 所示。

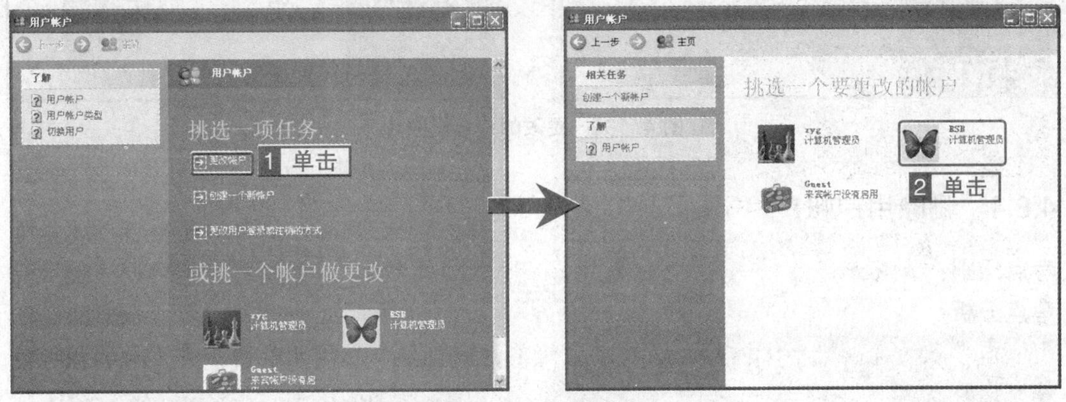

图 4–103　选择操作

4 打开“您想更改 RSB 的帐户的什么?”窗口，单击【更改密码】超链接。

5 打开“更改 RSB 的密码”窗口，在“输入一个新密码”文本框中输入“456”，在“再次输入密码以确认”文本框中输入“456”，单击 更改密码(C) 按钮，如图 4–104 所示。

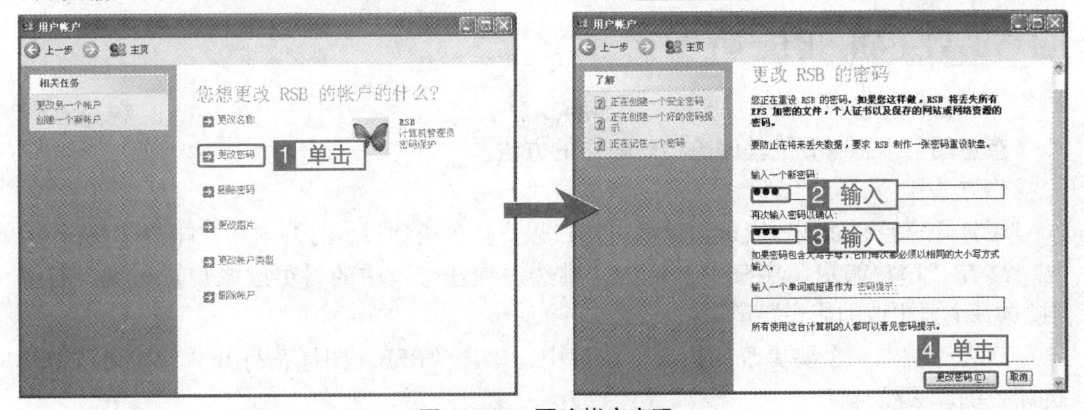

图 4–104　更改帐户密码

6 返回“您想更改 RSB 的帐户的什么?”窗口，单击【更改图片】超链接。

7 打开“为 RSB 的帐户挑选一个新图像”窗口，在图片列表框中选择⚽图片，单击 更改图片(C) 按钮，如图 4–105 所示。

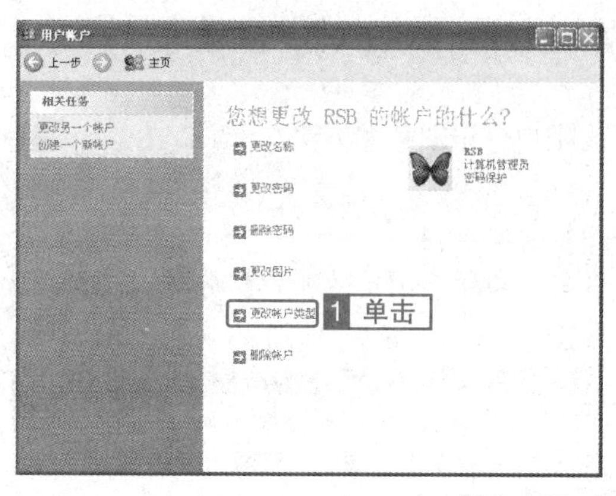

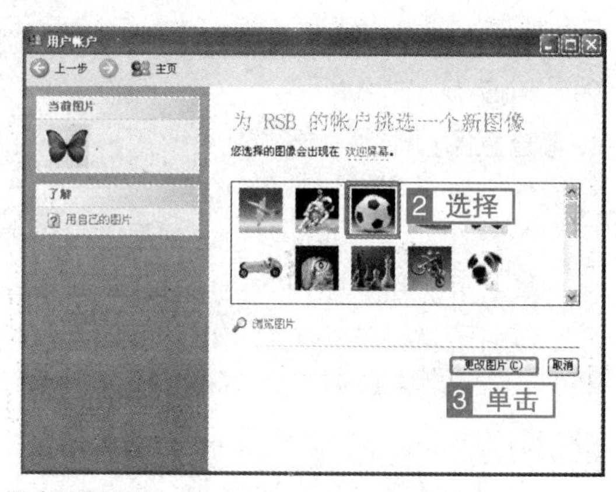

图 4-105 更改帐户标识图片

4.8.4 删除用户帐户

考点级别：★★★

考点分析：

本考点的考查概率比较高，命题比较简单，一般都会指定删除的帐户名称，因此通过率比较高。

操作方式

类别	“控制面板”经典视图	“控制面板”分类视图
删除用户帐户	【用户帐户】→【删除帐户】	【用户帐户】→【删除帐户】

真 题 解 析

◇**题　　目：**将帐户“RSB”删除，并删除文件。

◇**考查意图：**本题考查的是删除用户帐户的方法。

◇**操作方法：**

1 打开“控制面板”窗口，单击【用户帐户】分类项目，打开“用户帐户”窗口。

2 在“用户帐户”窗口中，单击“挑选一项任务”中的【更改帐户】分类，打开“挑选一个要更改的帐户”窗口。

3 在“挑选一个要更改的帐户”窗口中，单击“RSB”图标，打开“您想更改 RSB 的帐户的什么?”窗口。

4 在“您想更改 RSB 的帐户的什么?”窗口中，单击【删除帐户】超链接，打开“您想要保留 RSB 的文件吗?”窗口，如图 4-106 所示。

5 在“您想要保留 RSB 的文件吗?”窗口中，单击 删除文件(N) 按钮，打开“您确实要删除 RSB 的帐户吗?”窗口，如图 4-107 所示。

6 在“您确实要删除 RSB 的帐户吗?”窗口中，单击 删除帐户(Y) 按钮完成删除用户操作，如图 4-108 所示。

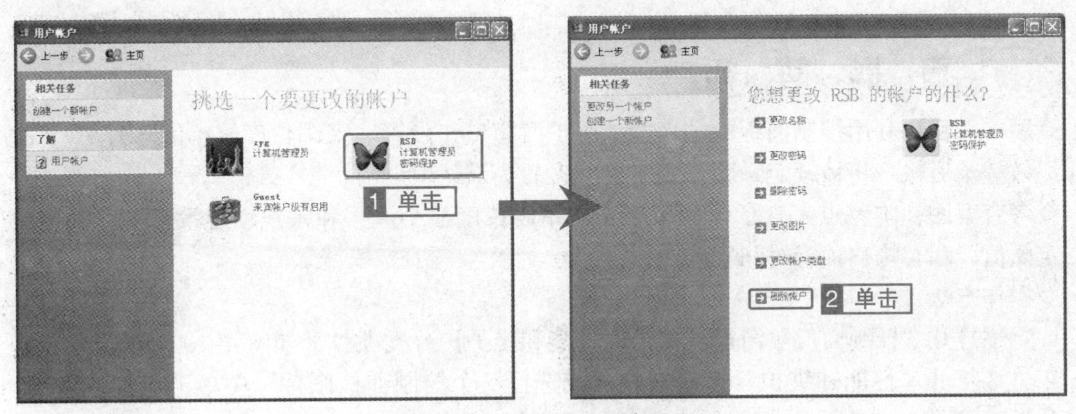

图 4–106　选择删除帐户操作

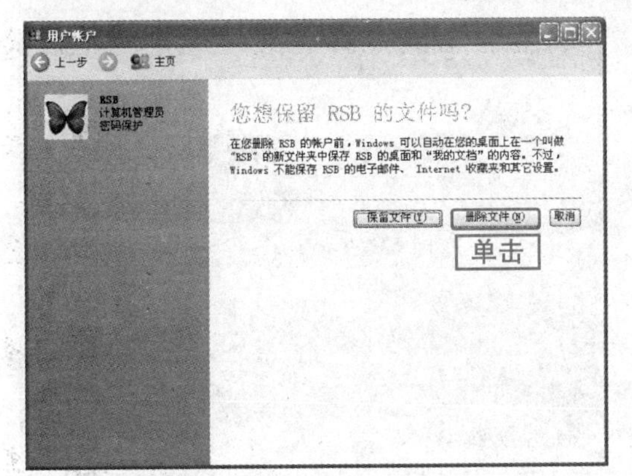

图 4–107　删除用户的文件

图 4–108　确认删除帐户

4.9　本地安全策略设置

通过设置本地安全策略，可以增强用户计算机使用的安全性。

4.9.1　帐户策略设置

帐户策略主要包括密码策略和帐户锁定策略两项内容。

考点级别：★★★

考点分析：

本考点的考查概率比较高，命题比较直接，考生应着重掌握进入帐户策略设置的操作。

操作方式

类别	“控制面板”经典视图	“控制面板”分类视图
帐户策略设置	【管理工具】→【本地安全策略】→【帐户策略】	【性能和维护】→【管理工具】→【本地安全策略】→【帐户策略】

真 题 解 析

◇**题　　目：**利用控制面板的“性能和维护”窗口，设置“密码长度最小值”为7，3次无效登录后帐户将被锁定，帐户锁定时间设置为默认值。

◇**考查意图：**本考点考查了密码策略中“密码长度最小值”和帐户锁定策略中“帐户锁定阈值”和“帐户锁定时间”的操作。

◇**操作方法：**

1 打开“控制面板”窗口，单击【性能和维护】分类项目，如图4–109所示。

2 打开“性能和维护”窗口，在“或选择一个控制面板图标”中单击【管理工具】分类，如图4–110所示。

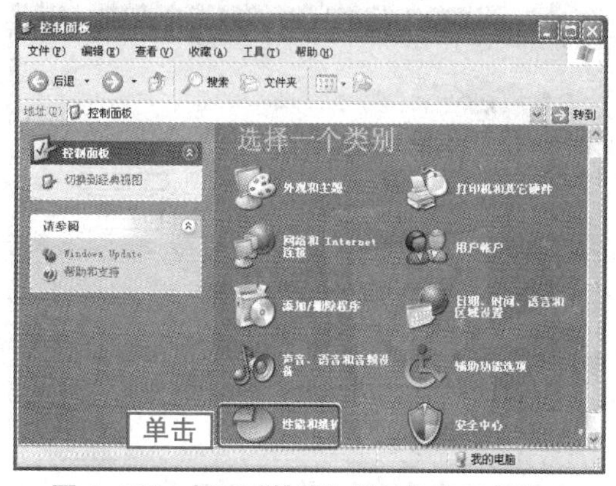

图4–109　打开“性能和维护”窗口操作

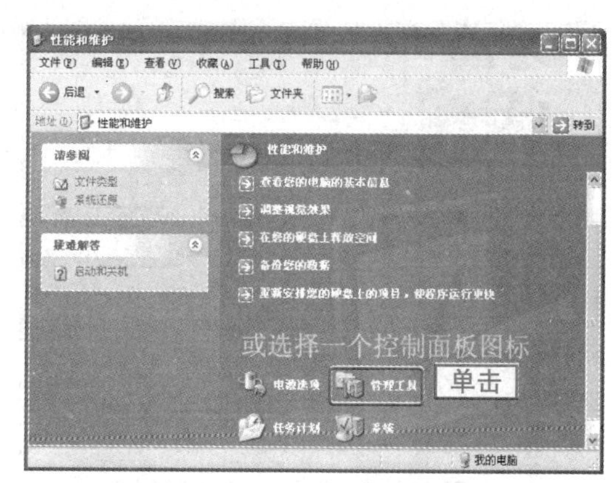

图4–110　打开“管理工具”窗口操作

3 打开“管理工具”窗口，双击“本地安全策略”图标，如图4–111所示。

4 打开“本地安全设置”窗口，在左侧窗格中选择“帐户策略”中的“密码策略”项目，双击右侧窗格中“密码长度最小值”项目，如图4–112所示。

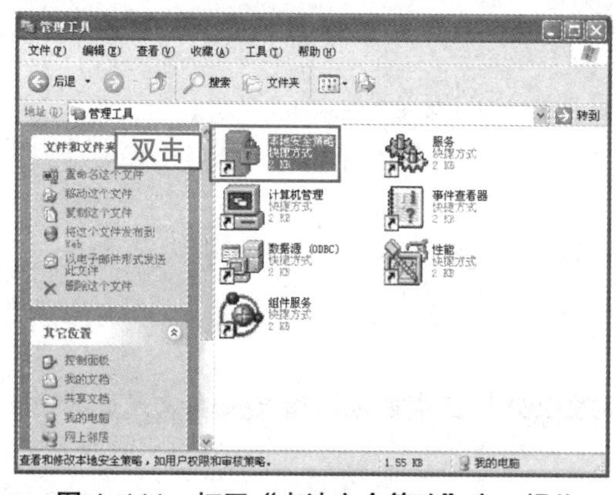

图4–111　打开“本地安全策略”窗口操作

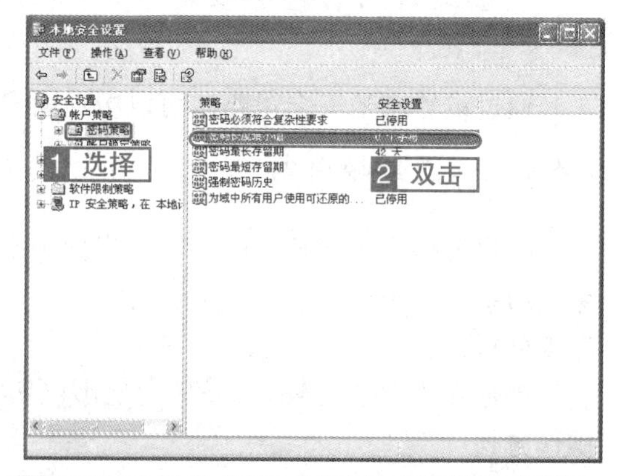

图4–112　打开“密码长度最小值属性”对话框

5 弹出“密码长度最小值 属性”对话框，更改“本地安全设置”选项卡中“密码必须至少是”数值框中的数值为“7”，单击应用(A)按钮，再单击确定按钮完成设置，如图4–113所示。

6 返回“本地安全设置”窗口，在左侧窗格中选择“帐户策略”中的“帐户锁定策略”项目，双击右侧窗格中“帐户锁定阈值”项目，如图 4–114 所示。

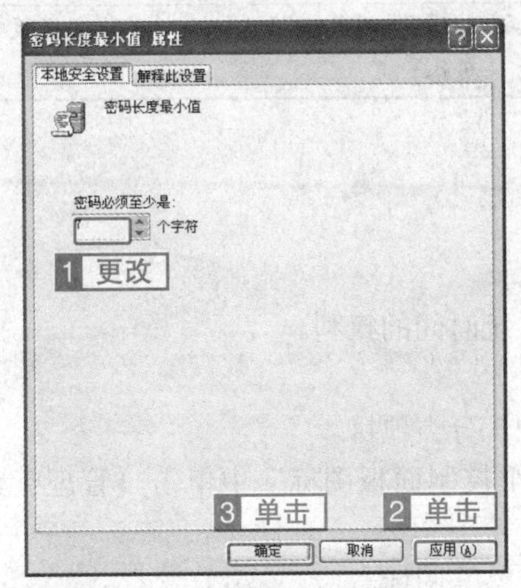

图 4–113　设置密码长度最小值

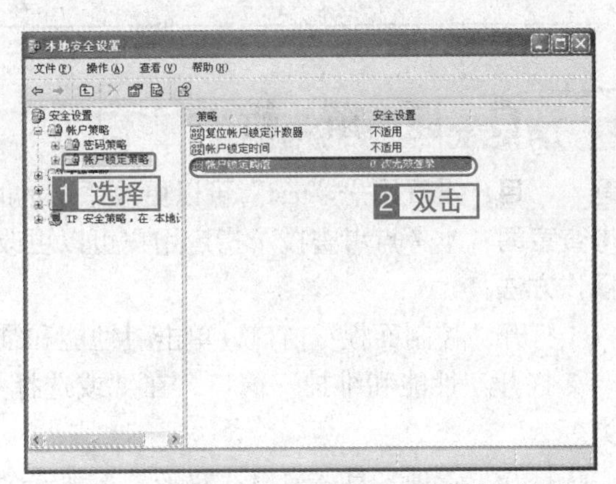

图 4–114　打开“帐户锁定阈值 属性”对话框

7 弹出“帐户锁定阈值 属性”对话框，更改“本地安全设置”选项卡中“在发生以下情况之后，锁定帐户”数值框中的数值为“3”，单击 应用(A) 按钮，如图 4–115 所示。

8 在弹出的“建议的数值改动”对话框中单击 确定 按钮，如图 4–116 所示。

9 返回“帐户锁定阈值 属性”对话框，再单击 确定 按钮完成设置。

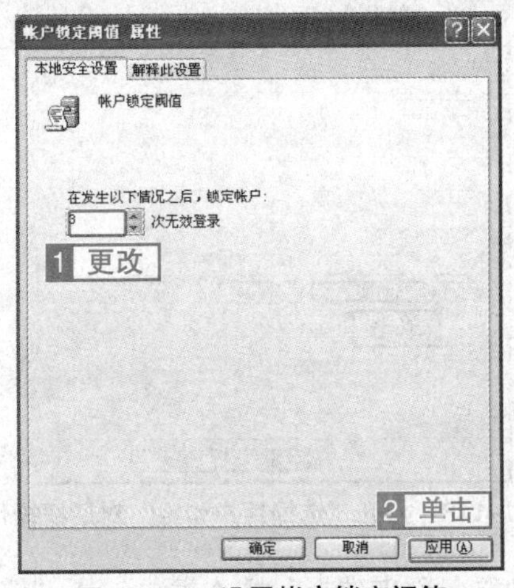

图 4–115　设置帐户锁定阈值

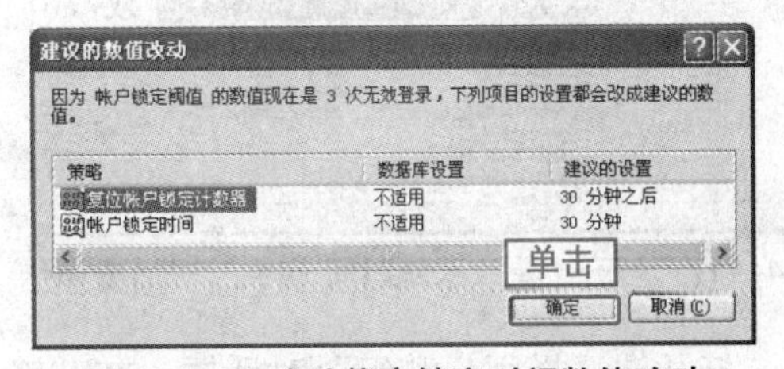

图 4–116　确认帐户锁定时间数值改动

4.9.2　本地策略设置

本地策略包含审核策略、用户权利指派和安全选项三个子集。

考点级别： ★★★

考点分析：

本考点的考查概率比较低，命题比较直接，命题中通常会指定设置的项目名称。由于设置的项目很多，命题以“用户权利指派”子集中的项目为多。

操作方式

类别	"控制面板"经典视图	"控制面板"分类视图
本地策略设置	【管理工具】→【本地安全策略】→【本地策略】	【性能和维护】→【管理工具】→【本地安全策略】→【本地策略】

真题解析

◇**题　　目**：设置用户"test"可以更改系统的时间。

◇**考查意图**：本考点考查授予指定用户可以更改系统时间的权利。

◇**操作方法**：

1 打开"控制面板"窗口，单击【性能和维护】分类项目。

2 打开"性能和维护"窗口，在"或选择一个控制面板图标"中单击【管理工具】分类。

3 打开"管理工具"窗口，双击"本地安全策略"图标。

4 打开"本地安全设置"窗口，在左侧窗格中选择"本地策略"中的"用户权利指派"，双击右侧窗格中"更改系统时间"项目，如图 4–117 所示。

5 打开"更改系统时间 属性"对话框，单击[添加用户或组(U)...]按钮，如图 4–118 所示。

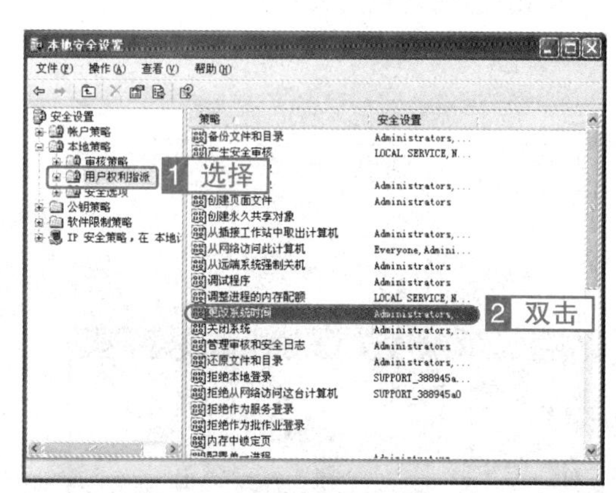

图 4–117　打开"更改系统时间 属性"对话框操作

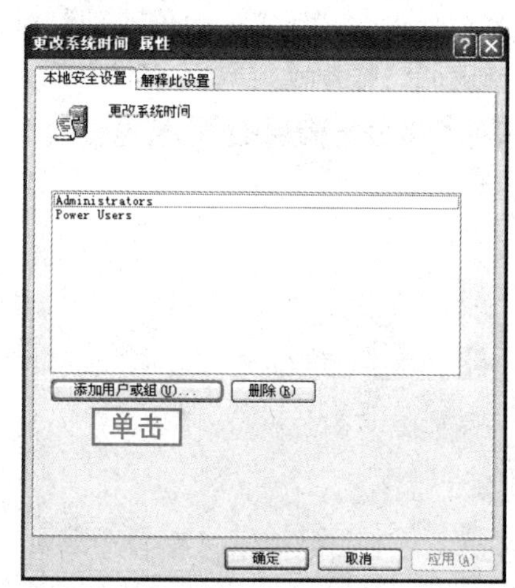

图 4–118　打开"选择用户和组"对话框操作

6 打开"选择用户和组"对话框，在"输入对象名称来选择"文本框中输入"test"，单击[确定]按钮，如图 4–119 所示。

7 返回"更改系统时间 属性"对话框，单击[应用(A)]按钮，再单击[确定]按钮完成设置，如图 4–120 所示。

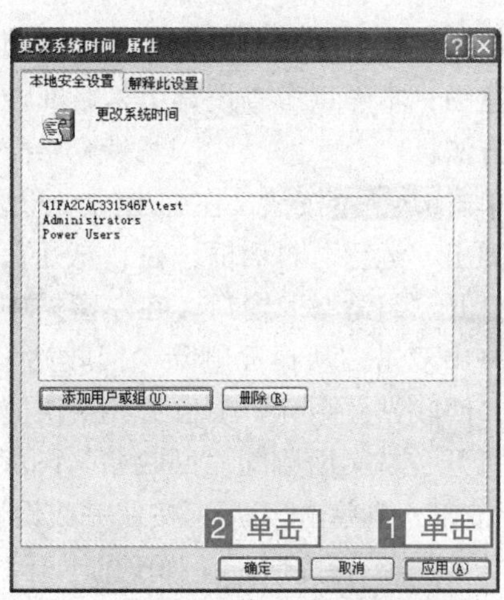

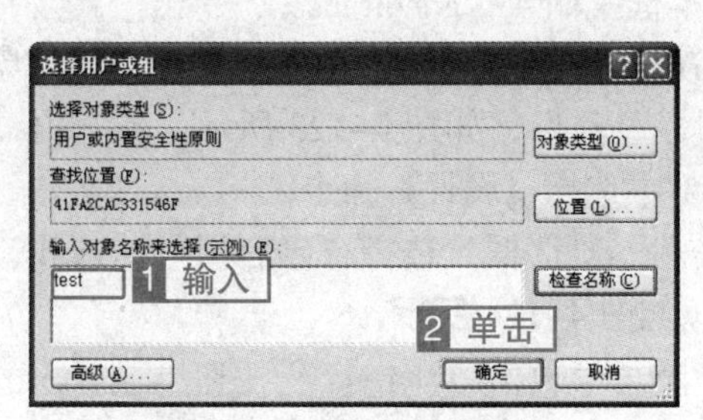

图 4-119 添加用户操作

图 4-120 完成更改系统时间设置

4.9.3 本地组策略设置

组策略是 Windows XP 自带的优化程序，它将注册表中重要的配置功能，分门别类地、以模块化的形式进行了整理，并且以友好的图形界面进行展示，使用户能够方便地进行配置修改，从而达到轻松管理计算机的目的。

考点级别：★★★

考点分析：

本考点的考查概率比较高，命题比较直接，命题中通常考查打开组策略和配置组策略。

操作方式

类别	菜单	单击	右键菜单	快捷键	其他方式
打开组策略	【开始】→【运行】→【gpedit.msc】				

真 题 解 析

◇**题 目 1**：用“运行”命令打开本地组策略窗口。

◇**考查意图**：本考点考查的是打开组策略的操作。

◇**操作方法**：

1 单击 开始 按钮，在弹出的“开始”菜单中选择【运行】命令，如图 4-121 所示。

2 弹出“运行”对话框，在“打开”文本框中输入“gpedit.msc”，单击 确定 按钮，如图 4-122 所示。

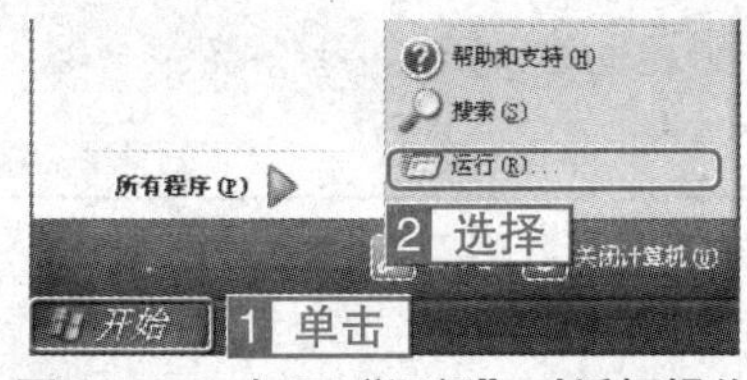

图 4-121 打开“运行”对话框操作

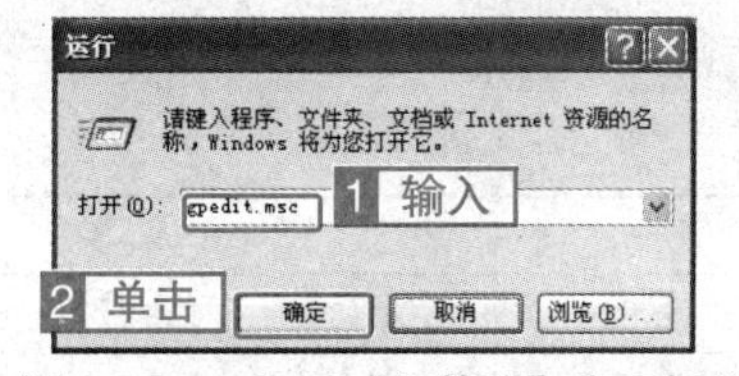

图 4-122 打开“组策略”窗口操作

◇**题 目 2：**利用组策略窗口，启用“从桌面删除‘回收站’图标”，注销计算机使设置生效。

◇**考查意图：**本考点考查设置组策略属性和注销计算机两个考点的内容。

◇**操作方法：**

1 单击开始按钮，在弹出的“开始”菜单中选择【运行】命令。

2 弹出“运行”对话框，在“打开”文本框中输入“gpedit.msc”，单击确定按钮。

3 打开“组策略”窗口，在左窗格中依次选择“用户配置”|“管理模板”|“桌面”。在右窗格中双击“从桌面删除‘回收站’图标”项目，如图4-123所示，或右击“从桌面删除‘回收站’图标”项目，并从快捷菜单中选择【属性】命令。

4 打开“从桌面删除‘回收站’图标 属性”对话框，选择“已启用”单选项，单击应用(A)按钮，再单击确定按钮完成设置，如图4-124所示。

5 单击开始按钮，在弹出的“开始”菜单中单击【注销】按钮，在弹出的“注销Windows”对话框中单击【注销】按钮，完成计算机的注销操作。

图4-123 打开“从桌面删除‘回收站’图标属性”对话框

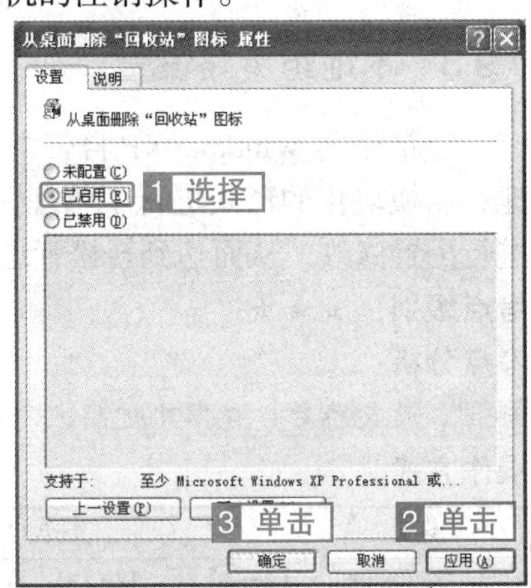

图4-124 设置属性操作

4.9.4 微软管理控制台

微软管理控制台（MMC）是指进行系统维护的各种管理工具工作的地方，用户可以通过控制台创建、保存和打开用于管理硬件、软件和Windows XP系统组件的各种工具。控制台本身并不执行管理功能，仅是集成管理工具的一个工作环境，用户可以根据需要添加管理单元。

考点级别：★★★

考点分析：

本考点的考查概率比较高，命题比较直接，一般是与其他考点结合集中考查。

操作方式

类别	菜单	单击	右键菜单	快捷键
启动控制台	【开始】→【运行】→【MMC】			
添加组策略管理单元	【文件】→【添加/删除管理单元】			

真 题 解 析

◇题 目 1：通过运行命令打开“控制台”窗口。

◇考查意图：本考点考查的是打开“控制台”的操作。

◇操作方法：

1 单击[开始]按钮，在弹出的“开始”菜单中选择【运行】命令。

2 弹出“运行”对话框，在“打开”文本框中输入“mmc”，单击[确定]按钮，如图 4–125 所示。

图 4–125　打开“控制台”窗口

◇题 目 2：请通过“开始”菜单中的“运行”命令，打开控制台 1 窗口，并在控制台 1 中为本机添加“本地用户和组”及“组策略”单元。

◇考查意图：本考点考查的是打开“控制台”的操作和向控制台中添加本地用户和管理组管理单元及组策略管理单元的操作方法。

◇操作方法：

1 单击[开始]按钮，在弹出的“开始”菜单中选择【运行】命令。

2 弹出“运行”对话框，在“打开”文本框中输入“mmc”，单击[确定]按钮。

3 打开“控制台 1”窗口，单击【文件】菜单，选择【添加 / 删除管理单元】命令，如图 4–126 所示。

4 打开“添加 / 删除管理单元”对话框，单击[添加(D)...]按钮，如图 4–127 所示。

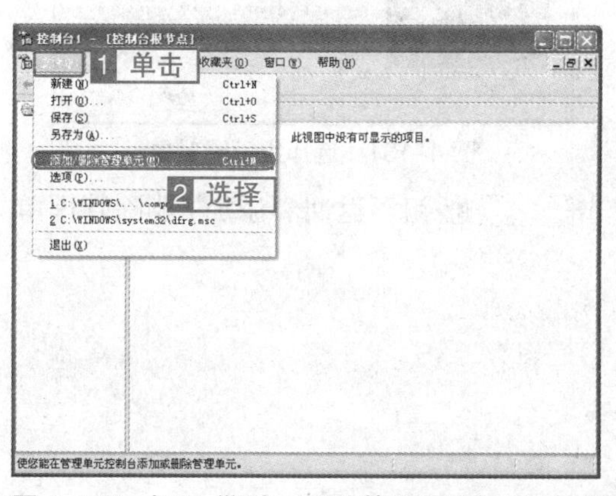

图 4–126　打开“添加 / 删除管理单元”对话框操作

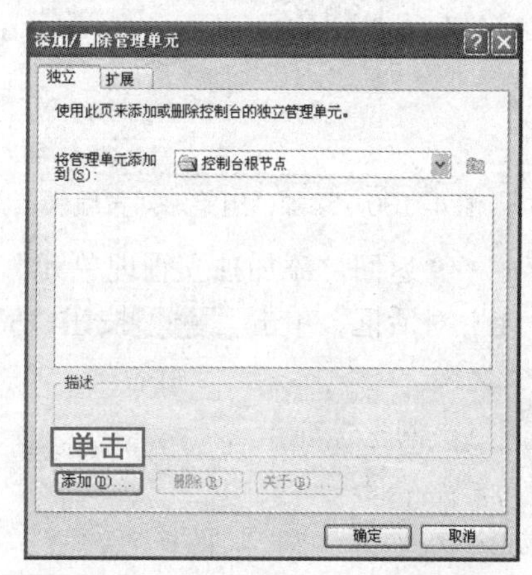

图 4–127　打开“添加独立管理单元”对话框操作

5 打开“添加独立管理单元”对话框，在“可用的独立管理单元”列表框中选择“本地用户和组”选项，单击[添加(A)]按钮，如图 4–128 所示。

6 弹出“选择目标机器”对话框，单击[完成]按钮，如图 4–129 所示。

图 4-128 添加“本地用户和组”管理单元

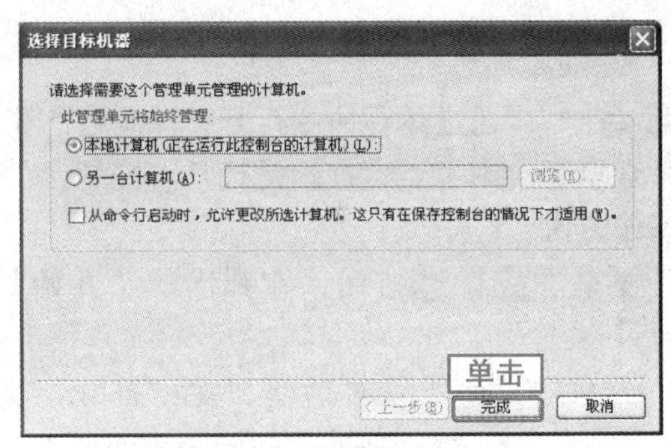

图 4-129 选择目标机器

7 返回“添加独立管理单元”对话框，在“可用的独立管理单元”列表框中选择“组策略对象编辑器”选项，单击添加(A)按钮，如图 4-130 所示。

8 弹出“选择组策略对象”对话框，单击完成按钮，如图 4-131 所示。

图 4-130 添加“组策略对象编辑器”管理单元

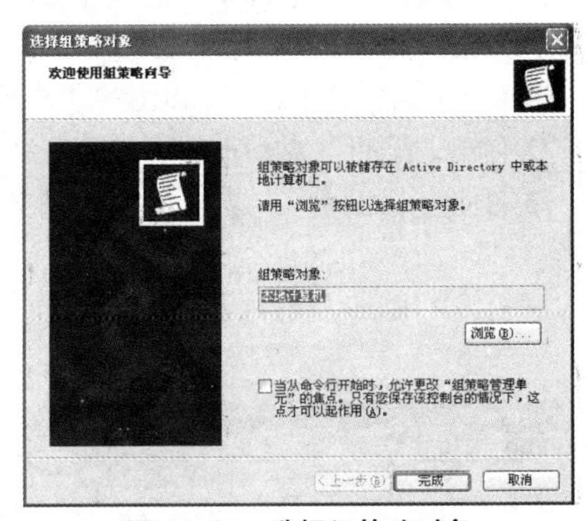

图 4-131 选择组策略对象

9 返回“添加独立管理单元”对话框，单击关闭按钮，返回“添加 / 删除管理单元”对话框，单击确定按钮，完成操作。

本章考点及其对应操作方式一览表

考点	考频	操作方式
启动“控制面板”	★★	【开始】→【控制面板】
切换“控制面板”视图	★★	单击窗口任务窗格中【切换到经典视图】或【切换到分类视图】超链接
设置桌面	★★★	“桌面”快捷菜单→【属性】→【桌面】
设置屏幕保护程序	★★★	“桌面”快捷菜单→【属性】→【屏幕保护程序】
设置外观	★★★	“桌面”快捷菜单→【属性】→【外观】
设置主题	★★★	“桌面”快捷菜单→【属性】→【主题】
设置分辨率和颜色质量	★★	“桌面”快捷菜单→【属性】→【设置】
区域设置	★★	【控制面板】→【日期、时间、语言和区域设置】→【区域和语言选项】
设置数字、货币、时间和日期格式	★★★	【控制面板】→【日期、时间、语言和区域设置】→【更改数字、日期和时间的格式】→【自定义】
语言设置	★★★	【控制面板】→【日期、时间、语言和区域设置】→【添加其它语言】
设置日期和时间	★★★	【控制面板】→【日期、时间、语言和区域设置】→【更改日期和时间】
打开“打印机和传真机”窗口	★★★	【开始】→【打印机和传真】
添加打印机	★★★	【控制面板】→【添加打印机】
设置默认打印机	★★★	“打印机和传真”窗口→【文件】→【设为默认打印机】
设置打印机首选项	★★★	“打印机和传真”窗口→【文件】→【打印首选项】
查看打印任务	★★★	“打印机和传真”窗口→【开始】→【关闭计算机】
取消部分打印任务	★★★	“打印机和传真”窗口→【文档】→【取消】
取消全部打印任务	★★★	“打印机和传真”窗口→【打印机】→【取消所有文档】
重新启动打印	★★★	“打印机和传真”窗口→【文档】→【重新启动】
暂停部分打印任务	★★★	“打印机和传真”窗口→【文档】→【暂停】
暂停全部打印任务	★★★	“打印机和传真”窗口→【打印机】→【暂停打印】
设置鼠标按键	★★★	【控制面板】→【打印机和其它硬件】→【鼠标】→【鼠标键】
设置鼠标指针样式	★★★	【控制面板】→【打印机和其它硬件】→【鼠标】→【指针】
设置鼠标特性	★★★	【控制面板】→【打印机和其它硬件】→【鼠标】→【指针选项】
打开“字体”窗口	★	【控制面板】→【外观和主题】→【字体】

续表

安装字体	★	“字体”窗口→【文件】→【安装新字体】
删除字体	★	“字体”窗口→【文件】→【删除】
添加应用程序	★★	【控制面板】→【添加/删除程序】→【添加新程序】
更改或删除应用程序	★★	【控制面板】→【添加/删除程序】→【更改或删除应用程序】
更改或删除 Windows 组件	★	【控制面板】→【添加/删除程序】→【添加/删除 Windows 组件】
创建用户帐户	★★★	【控制面板】→【用户帐户】→【创建一个新帐户】
更改用户登录和注销方式	★★★	【控制面板】→【用户帐户】→【更改用户登录或注销的方式】
更改用户属性	★★★	【控制面板】→【用户帐户】→【更改帐户】
删除用户帐户	★★★	【控制面板】→【用户帐户】→【删除帐户】
帐户策略设置	★★★	【控制面板】→【性能和维护】→【管理工具】→【本地安全策略】→【帐户策略】
本地策略设置	★★★	【控制面板】→【性能和维护】→【管理工具】→【本地安全策略】→【本地策略】
打开组策略	★★★	【开始】→【运行】→【gpedit.msc】
启动控制台	★★★	【开始】→【运行】→【MMC】
添加组策略管理单元	★★★	“控制台”窗口→【文件】→【添加/删除管理单元】

通 关 真 题

CD 注：以下测试题可以通过光盘【实战教程】→【通关真题】进行测试。

第 1 题 在“声音和音频设备属性”对话框中将设备音量设置为最高。

第 2 题 利用“资源管理器”启动“控制面板”。

第 3 题 在“我的电脑”中显示“控制面板”。

第 4 题 在“我的电脑”窗口，请利用窗口信息区打开“控制面板”窗口，并切换到经典视图。

第 5 题 请利用“外观和主题”窗口，设置桌面背景颜色的“红”为 210，“绿”为 255，“蓝”为 102，然后最小化窗口查看设置效果。

第 6 题 请利用“显示 属性”对话框，将桌面颜色设置为白色，背景设置为“E:\mymedia\大众甲壳虫.jpg”，位置为“居中”。（按题目叙述次序设置）

第 7 题 将“风景图片”文件夹放到“我的文档”中的“图片收藏”里，将图片以幻灯片放映形式作为屏幕保护程序，并将默认的用户帐号密码设置为屏幕保护密码。

第 8 题 请将电源设置为“启动休眠”。

第 9 题 设置电源使用方案为最少电源管理，15 分钟后关闭监视器，按下计算机电源按钮时待机，并启用休眠。

第 10 题 在“电源选项属性”对话框，请将电源使用方案设置为“家用\办公”。

第 11 题 在“电源选项属性”对话框，设置当电量不足 20%时，发出电源不足警报。

第 12 题 请利用“显示 属性”窗口，设置 Windows XP 窗口的菜单和工具提示使用“滚动效果”，使用标准方式使屏幕字体边缘平滑，且使用大图标。

第 13 题 设置菜单和工具栏使用“淡入淡出”过渡效果，使用大图标，“活动窗口标题栏”大小为 28。

第 14 题 请将 Windows XP 系统的桌面主题设置为“Windows 经典”，字体大小设置为“大字体”。

第 15 题 请利用“显示 属性”对话框，将显示器的颜色质量设置为“最高（32 位）”，设置“在应用新的显示设置之前询问”，并将“硬件加速”设置为“全”。（请按题目顺序操作）

第 16 题 设置显示属性，使应用新的显示设置而不重新启动。

第 17 题 请利用“我的电脑”窗口，将区域中的“位置”设置为“英国”。

第 18 题 在“控制面板”中将区域设置更改为“英语（美国）”。

第 19 题 请利用“日期、时间、语言和区域设置”窗口，为“匈牙利语”设置货币格式，最后显示结果为：货币符号为“Ft”，货币正数格式为“Ft 1,1”，货币负数格式为“(Ft 1,1)”，请自行设置。

第 20 题 请利用“日期、时间、语言和区域设置”窗口，数字分组为“123,456,789”，小数位数“2”位，设置货币格式的货币符号为“￥”。

第 21 题 请利用“日期、时间、语言和区域设置”窗口，为“英语(加拿大)”设置时间，格式为“H:mm:ss”，AM 符号为“上午”，PM 符号为:“下午”。

第 22 题 请利用“日期、时间、语言和区域设置”窗口，将“语音识别”的“分派模式键”的“听写键”设置为 F6 功能键，并要求“打字时禁用听写”（请按题目顺序设置）。

第 23 题 利用“日期、时间、语言和区域设置”窗口，将“搜狗拼音输入法”设置为默认输入语言，使其成为计算机启动时要使用的输入语言。

第 24 题 设置“微软拼音输入法 2003”的属性“显示拼音候选”。

第 25 题 一台操作系统为中文 Windows XP 的计算机，安装时使用了简体中文，现在要浏览越南语的网站。请利用“控制面板”经典视图对“Internet 选项”进行设置，将“阿尔巴尼亚”语添加到浏览网页时系统所需处理的语言中，并将系统对它的处理的优先级设置为最高。

第 26 题 将计算机时间与 Internet 时间同步。

第 27 题 请利用控制面板将系统的时间的秒改为 50 秒。

第 28 题 利用打印机窗口，设置“EPSON”打印机为共享，共享名为（打印机 2）。

第 29 题 请将“Epson Stylus Photo R230 Serious”打印机设置为默认打印机。

第 30 题 请利用“打印机和传真”窗口，设置“EPSON 打印机”的打印方向为纵向，打印份数为 4。

第 31 题 请利用“开始”菜单，打开“HP LaserJet 6L”打印机的打印管理器，设置“脱机使用打印机”。

第 32 题 设置“HP LaserJet P2015 Series PCL 5e”打印机的打印首选项，使用打印水印效果，消息为“机密”，角度为“对角”，粗斜体样式。

第 33 题 桌面上有打开的写字板窗口和“页面设置”对话框，请利用对话框将要使用的打印机设置为“Epson Stylus Photo R230 Serious 打印机”。

第 34 题 更改鼠标的左右手习惯，使鼠标左右键交换，指针踪迹最长。

第 35 题 请利用“打印机和其它硬件”窗口，将鼠标的后台运行指针图 1 样式设置为图 2 样式（Wait-il）。

第 36 题 设定鼠标启用单击锁定和指针阴影。

第 37 题 设置鼠标指针移动速度最快，显示鼠标指针踪迹，一次滚动 5 行。

第 38 题 通过控制面板找到 C 盘的字体窗口，添加字体“幼圆”，字体文件在“D:\幼圆”。

第 39 题 检测并修复“Microsoft Office Professional Edition 2003”中的错误。

第 40 题 利用“开始”菜单打开控制面板，添加 Windows 组件“消息队列”。

第 41 题 请利用“控制面板”更改“Microsoft Office Professional Edition 2003”，为本地计算机添加 Office 工具中的“公式编辑器”（Microsoft Office 安装光盘已插入光驱中）。

第 42 题 请设置可以使用来宾帐户登录到此计算机。

第 43 题　请利用“控制面板”分类视图创建一个用户帐户，帐户名为“Rose”，帐户类型为“计算机管理员”帐户，帐户密码为“123”，图片为“E:\mymedia\大众甲壳虫.jpg”。(请按题目顺序操作)

第 44 题　请利用“我的电脑”创建一个受限制用户帐户，帐户名为“LXL”。

第 45 题　设置使用传统方式登录 Windows XP，使登录时要求用户输入帐户名。

第 46 题　请利用“控制面版”将计算机管理员用户帐户“RSB”的密码删除。

第 47 题　利用“性能和维护”窗口，设置本机安全管理策略的密码策略：将“密码最长存留期”设为 17 天、将“密码最短存留期”设为 5 天，启用“密码必须符合复杂性要求”（请按题目顺序操作）。

第 48 题　利用控制台设置本地安全策略，设置“阻止更改任务栏和开始菜单”设置。

第 49 题　利用性能和维护窗口，设置本机安全管理策略，要求密码至少为 2 个字符，密码最长保留期为 30 天。

第 50 题　利用性能和维护窗口，设置本机安全管理策略的密码策略，启用密码必须符合复杂性要求和密码长度最小值为 10 个字符(请按题目顺序操作)。

第 51 题　拒绝本地登录。

第 52 题　利用“组策略”窗口，对本机组策略进行安全设置，显示桌面上的所有项目，并删除回收站上下文菜单的属性。

第 53 题　设置“Happy”用户为计算机管理员，禁用 Guest 帐号(按顺序进行)。

第 54 题　利用“控制台 1”窗口，对本机组策略进行安全设置，启用“桌面”的选项“禁止添加、拖、放和关闭任务栏的工具栏”。

第 55 题　请通过“开始”菜单的“运行”命令打开“组策略”窗口，要求按顺序做如下设置：（1）启用从“开始”菜单删除用户文件夹（2）启用删除桌面上的“我的文档”图标（3）禁用隐藏桌面上的“网上邻居”图标。

第 56 题　利用控制台设置本地安全策略，添加“IP 安全策略”管理单元，并保存控制台，然后通过“开始”菜单的“所有程序”打开自定义的控制台。

第 57 题　利用控制台设置本地安全策略，添加“磁盘管理”管理单元，保存控制台，通过“开始”菜单查看控制台。

网络设置与使用

Windows XP 有强大的网络操作功能，网络分为局域网和广域网两种。通过网络，用户可以与朋友、同事以及世界其他地方的人进行联系。本章主要介绍如何创建家庭或小型办公网络，如何与 Internet 进行连接，如何在可靠的环境中安全地使用网络等内容。

本章考点

掌握的内容★★★

设置本地连接属性
建立 Internet 连接
启动 Internet Explorer
使用 IE 浏览指定网页
使用 IE 打开已浏览过的网页
设置 Internet 常规选项
设置 Internet 安全选项
设置 Internet 隐私选项
设置 Internet 高级选项

熟悉的内容★★

创建家庭或小型办公网络
设置共享文件夹
使用“网上邻居”浏览网络资源
映射网络资源
创建网络资源快捷方式
启用 Windows 防火墙
配置 Windows 防火墙
开启 Windows 自动更新

了解的内容★

查看与设置本地连接

5.1 设置本地连接

在 Windows XP 系统安装时，系统会检测计算机上的网络适配器，并且会自动创建本地连接。如果计算机中有多个网络适配器，系统分别为每个网络适配器建立本地连接。

5.1.1 查看与设置本地连接

考点级别：★

考点分析：

本考点的出题率较低，命题比较简单，一般以查看本地连接的状态为多，有时也会考查本地连接修复、禁用与开启等操作。

操作方式

类别	菜单	单击	快捷菜单	其他方式
显示本地连接窗口			"网上邻居"快捷菜单→【属性】	"控制面板"经典视图：【网络连接】；"控制面板"分类视图：【网络和Internet 连接】→【网络连接】
禁用本地连接	【文件】→【禁用】	【禁用】	【停用】	
启用本地连接	【文件】→【启用】		【启用】	
修复本地连接	【文件】→【修复】	【修复】	【修复】	任务窗格中【修改此连接】
重命名本地连接	【文件】→【重命名】		【重命名】	任务窗格中【重命名此连接】
查看本地连接状态	【文件】→【状态】		【状态】	双击本地连接图标

真题解析

◇**题目 1**：在"我的电脑"窗口，请利用窗口任务窗格打开"网上邻居"窗口，并查看网络连接情况。

◇**考查意图**：本题考查了使用窗口任务窗格和查看网络连接的知识点。

◇**操作方法**：

1 双击桌面上"我的电脑"图标，打开"我的电脑"窗口。

2 单击"我的电脑"窗口左侧窗格的【网上邻居】超链接，打开"网上邻居"窗口，如图 5-1 所示。

3 单击"网上邻居"窗口左侧窗格的【查看网络连接】超链接，打开"网络连接"窗口，如图 5-2 所示。

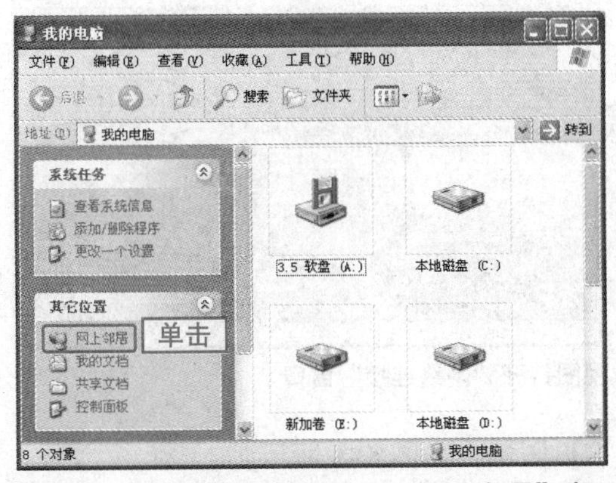

图 5-1　通过"我的电脑"打开"网上邻居"窗口

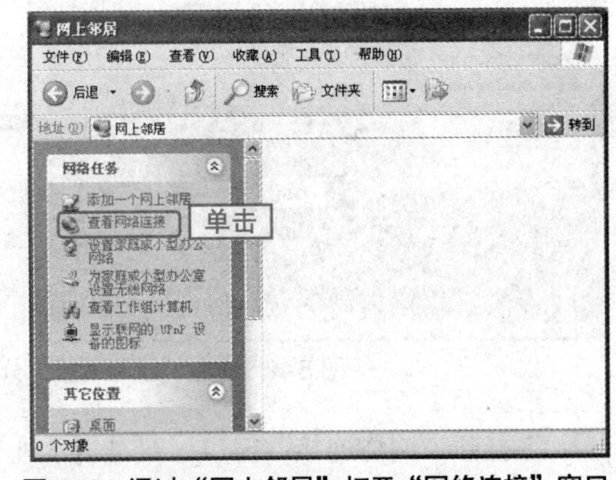

图 5-2　通过"网上邻居"打开"网络连接"窗口

4 选择【本地连接】，选择【文件】菜单中的【状态】命令，如图 5-3 所示；或双击【本地连接】。

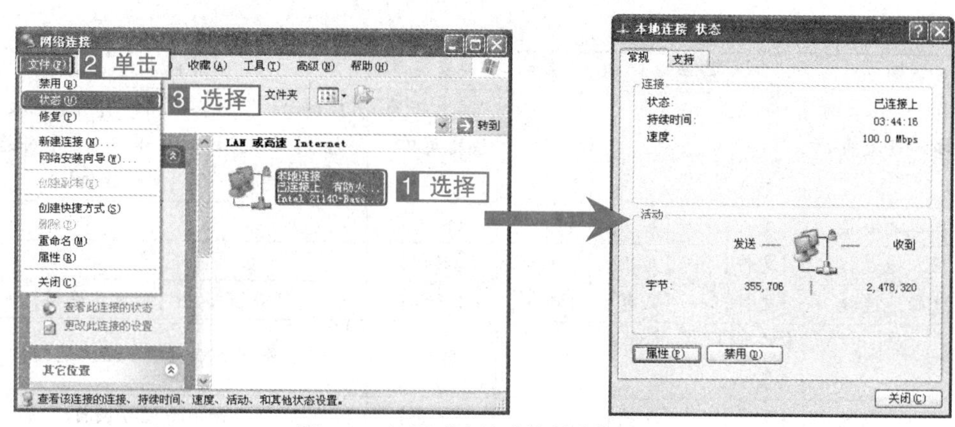

图 5–3　打开“本地连接状态”窗口

◇**题　目　2：**请修复“本地连接”网络连接。

◇**考查意图：**本题考查了使用“网络连接状态”对话框修复网络连接。

◇**操作方法：**

1 单击 开始 按钮，在弹出的“开始”菜单中选择【控制面板】命令，打开“控制面板”窗口。

2 在“控制面板”窗口的分类视图中，单击【网络和 Internet 连接】分类项目，弹出“网络和 Internet 连接”窗口，在窗口的“或选择一个控制面板图标”中单击【网络连接】项目，如图 5–4 所示；或者在“控制面板”窗口的经典视图中，双击【网络连接】项目；或者右击桌面上的“网上邻居”图标，在弹出的快捷菜单中选择【属性】命令。

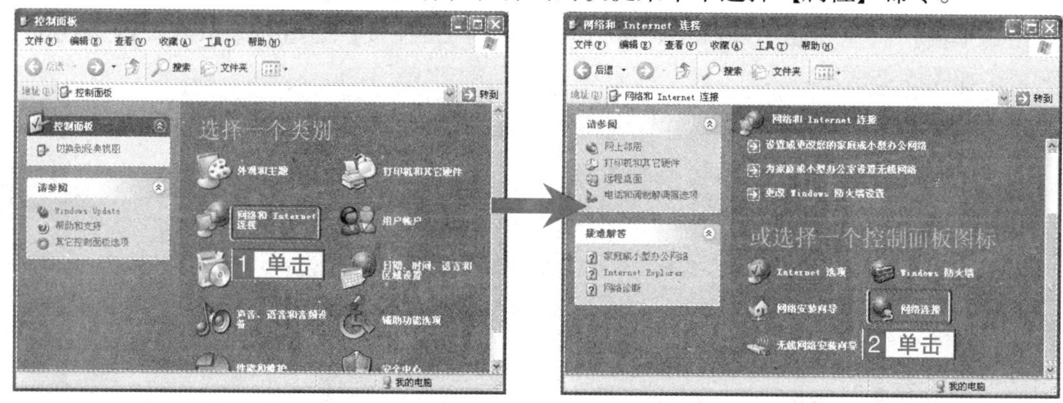

图 5–4　通过“控制面板”分类视图打开“网络连接”窗口

3 打开“网络连接”窗口，双击【本地连接】图标，如图 5–5 所示。

4 打开“本地连接 状态”对话框，单击【支持】选项卡，单击 修复(P) 按钮。

5 弹出“修复 本地连接”对话框开始进行修复操作，修复操作结束后，单击 关闭 按钮。返回“本地连接 状态”对话框。

6 单击“本地连接 状态”对话框中的 关闭 按钮，如图 5–6 所示。

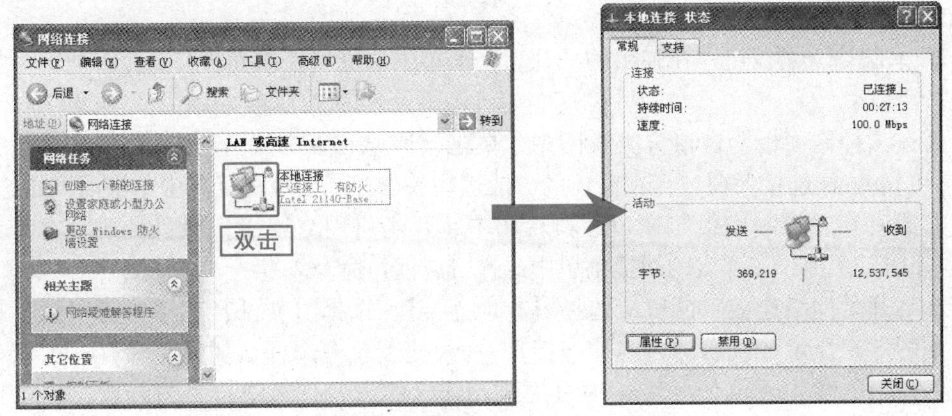

图 5–5　打开“本地连接 状态”对话框

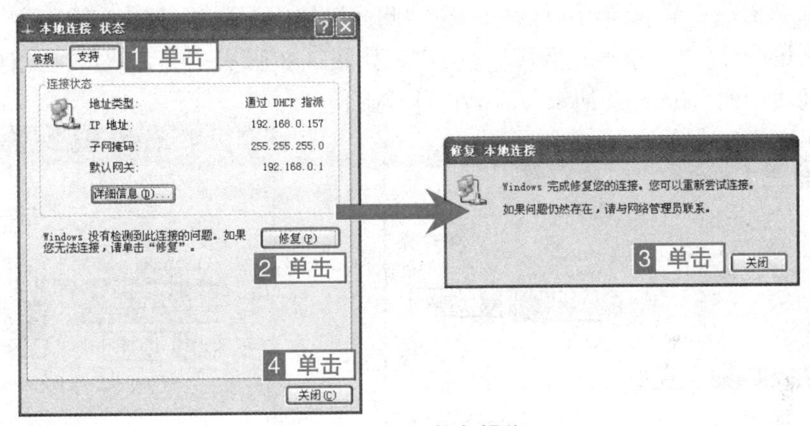

图 5–6　进行修复操作

5.1.2　设置本地连接属性

考点级别： ★★★

考点分析：

本考点的出题率较高，本地连接属性的值较多，在不同的网络下需要设置的方法也各不相同，在考试中以设置 TCP/IP 协议属性最为常见。

操作方式

类别	菜单	单击	快捷菜单	其他方式
设置本地连接属性	【文件】→【属性】		【属性】	任务窗格中【更改此连接设置】

真　题　解　析

◇**题　　目：** 请利用“网络和 Internet 连接”将本地连接设置改为自动获取 IP 地址、自动获取 DNS 服务器地址。

◇**考查意图：** 本题考查了“网络连接”的属性中“TCP/IP 协议”属性的设置方法。

◇**操作方法：**

1 单击 开始 按钮，在弹出的“开始”菜单中选择【控制面板】命令，打开“控制面板”窗口。

2 在“控制面板”窗口分类视图中，单击【网络和 Internet 连接】分类项目，打开“网络和 Internet 连接”窗口，在窗口的“或选择一个控制面板图标”中单击【网络连接】项目；或者在“控制面板”窗口经典视图中，双击【网络连接】项目；或者右击桌面“网上邻居”图标，在弹出的快捷菜单中选择【属性】命令。

3 打开“网络连接”窗口，选择【本地连接】，选择【文件】菜单中的【属性】命令，如图 5–7 所示；或右击【本地连接】，在快捷菜单中选择【属性】命令；或者选择【本地连接】，单击左侧任务窗格中【更改此连接的设置】超链接；或者双击【本地连接】，在打开的“本地连接 状态”对话框中，单击 属性(P) 按钮。

4 打开“本地连接 属性”对话框，在“此连接使用下列项目”列表中选择【Internet 协议（TCP/IP）】选项，单击 属性(R) 按钮，如图 5–8 所示；或者双击“此连接使用下列项目”列表中的【Internet 协议（TCP/IP）】选项。

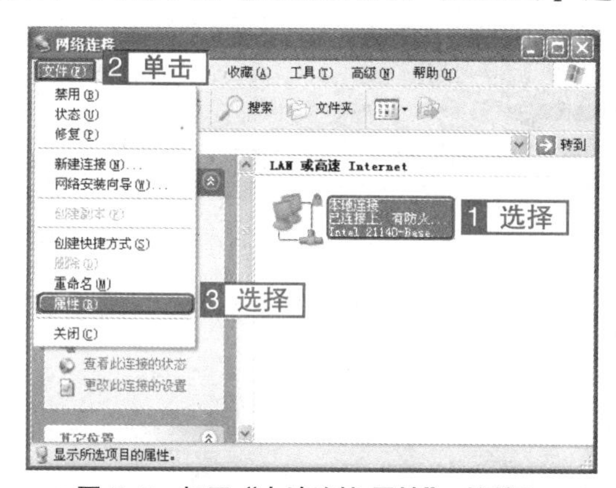

图 5–7 打开“本地连接 属性”对话框

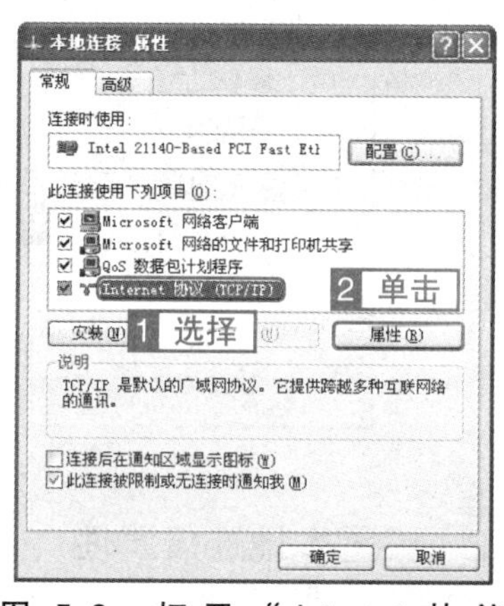

图 5–8 打开“Internet 协议（TCP/IP）属性”对话框

5 打开“Internet 协议（TCP/IP）属性”对话框，选择“自动获得 IP 地址”单选项，选择“自动获得 DNS 服务器地址”单选项，单击 确定 按钮，如图 5–9 所示。

6 返回“Internet 协议（TCP/IP）属性”对话框，单击 确定 按钮。返回“本地连接 属性”对话框，单击 关闭(C) 按钮完成设置操作。

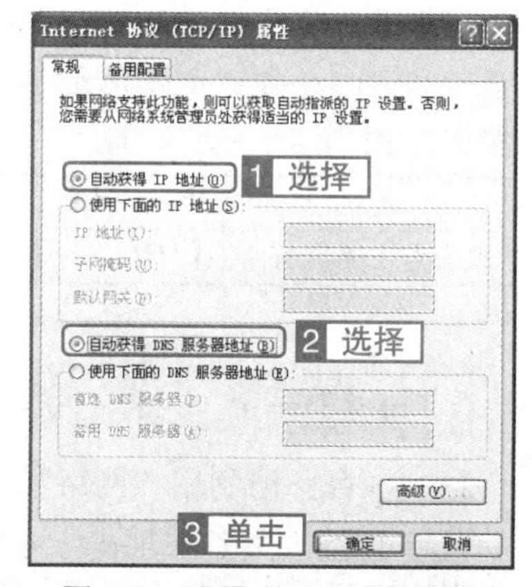

图 5–9 设置“TCP/IP”属性

5.2　家庭或小型办公网络

对于拥有两台以上计算机的家庭和小型企业来说，可以把这些计算机连接起来，组建成一个家庭或小型办公网络，以实现多台计算机之间的资源共享，如：共享文件、共享 Internet 连接、共享打印机等。

考点级别：★★

考点分析：

本考点的出题率较高，命题比较简单，按照“网络安装向导”提示操作即可。

操作方式

类别	“控制面板”分类视图	“控制面板”经典视图	其他方式
创建家庭或小型办公网络	【网络和 Internet 连接】→【设置或更改您的家庭或小型办公网络】	【网络安装向导】	“网上邻居”和“网络连接”窗口左侧窗格中【设置家庭或小型办公网络】超链接

真 题 解 析

◇**题　　目：**本计算机名为 AFCC—JBSALKHOE3，请在“控制面板”经典视图模式下，创建一个组名为 ABCDE 的小型网络，不连接到 Internet，可以共享文件夹和网络打印机。“计算机描述”为“czy”，不需要创建安装磁盘（提示：出现要求重新启动计算机的对话框即完成此题）。

◇**考查意图：**本题考查了创建小型网络的方法。

◇**操作方法：**

1 单击 开始 按钮，在弹出的“开始”菜单中选择【控制面板】命令。

2 在“控制面板”窗口的经典视图中，双击【网络安装向导】项目，如图 5-10 所示。

3 打开“欢迎使用网络安装向导”对话框，单击 下一步(N) > 按钮，如图 5-11 所示。

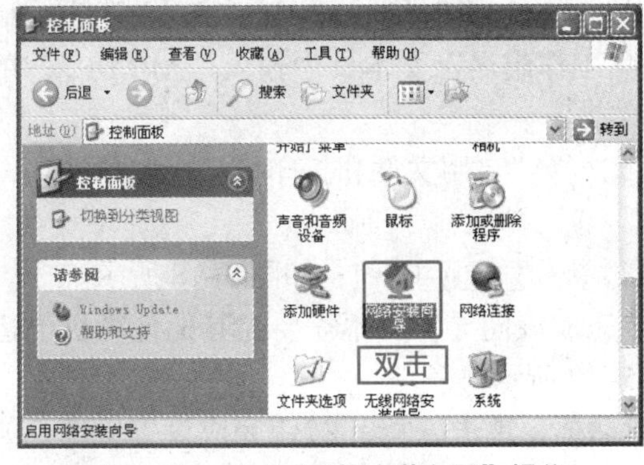

图 5-10　打开“网络安装向导”操作

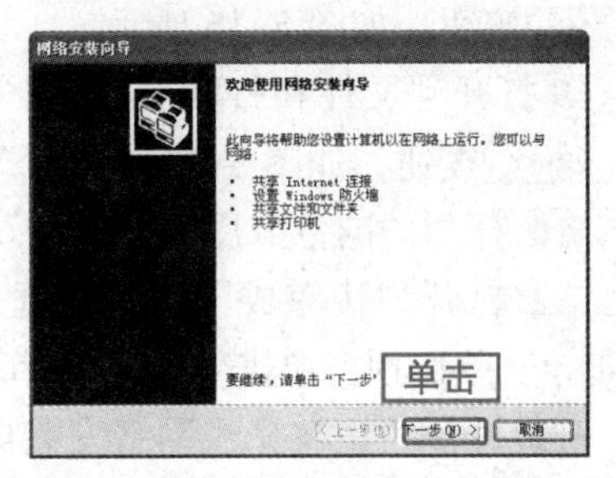

图 5-11　“欢迎使用网络安装向导”对话框

4 打开“继续之前”对话框，单击下一步(N) >按钮，如图 5-12 所示。

5 打开“选择连接方法”对话框，选择“其他”单选项，单击下一步(N) >按钮，如图 5-13 所示。

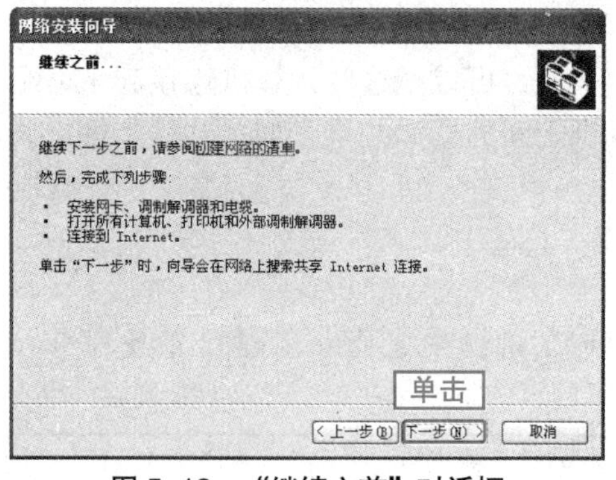

图 5-12 “继续之前”对话框

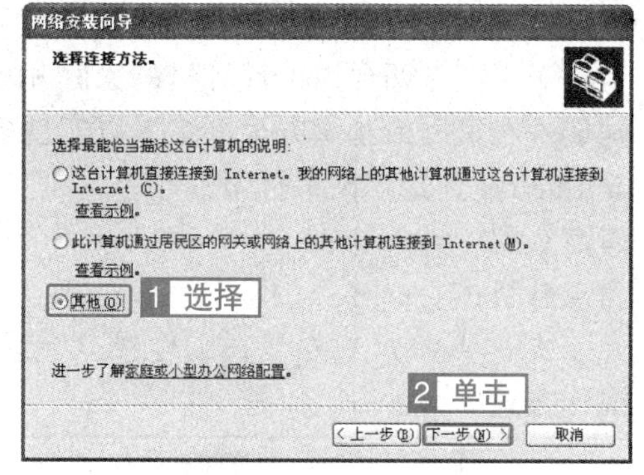

图 5-13 选择连接方法

6 打开“其他 Internet 连接方法”对话框，选择“这台计算机属于一个没有 Internet 连接的网络”单选项，单击下一步(N) >按钮，如图 5-14 所示。

7 打开“给这台计算机提供描述和名称”对话框，在“计算机描述”文本框中输入“czy”，在“计算机名”文本框中输入“AFCC—JBSALKHOE3”，单击下一步(N) >按钮，如图 5-15 所示。

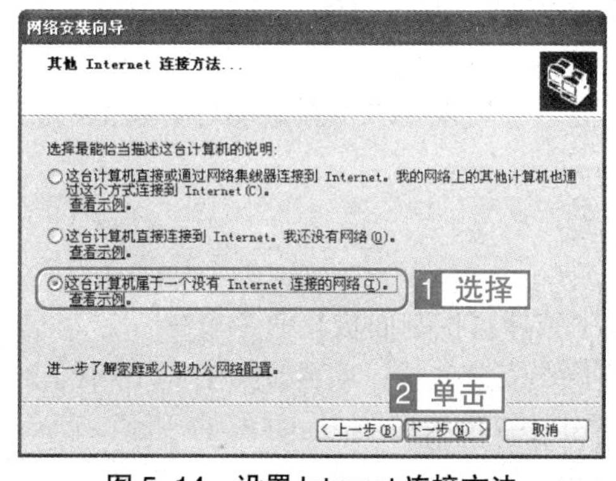

图 5-14 设置 Internet 连接方法

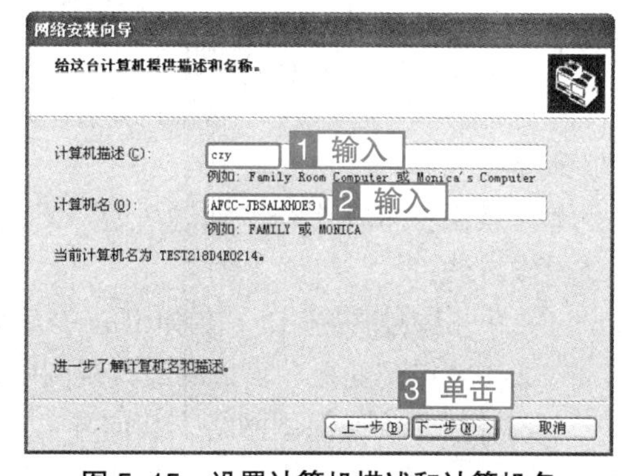

图 5-15 设置计算机描述和计算机名

8 打开“命名您的网络”对话框，在“工作组名”文本框中输入“ABCDE”，单击下一步(N) >按钮，如图 5-16 所示。

9 打开“文件和打印机共享”对话框，选择“启用文件和打印机共享”单选项，单击下一步(N) >按钮，如图 5-17 所示。

10 打开“准备应用网络设置”对话框，单击下一步(N) >按钮，如图 5-18 所示。

11 打开“快完成了”对话框，选择“完成该向导。我不需要在其他计算机上运行该向导”单选项，单击下一步(N) >按钮，如图 5-19 所示。

12 打开“正在完成网络安装向导” 对话框，单击完成按钮完成设置操作，如图 5-20 所示。

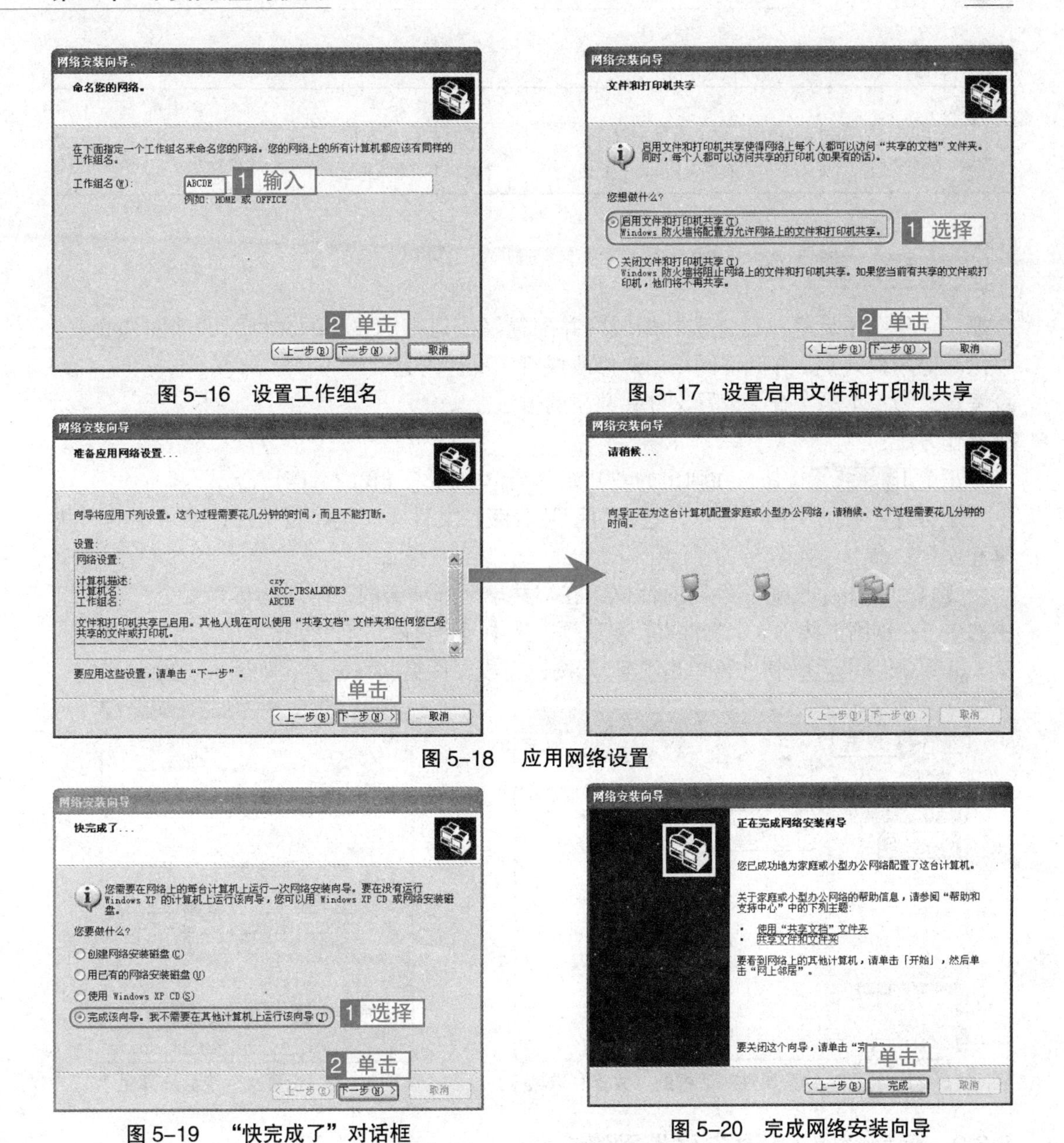

图 5–16　设置工作组名

图 5–17　设置启用文件和打印机共享

图 5–18　应用网络设置

图 5–19　“快完成了”对话框

图 5–20　完成网络安装向导

5.3　网络资源共享

5.3.1　共享文件夹

考点级别：★★

考点分析：

该考点的考查概率较低，命题比较单一，操作比较简单，按照命题要求操作即可。

操作方式

类别	菜单	快捷菜单	工具栏
磁盘共享	【文件】→【共享和安全】; 【文件】→【属性】→【共享】	【共享和安全】; 【属性】→【共享】	【属性】→【共享】

真 题 解 析

◇**题　　目**：本计算机已连接到局域网并配置好，请指定“我的文档”的“图片收藏”可供其他用户共享，并允许网络用户修改或打印文件内容。

◇**考查意图**：本题考查了设置文件夹共享的方法。

◇**操作方法**：

1 单击 开始 按钮，在弹出的“开始”菜单中选择【我的文档】命令。

2 打开“我的文档”窗口，选择【图片收藏】文件夹，选择【文件】菜单中的【共享和安全】命令，如图5-21所示。

3 打开“图片收藏 属性”对话框，在“共享”选项卡的“网络共享和安全”选项组中选中【在网络上共享这个文件夹】复选项，选中【允许网络用户更改我的文件】复选项。

4 单击 应用(A) 按钮，再单击 确定 按钮完成文件夹共享设置，如图5-22所示。

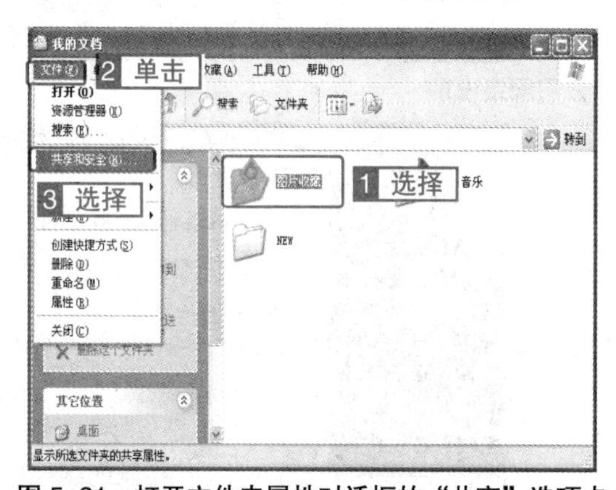

图5-21　打开文件夹属性对话框的“共享”选项卡

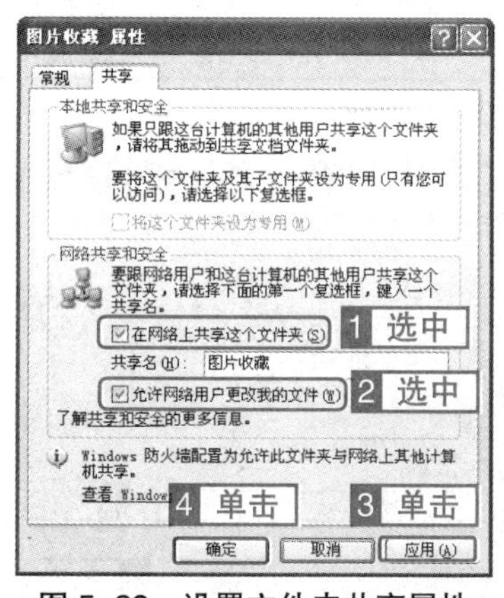

图5-22　设置文件夹共享属性

5.3.2　使用“网上邻居”浏览网络资源

当计算机用户要使用网络上的共享资源时，首先需要通过“网上邻居”窗口查找到需要的资源，然后再打开并使用网络资源。

考点级别：★★

考点分析：

该考点的考查概率较低，命题比较单一，操作比较简单，通过率比较高。

操作方式

类别	网上邻居	菜单	其他方式
使用“网上邻居”浏览网络资源	【查看工作组计算机】	【开始】→【运行】	【地址栏】

真 题 解 析

◇**题　　目**：通过“网上邻居”查看局域网中工作组计算机“Office-sever”中的“soft”文件夹。

◇**考查意图**：本题考查使用“网上邻居”窗口查看网络共享资源的方法。

◇**操作方法**：

1 单击 开始 按钮，在弹出的“开始”菜单中选择【网上邻居】命令。

2 打开“网上邻居”窗口，单击窗口左侧“网络任务”窗格中的【查看工作组计算机】超链接，如图 5-23 所示。

3 打开“Mshome”工作组窗口，双击窗口右侧窗格中的【Office-server】计算机，如图 5-24 所示；或者右击【Office-server】计算机，在弹出的快捷菜单中选择【打开】命令；或者单击【Office-server】计算机，选择【文件】菜单中的【打开】命令。

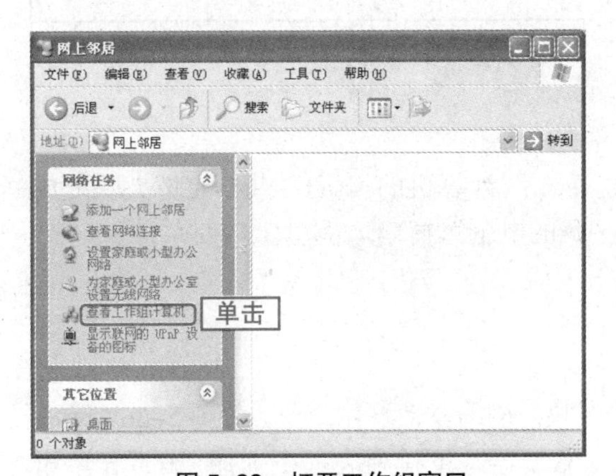

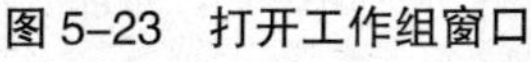

图 5-23　打开工作组窗口

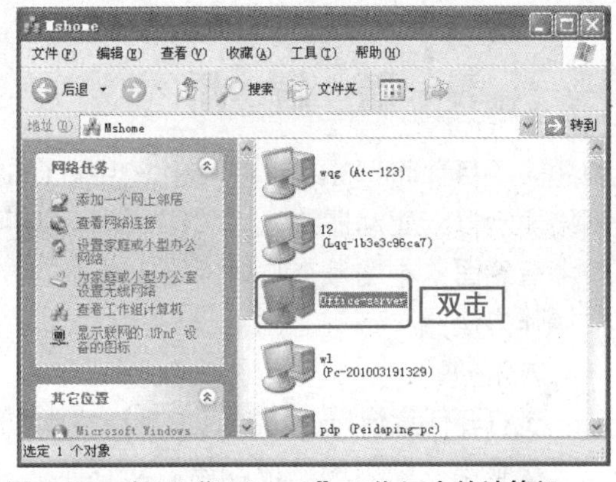

图 5-24　打开“Mshome”工作组中的计算机

4 打开“Office-server”计算机的共享窗口，双击右侧窗格中的【soft】共享文件夹，如图 5-25 所示；或者右击【soft】共享文件夹，在弹出的快捷菜单中选择【打开】命令；或者单击【soft】共享文件夹，选择【文件】菜单中的【打开】命令。

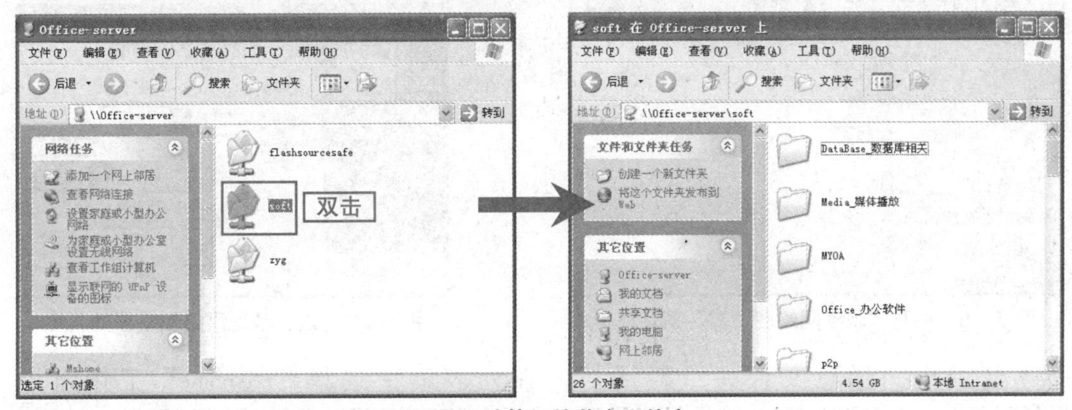

图 5-25　打开计算机的共享文件夹

5.3.3 映射网络资源

映射网络驱动器就是将用户经常需要使用的网络上的共享驱动器或共享文件夹映射到本地。在映射成功以后，这个新的驱动器就会列在驱动器列表中，在“我的电脑”和“资源管理器”窗口中可以像显示本地磁盘一样显示网络驱动器。

考点级别： ★★

考点分析：

该考点的考查概率较低，命题比较简单，通过率比较高。如要求考生将“Mshome”工作组中“Office-sever”计算机的“soft”共享文件夹映射成网络驱动器。

操作方式

类别	网上邻居	快捷菜单	其他操作方式
映射网络驱动器	【工具】→【映射网络驱动器】	【映射网络驱动器】	
断开网络驱动器	【工具】→【断开网络驱动器】	【断开】	

真 题 解 析

◇**题　　目：** 将“Mshome”工作组中“Office-sever”计算机的“soft”共享文件夹映射成网络驱动器，驱动器符号为“H”，然后返回“我的电脑”窗口。

◇**考查意图：** 本题考查映射网络驱动器的方法。

◇**操作方法：**

方法一

1 打开任意窗口，选择【工具】菜单中的【映射网络驱动器】命令，如图 5-26 所示。

2 弹出“映射网络驱动器”对话框，在“驱动器”下拉列表框中选择“H:”，单击浏览(B)...按钮，如图 5-27 所示。

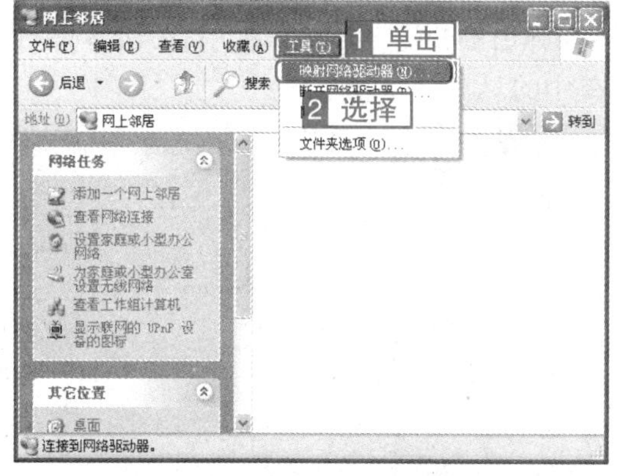

图 5-26　打开“映射网络驱动器”对话框操作

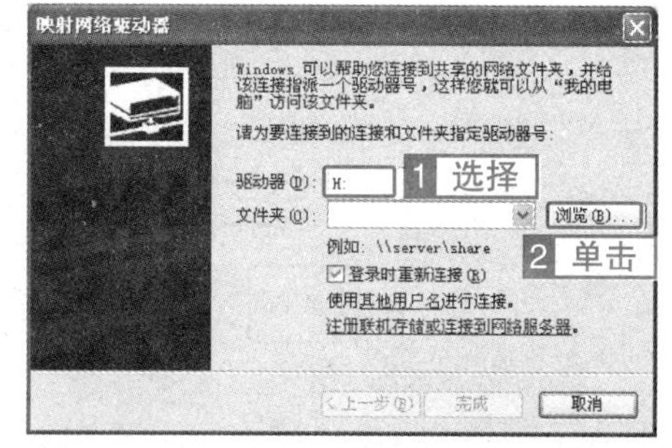

图 5-27　设置映射网络驱动器的属性

3 弹出“浏览文件夹”对话框，在列表框中选择“Mshome”工作组中“Office-server”计算机的“soft”共享文件夹，单击确定按钮，如图 5-28 所示。

4 返回“映射网络驱动器”对话框，单击完成按钮完成设置操作，如图 5-29 所示。

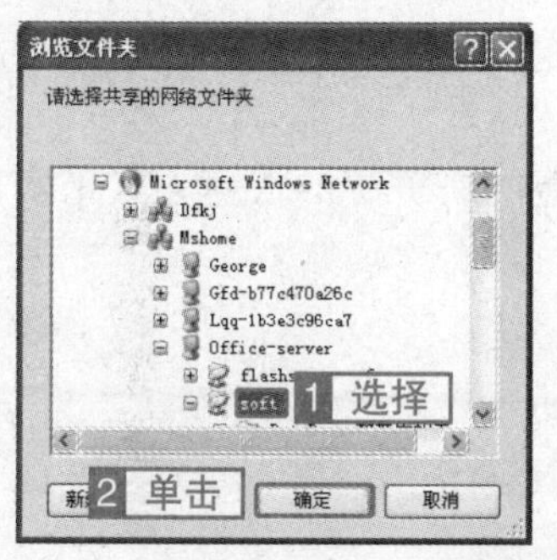

图 5-28　选择需要映射的网络文件夹

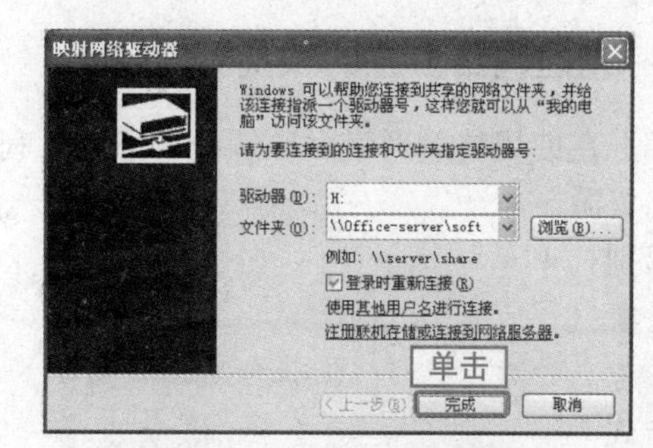

图 5-29　完成映射网络驱动器

5 弹出“‘Office-server’上的 soft (H:)”窗口，单击左侧窗格中【我的电脑】超链接，打开“我的电脑”窗口，如图 5-30 所示。

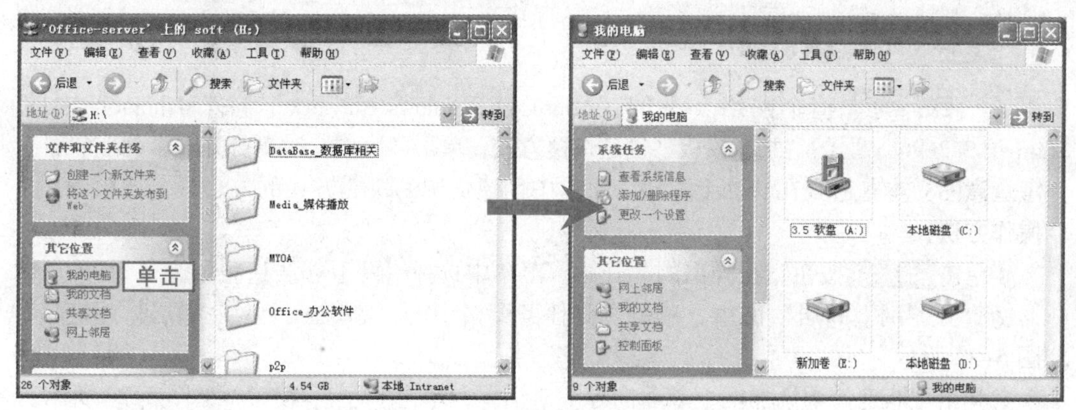

图 5-30　打开“我的电脑”窗口

方法二

1 单击开始按钮，在弹出的“开始”菜单中选择【网上邻居】命令。

2 打开“网上邻居”窗口，单击窗口左侧“网络任务”窗格中【查看工作组计算机】超链接。

3 打开“Mshome”工作组窗口，双击窗口右侧窗格中的【Office-server】计算机；或者右击【Office-server】计算机，在弹出的快捷菜单中选择【打开】命令；或者单击【Office-server】计算机，选择【文件】菜单中的【打开】命令。

4 打开“Office-server”计算机的共享窗口，右击【soft】共享文件夹，在弹出的快捷菜单中选择【映射网络驱动器】命令。

5 弹出“映射网络驱动器”对话框，在“驱动器”下拉列表框中选择“H:”，单击完成按钮完成设置操作，如图 5-31 所示。

6 弹出“‘Office-server’上的 soft (H:)”窗口，单击左侧窗格中【我的电脑】超级链接，打开“我的电脑”窗口。

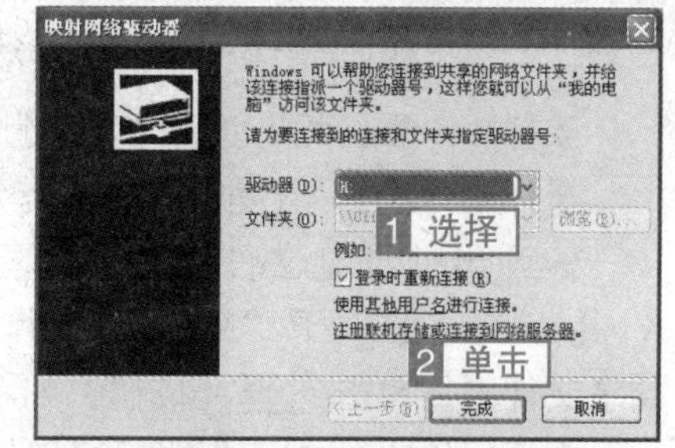

图 5-31　指定映射网络驱动器的驱动器号

5.3.4 创建网络资源的快捷方式

用户在使用映射网络资源以外，还可以利用创建网络资源的快捷方式来实现快速访问网络资源。

考点级别：★★

考点分析：

该考点的考查概率较低，命题比较简单，因此通过率比较高。

操作方式

类别	网上邻居	其他方式
创建网络资源的快捷方式	【添加一个网上邻居】	

真 题 解 析

◇**题　　目：**为“整个网络”下的“Microsoft Windows Network”下“Mshome”中的“Lqq-1b3e3c96ca7”的“共享模板”创建快捷方式，单击“完成”时不打开这个网上邻居。

◇**考查意图：**本题考查在“网上邻居”窗口中创建资源的快捷方式的方法。

◇**操作方法：**

1 单击 开始 按钮，在弹出的“开始”菜单中选择【网上邻居】命令。

2 打开“网上邻居”窗口，单击左侧任务窗格中的【添加一个网上邻居】超链接，如图5-32所示。

3 弹出“欢迎使用添加网上邻居向导”对话框，单击 下一步(N) > 按钮，如图5-33所示。

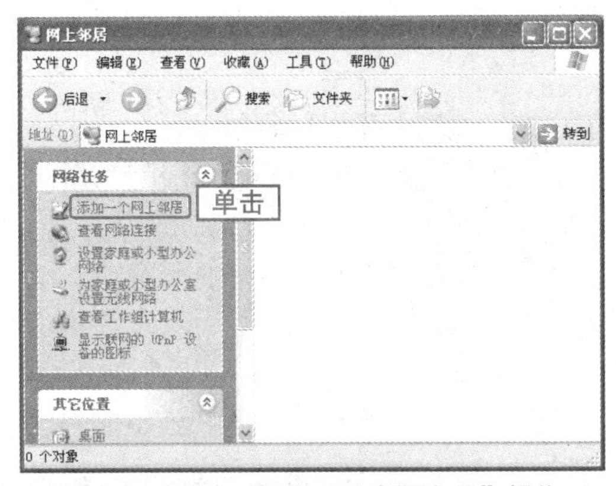

图5-32　打开“添加网上邻居向导”操作

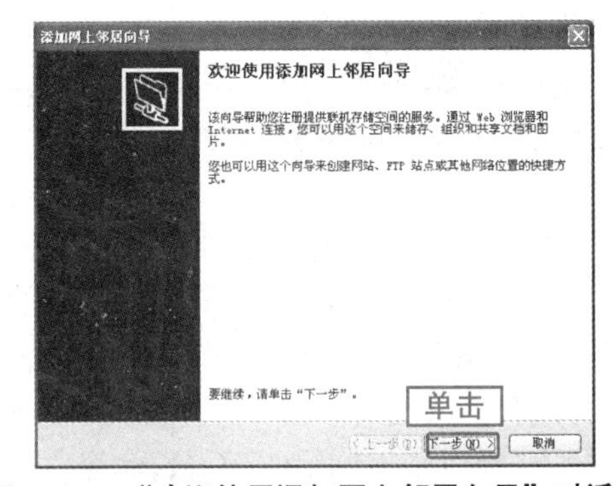

图5-33　“欢迎使用添加网上邻居向导”对话框

4 打开“要在哪儿创建这个网上邻居?”对话框，单击 下一步(N) > 按钮，如图5-34所示。

5 打开“这个网上邻居的地址是什么?”对话框，单击 浏览(W)... 按钮，如图5-35所示。

6 弹出“浏览文件夹”对话框，在列表框中选择“整个网络”下的“Microsoft Windows Network”下“Mshome工作组”中“Lqq-1b3e3c96ca7计算机”的“共享模板”共享文件夹，单击 确定 按钮，如图5-36所示。

7 返回“这个网上邻居的地址是什么?”对话框，单击 下一步(N) > 按钮，如图5-37所示。

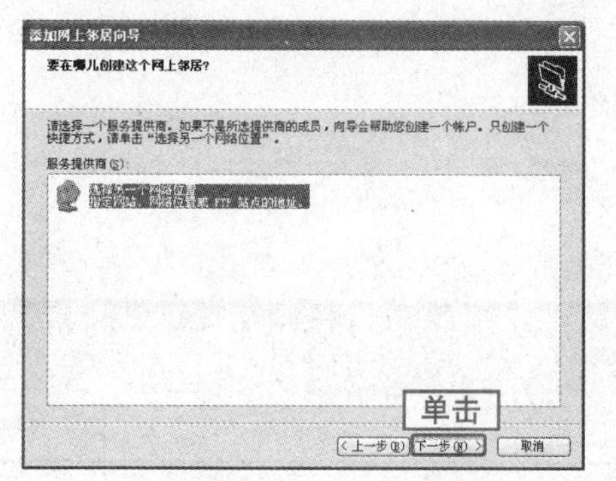

图 5-34　“要在哪儿创建这个网上邻居?”对话框

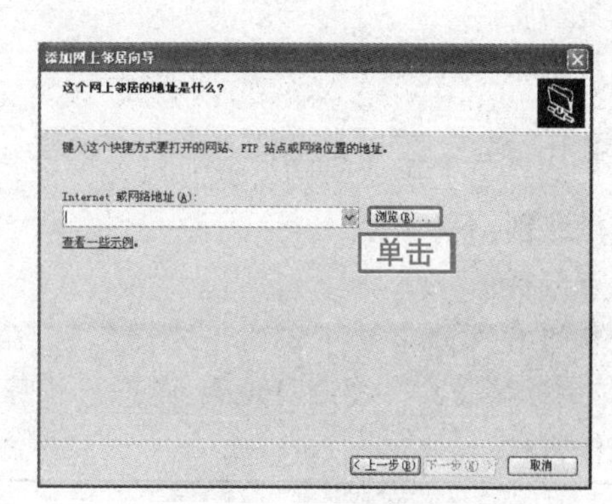

图 5-35　指定网络地址

图 5-36　选择网络文件夹

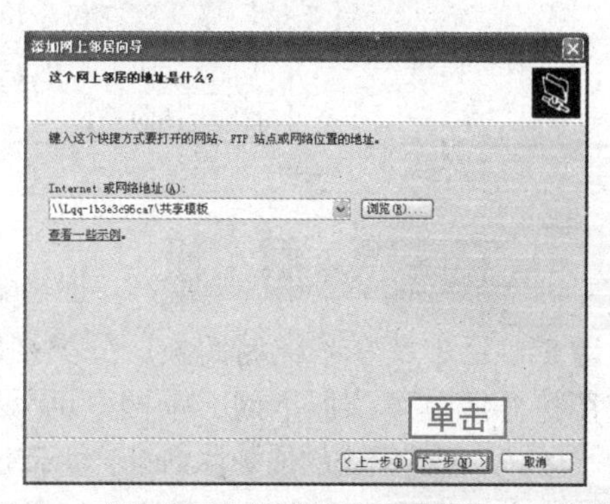

图 5-37　“这个网上邻居的地址是什么?”对话框

8 打开“这个网上邻居的名称是什么?”对话框，单击 下一步(N) > 按钮，如图 5-38 所示。

9 打开“正在完成添加网上邻居向导”对话框，取消选中【单击“完成”时打开这个网上邻居】复选项，单击 完成 按钮完成设置操作，如图 5-39 所示。

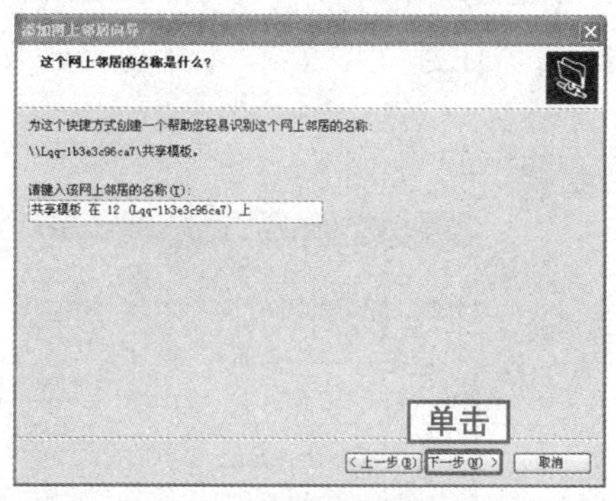

图 5-38　“这个网上邻居的名称是什么?”对话框

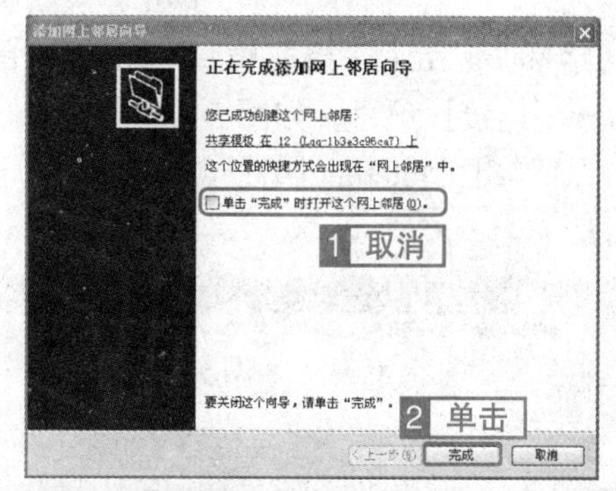

图 5-39　“正在完成添加网上邻居向导”对话框

5.4　连接 Internet

Internet 又称因特网或国际计算机互联网，它连接着全世界数不胜数的计算机和计算机网络。在使用 Internet 之前，必须首先接入 Internet。电话拨号连接和 ADSL 宽带连接是常用的两种接入 Internet 的方式。

5.4.1 建立拨号连接

考点级别： ★★★

考点分析：

本考点的出题率较高，命题比较简单，通过率比较高，按照命题提供的信息，在"新建连接向导"中进行设置即可。

操作方式

类别	菜单	"网络连接"窗口菜单	"控制面板"分类视图
建立拨号连接	【开始】→【所有程序】→【附件】→【通讯】→【新建连接向导】	【文件】→【新建连接】	【网络和 Internet 连接】→【设置或更改您的 Internet 连接】→【新建连接】

真题解析

◇题　　目：请在"控制面板"分类视图模式下建立一个名称为"我的连接"的连接，使用拨号调制解调器上网，上网电话号码是"010-12345678"，用户名为"oeoe"，密码为"123"，创建完成的连接在桌面上显示出一个快捷图标（操作要求：不允许使用网上邻居）。

◇考查意图：本题考查了在"控制面板"分类视图下，建立拨号连接的操作。

◇操作方法：

1 单击 开始 按钮，在弹出的"开始"菜单中选择【控制面板】命令，打开"控制面板"窗口。

2 在"控制面板"窗口的分类视图中，单击【网络和 Internet 连接】分类项目，打开"网络和 Internet 连接"窗口，在窗口的"选择一个任务"中单击【设置或更改您的 Internet 连接】项目，如图 5-40 所示。

3 弹出"Internet 属性"对话框，单击 建立连接(U)... 按钮，如图 5-41 所示。

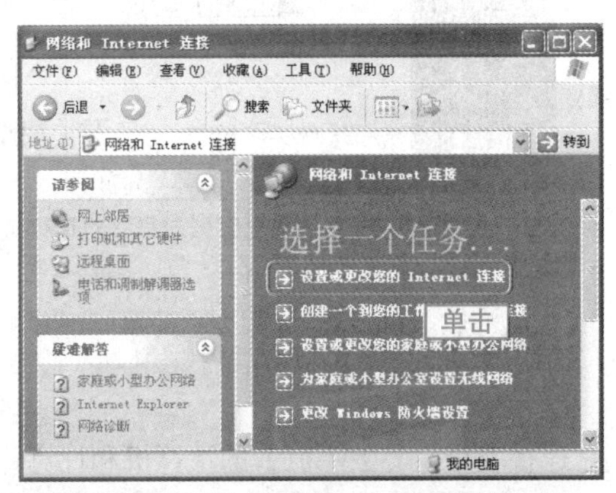

图 5-40 打开"网络和 Internet 连接"窗口

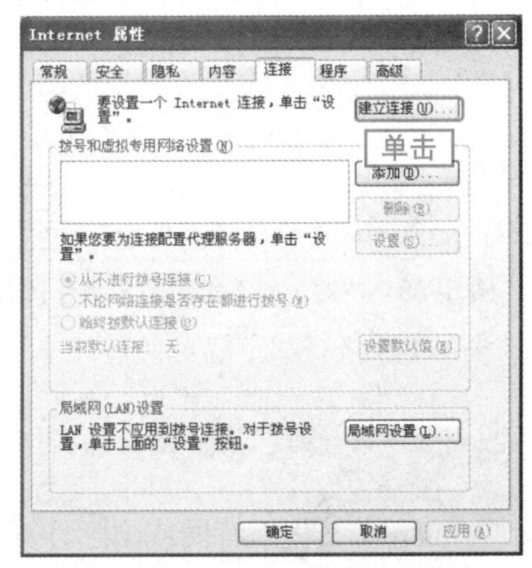

图 5-41 "Internet 属性"对话框

4 打开“欢迎使用新建连接向导”对话框，单击[下一步(N) >]按钮，如图 5-42 所示。

5 打开“网络连接类型”对话框，选择【连接到 Internet】单选项，单击[下一步(N) >]按钮，如图 5-43 所示。

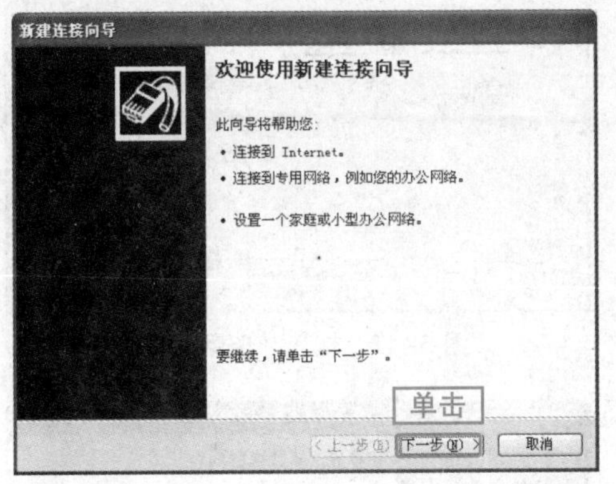

图 5-42 “欢迎使用新建连接向导”对话框

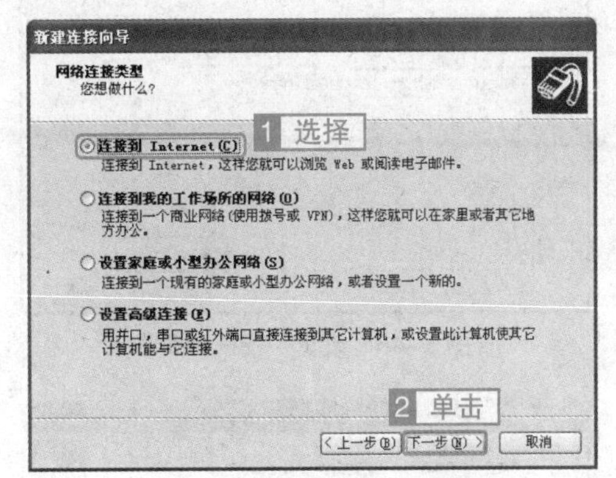

图 5-43 选择网络连接的类型

6 打开“准备好”对话框，选择【手动设置我的连接】单选项，单击[下一步(N) >]按钮，如图 5-44 所示。

7 打开“Internet 连接”对话框，选择【用拨号调制解调器连接】单选项，单击[下一步(N) >]按钮，如图 5-45 所示。

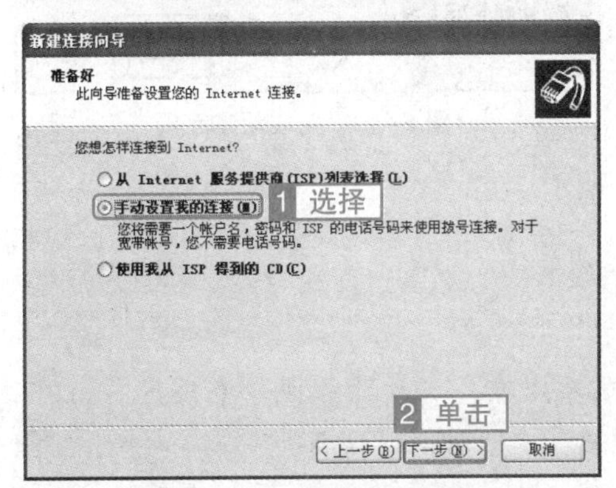

图 5-44 “准备好”对话框

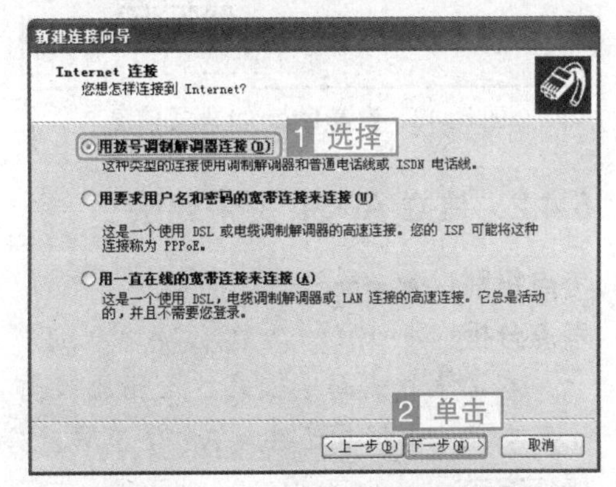

图 5-45 “Internet 连接”对话框

8 打开“连接名”对话框，在“ISP 名称”文本框中输入“我的连接”，单击[下一步(N) >]按钮，如图 5-46 所示。

9 打开“要拨的电话号码”对话框，在“电话号码”文本框中输入“010-12345678”，单击[下一步(N) >]按钮，如图 5-47 所示。

10 打开“Internet 帐号信息”对话框，在“用户名”文本框中输入“oeoe”，在“密码”文本框中输入“123”，在“确认密码”文本框中输入“123”，单击[下一步(N) >]按钮，如图 5-48 所示。

11 打开“正在完成新建连接向导”对话框，选中【在我的桌面上添加一个到此连接的快捷方式】复选项，单击[完成]按钮完成操作，如图 5-49 所示。

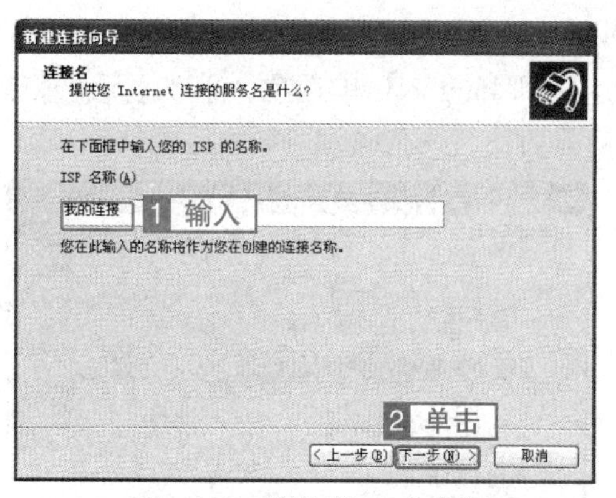

图 5–46 设置“ISP 名称”

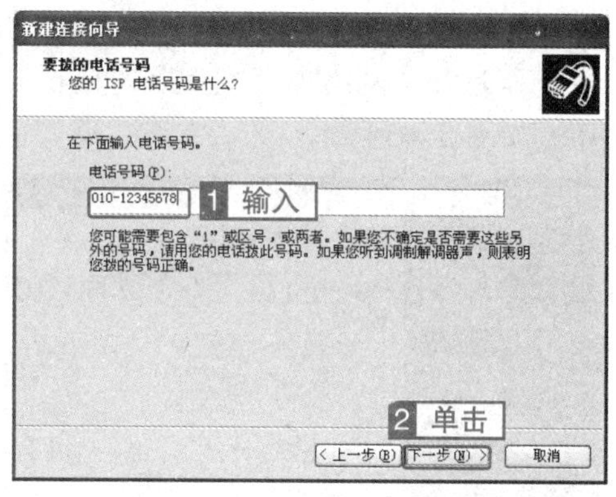

图 5–47 输入“电话号码”

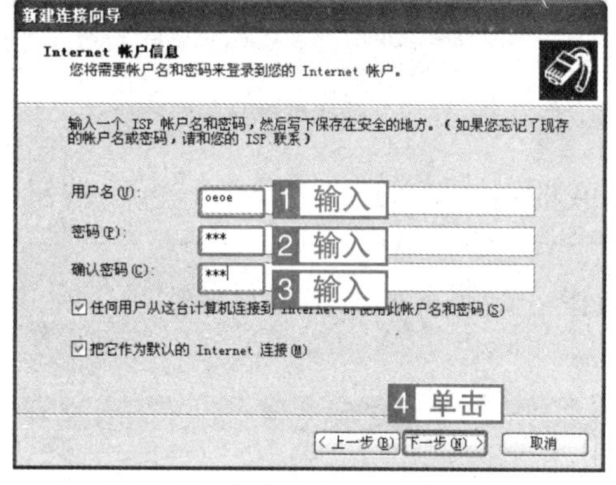

图 5–48 设置 Internet 帐号信息

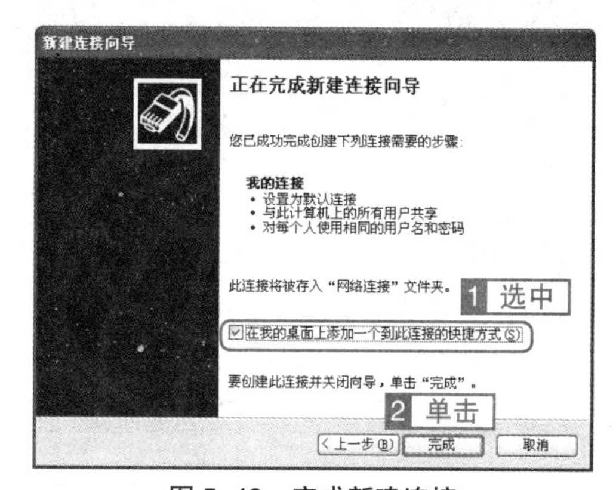

图 5–49 完成新建连接

5.4.2 建立 ADSL 宽带连接

考点级别： ★★★

考点分析：

本考点的出题率较高，命题比较简单，通过率比较高，步骤与拨号连接基本相同，一般在考试中拨号连接与 ADSL 宽带连接只会考核其中一种。

操作方式

类别	菜单	“网络连接”窗口菜单	“控制面板”分类视图
建立 ADSL 连接	【开始】→【所有程序】→【附件】→【通讯】→【新建连接向导】	【文件】→【新建连接】	【网络和 Internet 连接】→【设置或更改您的 Internet 连接】→【新建连接】

◇题　　目：请建立一个用于使用 ADSL 上网的名称为“adsl”的连接，“用户名”为“123”，“密码”为“123456”。创建完成的该连接在桌面上显示一个快捷图标（操作要求：不允许使用网上邻居）。

◇**考查意图：**本题考查在“控制面板”分类视图下，建立 ADSL 宽带连接的操作。

◇**操作方法：**

1 单击 开始 按钮，在弹出的“开始”菜单中选择【控制面板】命令。

2 打开“控制面板”窗口，在“控制面板”窗口分类视图中，单击【网络和 Internet 连接】分类项目，打开“网络和 Internet 连接”窗口，在窗口的“选择一个任务”中单击【设置或更改您的 Internet 连接】项目。

3 弹出“Internet 属性”对话框，单击 建立连接(U)... 按钮。

4 打开“欢迎使用新建连接向导”对话框，单击 下一步(N) > 按钮。

5 打开“网络连接类型”对话框，选择【连接到 Internet】单选项，单击 下一步(N) > 按钮。

6 打开“准备好”对话框，选择【手动设置我的连接】单选项，单击 下一步(N) > 按钮。

7 打开“Internet 连接”对话框，选择【用要求用户名和密码的宽带连接来连接】单选项，单击 下一步(N) > 按钮，如图 5-50 所示。

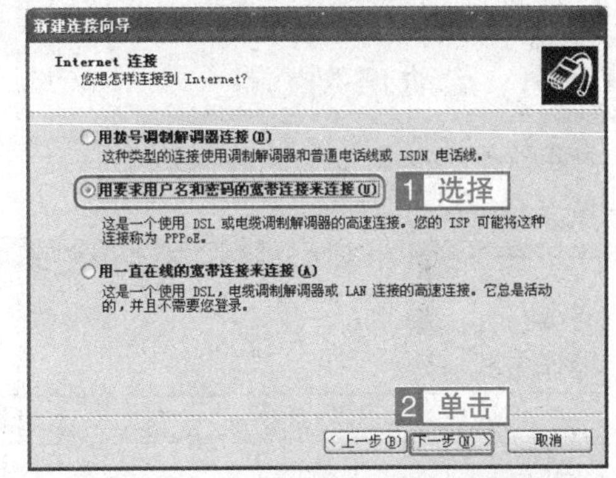

图 5-50　“Internet 连接”对话框

8 打开“连接名”对话框，在“ISP 名称”文本框中输入“adsl”，单击 下一步(N) > 按钮，如图 5-51 所示。

图 5-51　输入“ISP 名称”

9 打开“Internet 帐户信息”对话框，在“用户名”文本框中输入“123”，在“密码”文本框中输入“123456”，在“确认密码”文本框中输入“123456”，单击 下一步(N) > 按钮，如图 5-52 所示。

10 打开“正在完成新建连接向导”对话框，选中【在我的桌面上添加一个到此连接的快捷方式】复选项，单击 完成 按钮完成设置操作，如图 5-53 所示。

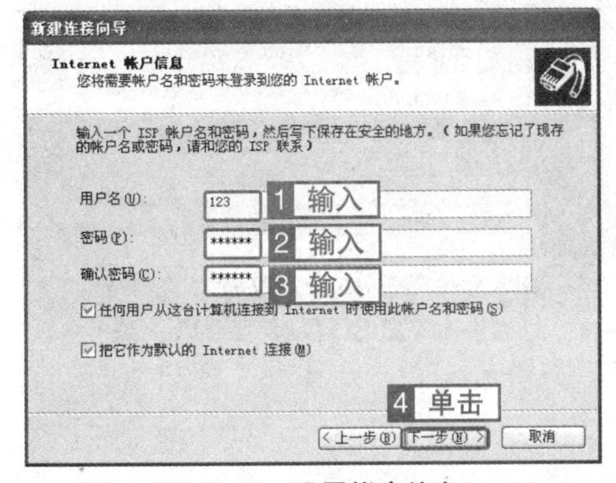

图 5-52　设置帐户信息

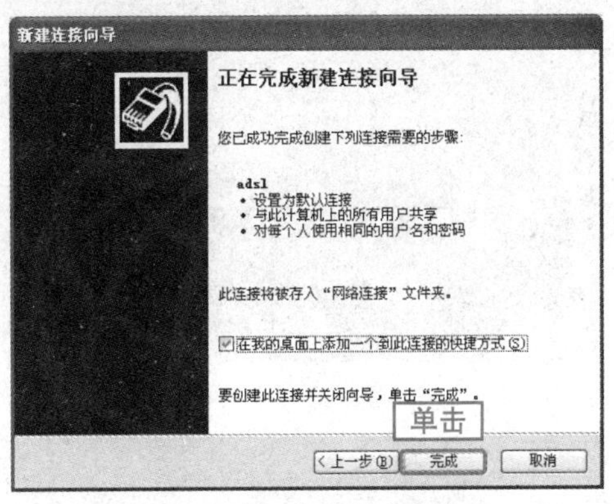

图 5-53　完成新建连接

5.5 Internet Explorer

浏览器是一种能够接收用户的请求信息，并到相应网站获取网页内容的专用软件。Internet Explorer（以下简称 IE 浏览器）是 Windows XP 自带的网页浏览器。通过 Internet 连接和 IE 浏览器软件，用户就可以浏览和查找互联网上的信息和资源。

5.5.1 启动 IE 浏览器

考点级别： ★★★

考点分析：

本考点的出题率较高，命题比较单一，一般不会单独考查本考点，常与其他考点集中考核。

操作方式

类别	菜单	单击	双击	其他方式
启动 IE 浏览器	【开始】→【Internet】	快速启动栏【启动 Internet Explorer 浏览器】	桌面中【Internet Explorer】	【开始】→【运行】→【iexplore.exe】或 URL

真 题 解 析

◇**题　　目：**使用“快速启动栏”启动 Internet Explorer 浏览器。

◇**考查意图：**本题考查利用“快速启动栏”启动 IE 浏览器的操作。

◇**操作方法：**

单击“任务栏”中“快速启动栏”中的【启动 Internet Explorer 浏览器】按钮，如图 5-54 所示。

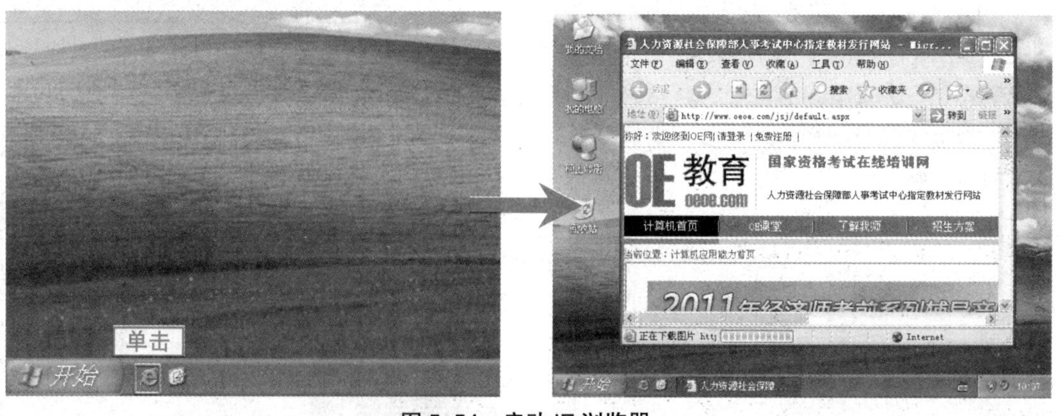

图 5-54 启动 IE 浏览器

5.5.2　使用 IE 浏览指定网页

考点级别：★★★

考点分析：

本考点的出题率较高，命题比较单一，该考点比较容易出考题，命题方式也很多，命题比较简单，如通过地址栏打开网页“www.oeoe.com”。

操作方式

类别	菜单	工具栏	快捷菜单	快捷键	其他操作方式
浏览指定网页	【文件】→【打开】	地址栏			【开始】→【运行】

真 题 解 析

◇**题　　目：**启动 IE 浏览器，在窗口的地址栏中输入网址“http://www.oeoe.com”，然后转到这个网页。

◇**考查意图：**本题考查利用 IE 浏览器的地址栏打开指定网页的操作。

◇**操作方法：**

1 单击开始按钮，在弹出的“开始”菜单中选择【Internet】命令，如图 5–55 所示。

2 在打开的 IE 浏览器窗口的地址栏中输入“http://www.oeoe.com”，单击地址栏后面的转到按钮，如图 5–56 所示，或按【Enter】键。

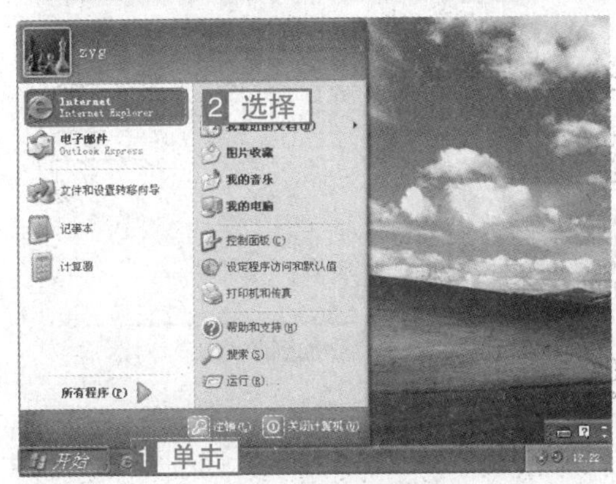

图 5–55　打开 IE 浏览器

图 5–56　使用 IE 浏览器打开指定网页

5.5.3　使用收藏夹打开已浏览过的网页

考点级别：★★★

考点分析：

本考点的出题率较高，命题比较简单，一般不会单独考查本考点，常与其他考点集中考核。

操作方式

类别	菜单	工具栏	快捷菜单
添加收藏	【收藏】→【添加到收藏夹】	【收藏夹】→【添加】	【添加到收藏夹】
使用收藏夹浏览网页	【收藏】	【收藏夹】	
使历史浏览网页		【历史】	

真 题 解 析

◇**题 目 1**：在收藏夹中创建“学习”文件夹，将当前打开的网页网址添加到此文件夹中。

◇**考查意图**：该题考核如何把当前页面收藏到指定的文件夹。

◇**操作方法**：

1 在当前页面上，选择【收藏】菜单中的【添加到收藏夹】命令，打开“添加到收藏夹”对话框。如图 5–57 所示。

2 在“添加到收藏夹”对话框中，单击 创建到(C) >> 按钮，再单击 新建文件夹(W)... 按钮，如图 5–58 所示。

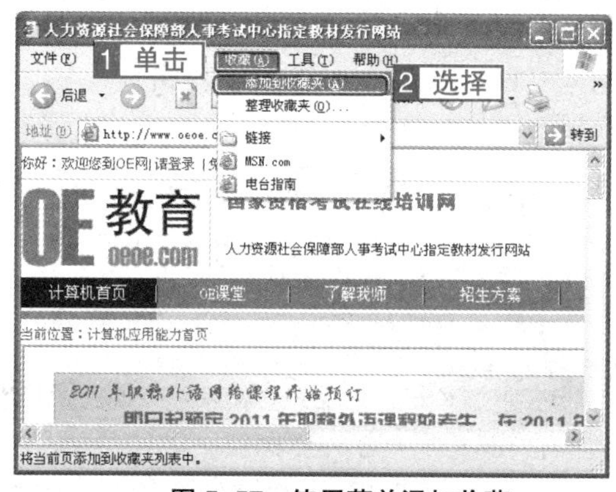

图 5–57 使用菜单添加收藏

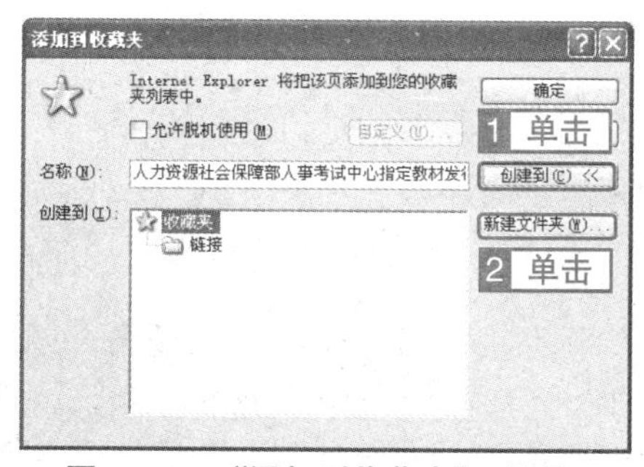

图 5–58 “添加到收藏夹”对话框

3 弹出“新建文件夹”对话框，在“文件夹名”文本框中输入“学习”，单击 确定 按钮，如图 5–59 所示。

4 返回到“添加到收藏夹”对话框，单击 确定 按钮完成添加到收藏夹的操作。如图 5–60 所示。

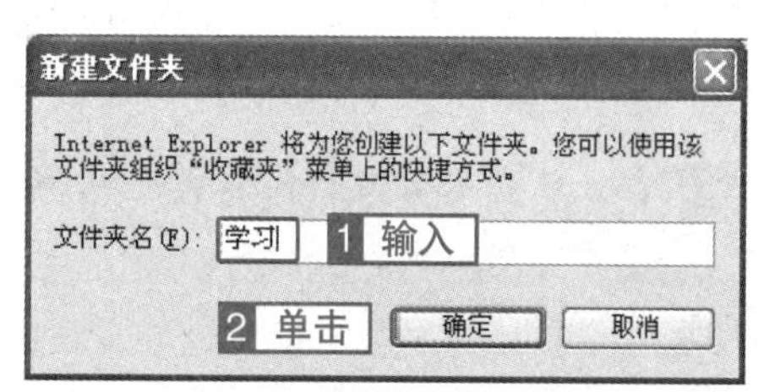

图 5–59 创建“收藏夹”中的文件夹

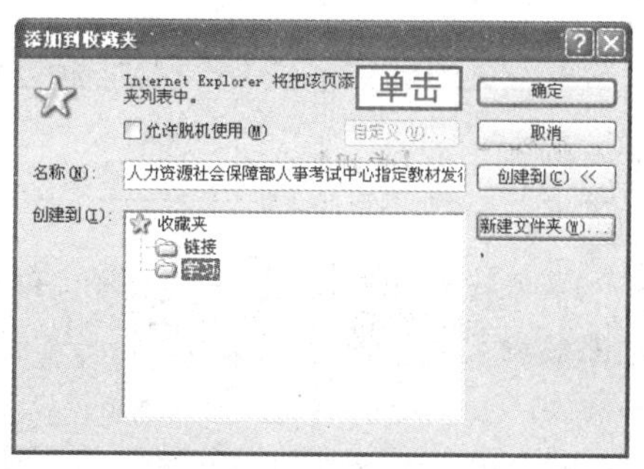

图 5–60 确认添加收藏

◇题 目 2：通过“收藏夹”按钮浏览“新浪首页”。

◇考查意图：该题考核如何通过收藏夹打开网页。

◇操作方法：

启动 IE 浏览器，在工具栏中单击收藏夹按钮，打开 IE 浏览器的“收藏夹”窗格。在其中单击“新浪首页”超链接。如图 5-61 所示。

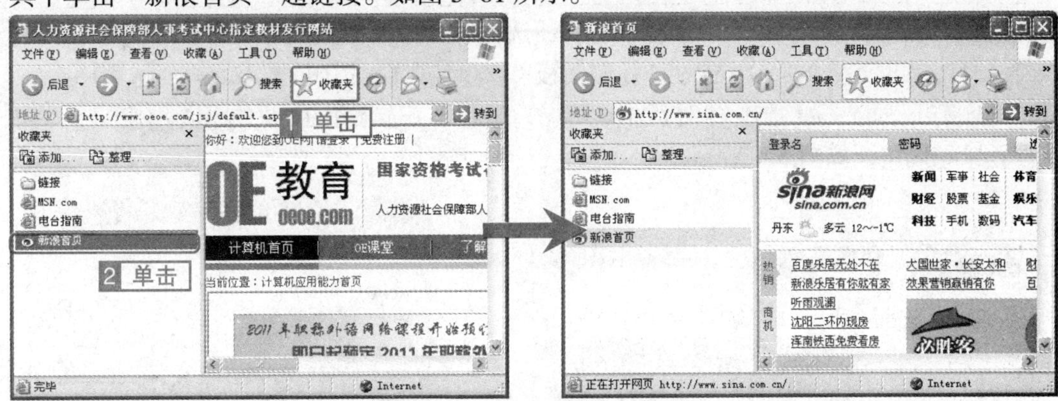

图 5-61　使用收藏夹打开网页

5.6　设置 Internet 选项

用户可以利用“Internet 选项”对话框，实现对 Internet Explorer 的个性化设置。

5.6.1　设置 Internet 常规选项

在“Internet 选项”对话框的“常规”选项卡中，主要包括浏览器主页地址、Internet 临时文件、历史记录、颜色、字体、语言和辅助功能等属性的设置。

考点级别：★★★

考点分析：

该考点考核概率较大，考题通常都围绕“Internet 选项”对话框中的“常规”选项卡中的各种设置。

操作方式

类别	菜单	“控制面板”分类视图	“控制面板”经典视图
设置常规选项	【工具】→【Internet 选项】→【常规】	【网络和 Internet 连接】→【Internet 选项】→【常规】	【Internet 选项】→【常规】

真 题 解 析

◇题 目 1：设置空白页为当前主页，将存储在 IE 临时文件夹中的文件全部删除，将网页保存在历史记录中的天数设置为 30。

◇**考查意图**：本题考查“Internet 选项”对话框“常规”选项卡中属性的设置。

◇**操作方法**：

1 单击[开始]按钮，在弹出的“开始”菜单中选择【控制面板】命令，打开“控制面板”窗口。

2 在“控制面板”窗口分类视图中，单击【网络和 Internet 连接】分类项目，打开“网络和 Internet 连接”窗口，在窗口的“或选择一个控制面板图标”中单击【Internet 选项】项目，如图 5-62 所示；或在“控制面板”窗口经典视图中单击【Internet 选项】项目。

3 打开“Internet 选项”对话框，单击“主页”选项组中的[使用空白页(B)]按钮，单击[删除文件(F)]按钮，如图 5-63 所示。

图 5-62 打开“Internet 选项”对话框

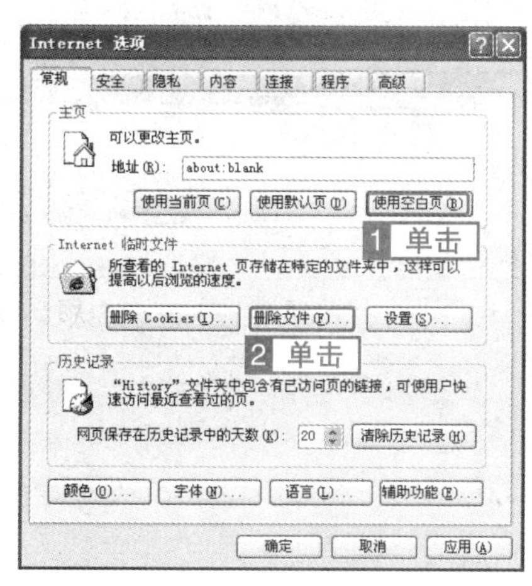

图 5-63 “Internet 选项”对话框

4 弹出“删除文件”对话框，选中“删除所有脱机内容”复选项，单击[确定]按钮，如图 5-64 所示。

5 返回“Internet 选项”对话框，将“历史记录”选项组中的“网页保存在历史记录中的天数”数值框更改为“30”，单击[应用(A)]按钮，再单击[确定]按钮完成设置操作，如图 5-65 所示。

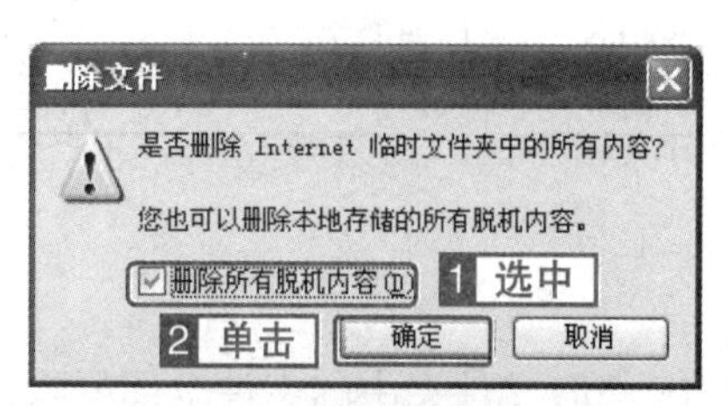

图 5-64 删除所有脱机文件

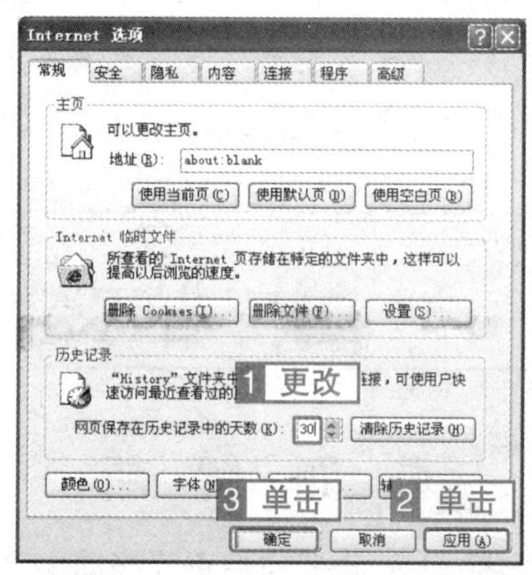

图 5-65 “Internet 属性”对话框

◇题 目 2：利用“Internet 选项”进行设置，使已打开网页上的文字字体为“华文细黑”。

◇考查意图：本题考查“Internet 选项”对话框“常规”选项卡中字体属性的设置。

◇操作方法：

1 启动 IE 浏览器，选择【工具】菜单中的【Internet 选项】命令，如图 5-66 所示。

2 打开“Internet 选项”对话框，单击[字体(N)...]按钮，如图 5-67 所示。

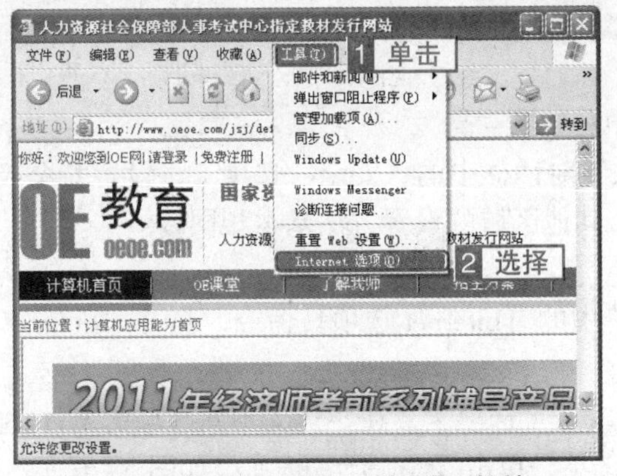

图 5-66　打开“Internet 选项”对话框

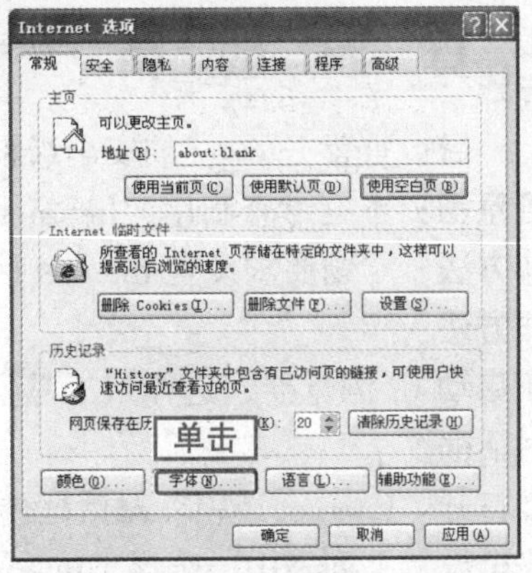

图 5-67　打开“字体”对话框

3 弹出“字体”对话框，在“网页字体”列表中选择“华文细黑”，单击[确定]按钮，如图 5-68 所示。

4 返回“Internet 选项”对话框，单击[应用(A)]按钮，再单击[确定]按钮完成设置操作，如图 5-69 所示。

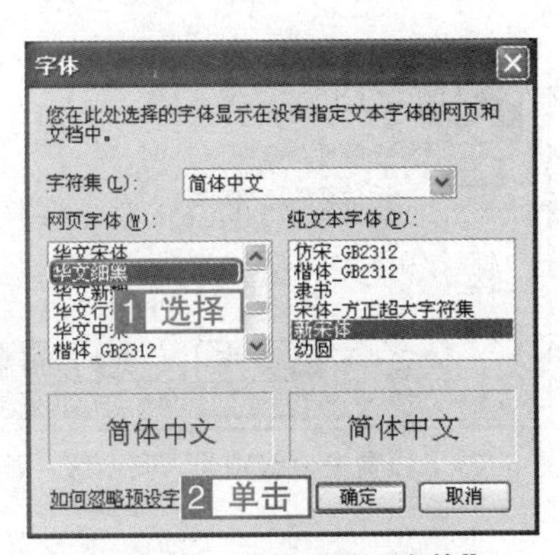

图 5-68　设置“网页字体”

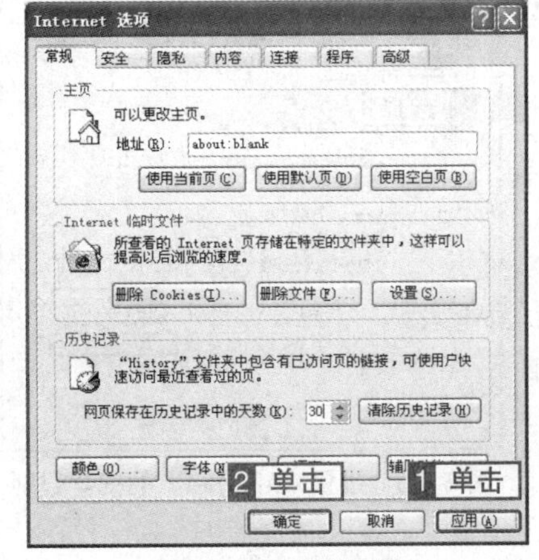

图 5-69　确认设置

5.6.2　设置 Internet 安全选项

在“Internet 选项”对话框的“安全”选项卡中，主要是对不同区域分别设置默认级别或自定义级别，还可以设置受信任或受限制的站点。

考点级别： ★★★

考点分析：

该考点考核概率较小，但其相关操作较多，考题类型也较多。

操作方式

类别	菜单	"控制面板"分类视图	"控制面板"经典视图
设置安全选项	【工具】→【Internet 选项】→【安全】	【网络和 Internet 连接】→【Internet 选项】→【安全】	【Internet 选项】→【安全】

真 题 解 析

◇**题　　目**：重置 Internet 的安全级别为"安全级 – 高"。

◇**考查意图**：本题考查利用"Internet 选项"对话框中的"安全"选项卡，设置安全级别的操作方法，本题要求设置 Internet 区域，其他区域的设置方法基本相同。

◇**操作方法**：

1 启动 IE 浏览器，选择【工具】菜单中的【Internet 选项】命令，打开"Internet 选项"对话框。

2 打开"Internet 选项"对话框中的"安全"选项卡，在"请为不同区域的 Web 内容指定安全设置"列表中，选择"Internet"选项，单击 默认级别(D) 按钮，如图 5–70 所示。

3 向上拖动默认级别滑块到"安全级 – 高"位置，单击 应用(A) 按钮，再单击 确定 按钮完成设置操作。如图 5–71 所示。

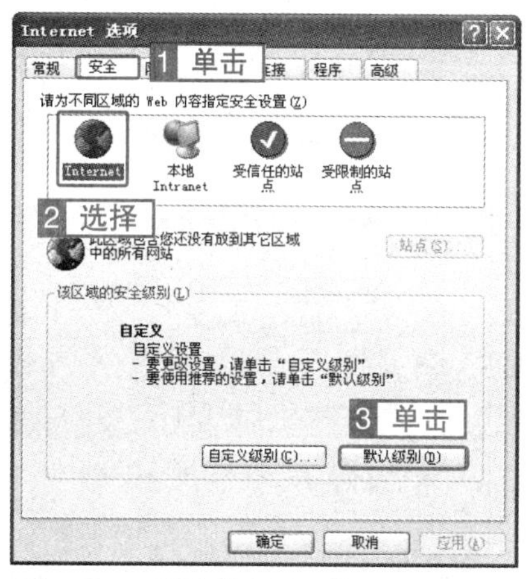

图 5–70　设置"Internet"的安全级别

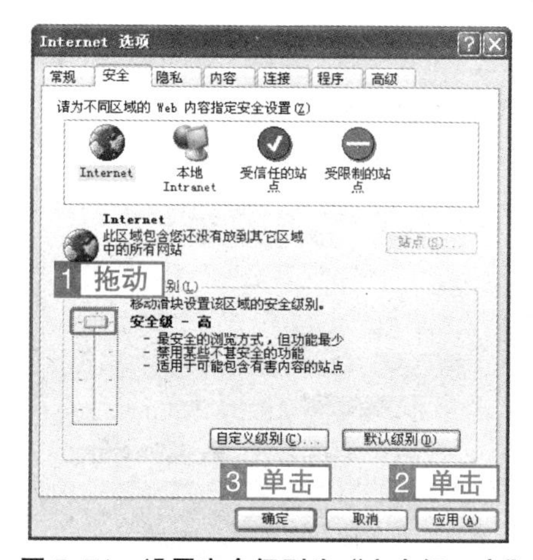

图 5–71　设置安全级别为"安全级 – 高"

5.6.3　设置 Internet 隐私选项

在"Internet 选项"对话框的"隐私"选项卡中，主要是对 Internet 区域中的 Cookie 及弹出窗口的设置。

考点级别：★★★

考点分析：

该考点考核概率较小，但其相关操作较多，考题类型也较多。如要求考生设置阻止弹出窗口。

操作方式：

类别	菜单	“控制面板”分类视图	“控制面板”经典视图
设置隐私选项	【工具】→【Internet 选项】→【隐私】	【网络和 Internet 连接】→【Internet 选项】→【隐私】	【Internet 选项】→【隐私】

真 题 解 析

◇**题　　目：**请利用控制面板的经典视图窗口，对 Internet 选项进行合理设置，使得 Cookie 隐私级别为“中”，并且允许弹出窗口。

◇**考查意图：**本题考查“Internet 属性”对话框“隐私”选项卡中属性的设置。

◇**操作方法：**

1 单击 开始 按钮，在弹出的“开始”菜单中选择【控制面板】命令。

2 打开“控制面板”经典视图窗口，双击【Internet 选项】图标，如图 5-72 所示。

3 打开“Internet 属性”对话框中“隐私”选项卡，拖动“设置”选项组中的滑块到“中”位置，取消选中“阻止弹出窗口”复选项，单击 应用(A) 按钮，再单击 确定 按钮完成设置操作，如图 5-73 所示。

图 5-72　打开“Internet 属性”对话框

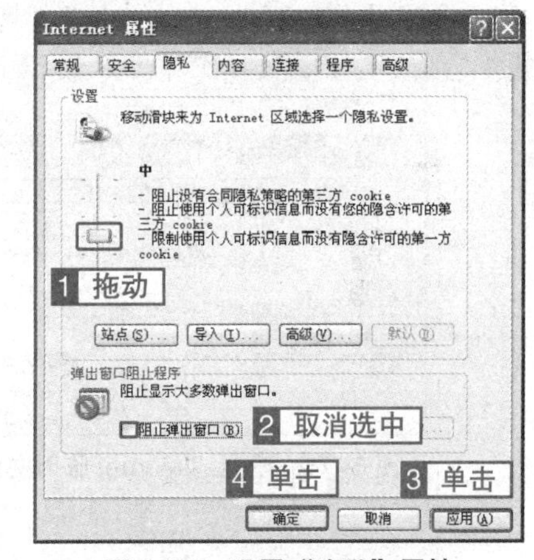

图 5-73　设置“隐私”属性

5.6.4　设置 Internet 高级选项

在“Internet 选项”对话框的“高级”选项卡中，主要是对 IE 操作的设置，用户可以根据自己的情况来设置是否需要这些功能。

考点级别：★★★

考点分析：

该考点考核概率较小，但其相关操作较多，考题类型也较多。

操作方式

类别	菜单	“控制面板”分类视图	“控制面板”经典视图
设置高级选项	【工具】→【Internet 选项】→【高级】	【网络和 Internet 连接】→【Internet 选项】→【高级】	【Internet 选项】→【高级】

真 题 解 析

◇**题　　目**：设置“Internet 临时文件夹”使“每次访问此页时检查所存网页的较新版本”，“关闭浏览器时清空 Internet 临时文件夹”。

◇**考查意图**：本题“每次访问此页时检查所存网页的较新版本”是“常规”选项卡中的属性，而“关闭浏览器时清空 Internet 临时文件夹”则是“高级”选项卡的属性。

◇**操作方法**：

1 启动 IE 浏览器，选择【工具】菜单中的【Internet 选项】命令，打开“Internet 选项”对话框。

2 打开“Internet 选项”对话框中的“常规”选项卡，单击“Internet 临时文件”选项组中 设置(T) 按钮，如图 5-74 所示。

3 弹出“设置”对话框，选择“每次访问此页时检查”单选项，单击 确定 按钮，返回“Internet 选项”对话框，如图 5-75 所示。

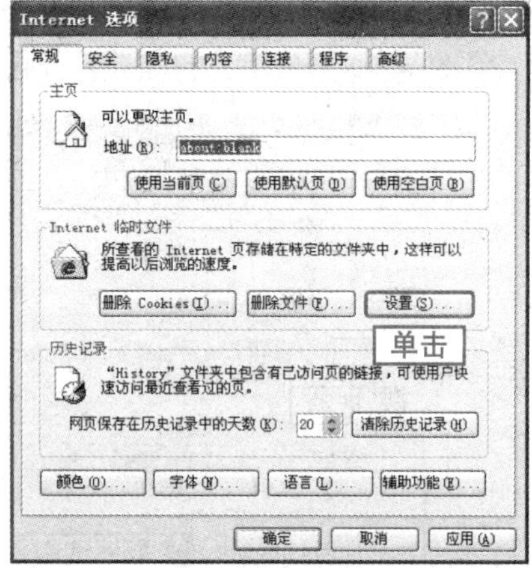

图 5-74　设置“Internet 临时文件”

图 5-75　设置属性操作

4 打开“高级”选项卡，在“设置”列表框中选中“关闭浏览器时清空 Internet 临时文件夹”复选项。

5 单击 应用(A) 按钮，再单击 确定 按钮完成设置操作，如图 5-76 所示。

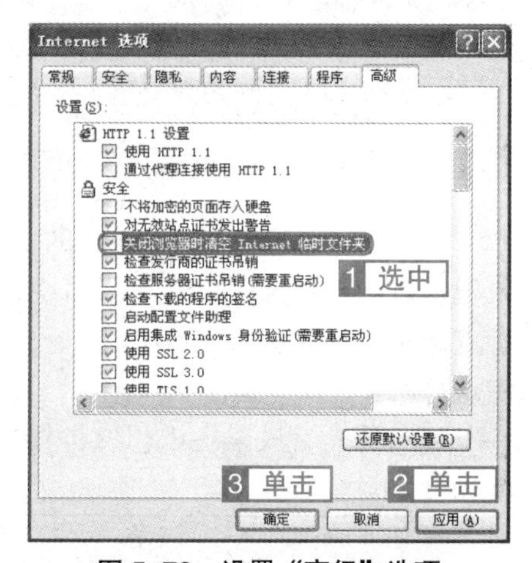

图 5-76　设置“高级”选项

5.7 Windows 安全中心

Windows 安全中心主要是监视计算机中防火墙、自动更新和病毒防护三方面的状态，当计算机出现这三方面所涉及的安全问题时，安全中心会向用户发送警报。

5.7.1 使用防火墙

Internet 防火墙是计算机与外部网络之间的过滤系统，可以用来限制从用户网络进入 Internet 以及从 Internet 进入用户网络。使用防火墙可以保护计算机不受外部黑客的攻击。

考点级别：★★

考点分析：

该考点考核概率较大，考题通常都围绕"Windows 防火墙"对话框中的"例外"选项卡中的各种设置。

操作方式

类别	菜单	其他操作方式
启用防火墙	【开始】→【控制面板】→【安全中心】→【Windows 防火墙】→【常规】	【控制面板】分类视图→【网络和 Internet 连接】→【Windows 防火墙】→【常规】
配置防火墙	【开始】→【控制面板】→【安全中心】→【Windows 防火墙】→【例外】	【控制面板】分类视图→【网络和 Internet 连接】→【Windows 防火墙】→【例外】
使用安全日志	【开始】→【控制面板】→【安全中心】→【Windows 防火墙】→【高级】	【控制面板】分类视图→【网络和 Internet 连接】→【Windows 防火墙】→【高级】

真 题 解 析

◇**题　　目：**启动 Windows 防火墙。

◇**考查意图：**本题考查使用"控制面板"启用 Windows 防火墙的操作。

◇**操作方法：**

1 单击 开始 按钮，在弹出的"开始"菜单中选择【控制面板】命令，打开"控制面板"窗口。

2 在"控制面板"窗口的分类视图中，单击【网络和 Internet 连接】分类项目，打开"网络和 Internet 连接"窗口，在窗口的"或选择一个控制面板图标"中单击【Windows 防火墙】项目，如图 5-77 所示；或者在"控制面板"窗口的分类视图中，单击【安全中心】分类项目；或在"控制面板"窗口经典视图中，双击【安全中心】分类项目，打开"Windows 安全中心"窗口，单击"管理安全设置"选项组中的【Windows 防火墙】超链接。

3 弹出"Windows 防火墙"对话框，选择"启用（推荐）"单选项，单击 确定 按钮完成设置操作，如图 5-78 所示。

图 5–77 打开“Windows 防火墙”对话框

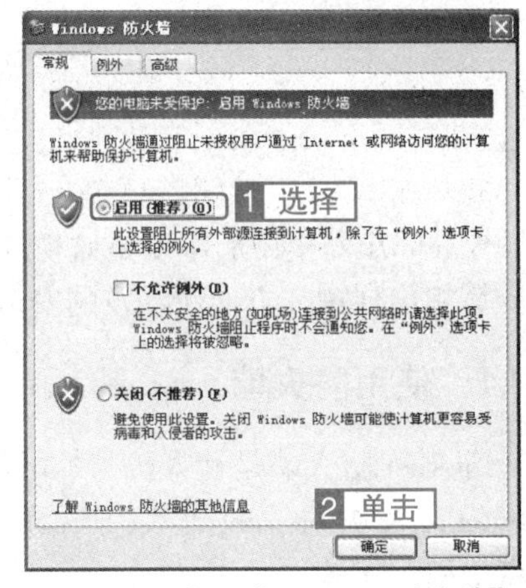

图 5–78 启用“Windows 防火墙”

5.7.2 自动更新

考点级别： ★★

考点分析：

该考点考核概率较大，考题通常都围绕自动更新与安装的频率和时间进行设置。

操作方式

类别	菜单	其他方式
设置自动更新	【开始】→【控制面板】→【安全中心】→【自动更新】	【系统属性】→【自动更新】；【控制面板】经典视图→【自动更新】

真 题 解 析

◇**题　　目：** 在“控制面板”经典视图模式下，按下面所述的顺序操作：设置“每星期日”在“8:00”自动下载推荐的更新并安装它们。（不允许使用“控制面板”中的“系统”图标）。

◇**考查意图：** 本题考查在“控制面板”经典视图下，使用“自动更新”项目，设置自动更新属性，在操作时要按照命题叙述的顺序操作。

◇**操作方法：**

1 单击 开始 按钮，在弹出的“开始”菜单中选择【控制面板】命令。

2 打开“控制面板”经典视图模式窗口，双击【自动更新】项目，如图 5–79 所示。

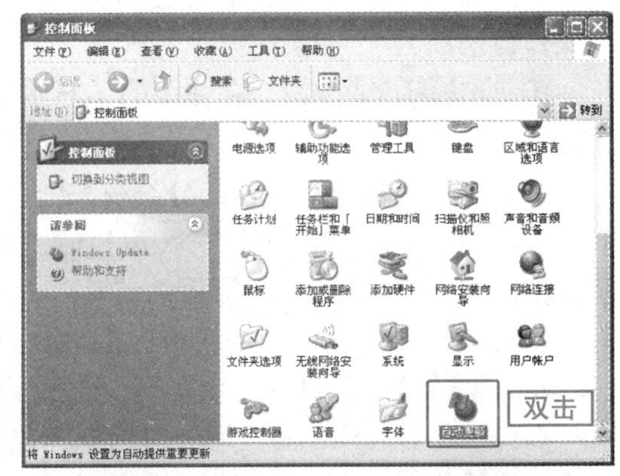

图 5–79 打开“自动更新”对话框

3 打开“自动更新”对话框，选择“自动（推荐）”单选项，在星期下拉列表框中选择“每星期日”，在时间下拉列表框中选择“8:00”。

4 单击 应用(A) 按钮，再单击 确定 按钮完成设置操作，如图 5-80 所示。

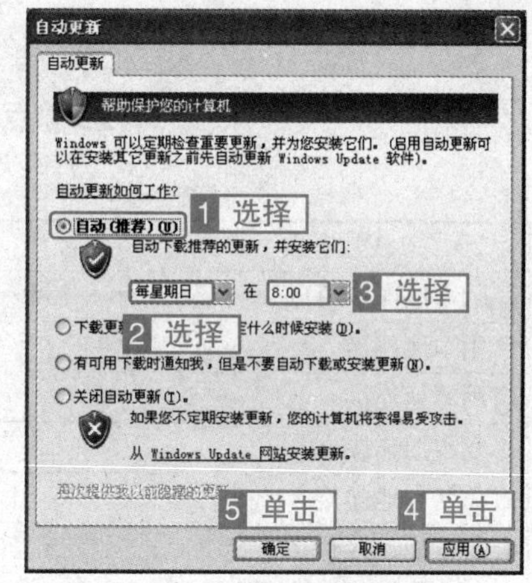

图 5-80　设置自动更新属性

本章考点及其对应操作方式一览表

考点	考频	操作方式
显示本地连接窗口	★	“网上邻居”快捷菜单→【属性】
禁用本地连接	★	【文件】→【禁用】
启用本地连接	★	【文件】→【启用】
修复本地连接	★	【文件】→【修复】
重命名本地连接	★	【文件】→【重命名】
查看本地连接状态	★	【文件】→【状态】
设置本地连接属性	★★★	【文件】→【属性】
创建家庭或小型办公网络	★★	“控制面板”分类视图→【网络和 Internet 连接】→【设置或更改您的家庭或小型办公网络】
磁盘共享	★★	【文件】→【属性】→【共享】
使用“网上邻居”浏览网络资源	★★	【网上邻居】→【查看工作组计算机】
映射网络驱动器	★★	【工具】→【映射网络驱动器】
断开网络驱动器	★★	【工具】→【断开网络驱动器】
创建网络资源的快捷方式	★★	【网上邻居】→【添加一个网上邻居】
建立拨号连接	★★★	【开始】→【所有程序】→【附件】→【通讯】→【新建连接向导】
建立 ADSL 连接	★★★	【开始】→【所有程序】→【附件】→【通讯】→【新建连接向导】
启动 IE 浏览器	★★★	【开始】→【Internet】
浏览指定网页	★★★	【文件】→【打开】
添加网页到收藏夹	★★★	【收藏】→【添加到收藏夹】
使用收藏夹浏览网页	★★★	【收藏】
使用历史浏览网页	★★★	工具栏【历史】按钮
设置 Internet 常规选项	★★★	【工具】→【Internet 选项】→【常规】
设置 Internet 安全选项	★★★	【工具】→【Internet 选项】→【安全】
设置 Internet 隐私选项	★★★	【工具】→【Internet 选项】→【隐私】
设置 Internet 高级选项	★★★	【工具】→【Internet 选项】→【高级】
启用防火墙	★★	【开始】→【控制面板】→【安全中心】→【Windows 防火墙】→【常规】
配置防火墙	★★	【开始】→【控制面板】→【安全中心】→【Windows 防火墙】→【例外】
使用安全日志	★★	【开始】→【控制面板】→【安全中心】→【Windows 防火墙】→【高级】
设置自动更新	★★	【开始】→【控制面板】→【安全中心】→【自动更新】

通 关 真 题

CD 注：以下测试题可以通过光盘【实战教程】→【通关真题】进行测试。

第1题 某工作人员的计算机已经连接到网络，请以安装基本文件和驱动程序以及启动网络必要的服务和驱动程序的模式重新启动计算机，再从“开始”菜单启动控制面板。

第2题 本计算机名为atc-123，请利用已经打开的窗口，创建一个组名为“team”的小型网络，此计算机通过居民区的网关或网络上的其他计算机与Internet连接，可以共享文件夹和网络打印机，计算机描述为“aa”，用已有的网络安装磁盘（提示：出现要求重新启动计算机的对话框即完成此题）。

第3题 请将D盘根文件夹下的“杂项”文件夹的属性设置为“只读”，并共享该文件夹，共享名为“杂七杂八”，同时设定允许网络用户更改文件

第4题 利用“我的电脑”将E盘设为网络共享，并且不允许其他网络用户对文件进行修改。

第5题 断开网络驱动器“H:\\Office-sever\soft”。

第6题 请建立一个用于使用ADSL上网的连接，用户名为abc，密码为123456（操作要求不适用网上邻居完成此操作）。

第7题 请建立一个用于使用ADSL上网的名称为“adsl”的连接，“用户名”为1000123456，“密码”为666666。创建完成的该连接在桌面上显示一个快捷图标（操作要求：不允许使用“网上邻居”，出现“连接”对话框后此题即完成）。

第8题 将IE浏览器添加到快速启动区，并在IE浏览器的地址栏打开“http://www.oeoe.com”。

第9题 在百度里搜索OE教育的主页，并打开相关链接（关键词“OE教育”）。

第10题 将当前网页添加到新建文件夹“职称考试”中。

第11题 查看网页历史记录，并打开今天用百度访问过的网页“百度搜索OE教育”。

第12题 设置“Internet属性”，Internet主页为“http://www.155.com”，程序默认HTML编辑器为记事本，电子邮件为Outlook Express。

第13题 请利用“控制面板”的经典视图窗口中的“Internet选项”，将www.baidu.com站点添加到受信任的站点区域，然后对可信站点进行设置，选择可以对该区域中的所有站点要求客户端验证。

第14题 按如下所述顺序对Internet选项进行设置，达到以下要求：（1）关闭浏览器时清空Internet临时文件夹（2）进行网页打印操作时可以打印出背景颜色和图像（3）在地址栏显示转到按钮。

第15题 请利用“控制面板”的经典视图窗口对“Internet选项”进行合理设置，使系

统能阻止大多数自动弹出窗口，只允许显示网址为http://www.abcde.com的弹出窗口。

第16题 请利用“控制面板”经典视图窗口中的“Internet选项”，按以下所述顺序对受信任的站点进行设置：(1) 用户验证登录时为“匿名登录” (2) 将http://www.abc123.com设置为受信任站点。

第17题 设置启动IE时打开的主页为“http://www.baidu.com”。

第18题 通过滑块设置Internet临时文件夹使用磁盘空间8400MB，移动临时文件夹到本地磁盘D。(提示：出现要求重新启动计算机的对话框即完成此题。)

第19题 设置访问过的网页的超链接为灰色的（最后一行第4列），网页中显示内容的字体为“黑体”，删除浏览网页的语言编码的“阿拉伯语”。

第20题 在当前的“Internet属性”对话框中，把网站“http://www.xxx.com”添加到受限制的站点。

第21题 设置窗口阻止程序“阻止弹出窗口时播放声音”。

第22题 通过“例外”选项卡，自定义要访问的Internet程序和服务，将“金山词霸2010 Beta版”添加到“程序和服务”列表中，将“FeiQ Microsoft基础类应用程序”的使用范围设置为“仅我的网络（子网)”。

第23题 设置“安全日志记录”记录被丢弃的数据包，记录成功的链接，大小限制为5000KB。

第24题 本计算机名为AFCC-JBSALKHOE3，请利用已经打开的窗口，创建一个组名为OURWEB的小型网络，此计算机通过居民区的网关或网络上的其他计算机与Internet连接，不可以共享文件夹和网络打印机，“计算机描述”为“czy”，创建安装磁盘，然后查看H盘的“netsetup.exe”。(提示：可移动磁盘H已插入计算机。)

第25题 本地网络已经连接上请查看连接状态，并禁用本地网络。

第26题 查看本地连接的状态，设置“本地连接”连接后在通知区域显示图标。

第27题 在打开的“网络连接”窗口中，修改“本地连接”的“Internet协议(TCP/IP)”的DNS服务器地址，首选DNS服务器地址为“25.128.222.23”，备用DNS服务器地址为“25.128.222.24”。

第6章 Windows XP实用程序

Windows XP 附件中的程序是系统自带的，可以帮助用户快速方便地完成一些日常工作。本章主要介绍 Windows XP 附件中记事本、写字板、画图、计算器、通讯簿、剪贴簿查看器和部分辅助工具的使用。

本章考点

掌握的内容★★★

记事本文件的操作
在记事本中输入文本
编辑记事本中的文本
在写字板中输入文本
在写字板中编辑文本
插入对象
格式化文本
对段落进行排版
绘图前的准备
绘图操作
编辑选择的图形
绘图技巧
管理通讯簿中的联系人信息
在通讯簿中创建联系人组

熟悉的内容★★

标准型计算器的使用
科学型计算器的使用

了解的内容★

打印设置
放大镜的使用
屏幕键盘的使用
打开剪贴簿查看器
将内容放入剪贴板
保存剪贴板中的内容
使用剪贴板中的内容
清除剪贴板中的内容

6.1 记事本

记事本是 Windows XP 操作系统提供的一个简单的文本文件编辑器，用户可以利用它来对日常事务中使用到的文字和数字进行处理，如剪切、粘贴、复制、查找等。它还具有最基本的文件处理功能，如打开与保存文件、打印文档等。

6.1.1 记事本文件的操作

考点级别：★★★

考点分析：

该考点的考查概率较高，通过将几个操作结合起来考查，如要求新建记事本文件，并将其以“备份”为名称保存到D盘中等。

操作方式

类别	菜单	快捷键	快捷菜单	其他方式
打开记事本	【开始】→【所有程序】→【附件】→【记事本】		【新建】→【文本文档】	【开始】→【运行】→【NOTEPAD.EXE】
新建记事本文件	【文件】→【新建】	【Ctrl+N】		
保存记事本文件	【文件】→【保存】	【Ctrl+S】		
打开记事本文件	【文件】→【打开】	【Ctrl+O】		
关闭记事本文件	【文件】→【退出】			

真 题 解 析

◇**题 目 1：**用“开始”菜单打开“记事本”应用程序。

◇**考查意图：**本题考查使用“开始”菜单打开“记事本”的方法。

◇**操作方法：**

单击 开始 按钮，在弹出的“开始”菜单中选择【所有程序】，在子菜单中选择【附件】中的【记事本】命令，打开“记事本”程序窗口，如图6-1所示。

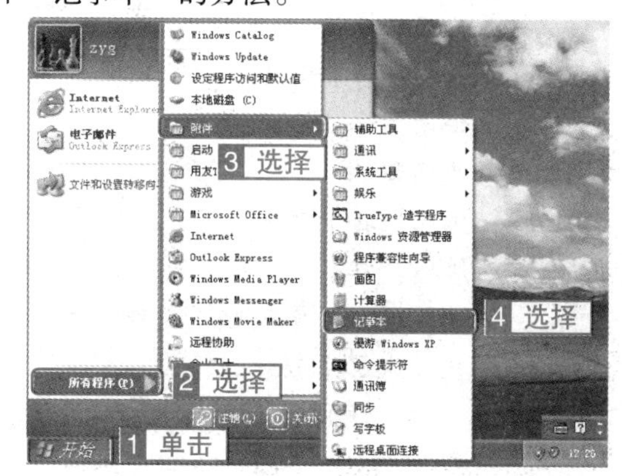

图6-1 通过“开始”菜单打开“记事本”程序

◇**题 目 2：**利用“运行”对话框打开“记事本”应用程序。

◇**考查意图：**本题考查使用“开始”菜单中的“运行”对话框打开“记事本”的方法。

◇**操作方法：**

1 单击 开始 按钮，在弹出的“开始”菜单中选择【运行】命令。

2 打开“运行”对话框，在“打开”文本框中输入“NOTEPAD.EXE”，单击 确定 按钮，打开“记事本”程序窗口，如图6-2所示。

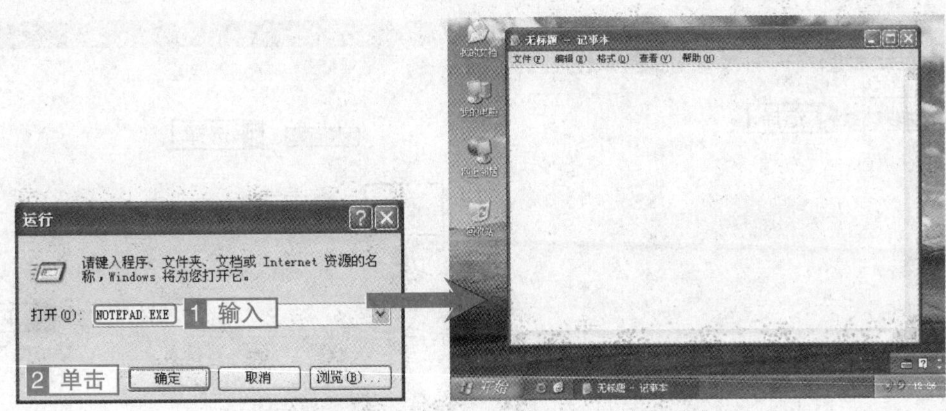

图 6–2 通过“运行”对话框打开“记事本”

6.1.2 在记事本中输入文本

考点级别： ★★★

考点分析：

该考点的考查概率较高，考查内容主要集中在设置自动换行和插入系统的日期和时间两方面，如要求为“我的文档”中的“OE 教育”文档插入当前的系统日期和时间等。

操作方式

类别	菜单	快捷键	快捷菜单	其他方式
设置自动换行	【格式】→【自动换行】			
插入日期和时间	【编辑】→【时间 / 日期】	【F5】		
移动插入点		【Home】、【End】、【Ctrl+Home】、【Ctrl+End】、【PageUP】、【PageDown】		

真 题 解 析

◇**题　　目**：利用“运行”对话框打开记事本，在记事本程序中打开“我的文档”中的“OE 教育”文档，并设置自动换行、插入系统时间和日期。

◇**考查意图**：本题考查了使用“运行”对话框打开“记事本”的方法，打开指定文件的操作，以及在文件中设置自动换行和插入系统时间和日期的方法。

◇**操作方法**：

1 单击 开始 按钮，在弹出的“开始”菜单中选择【运行】命令。

2 打开“运行”对话框，在“打开”文本框中输入“NOTEPAD.EXE”，单击 确定 按钮。

3 打开“记事本”程序，选择【文件】菜单中的【打开】命令，如图 6–3 所示；或者按【Ctrl+O】快捷键。

4 弹出“打开”对话框，单击左侧“我的文档”按钮，然后在右侧列表框中，选择“OE 教育.txt”，单击 打开(O) 按钮，如图 6–4 所示。

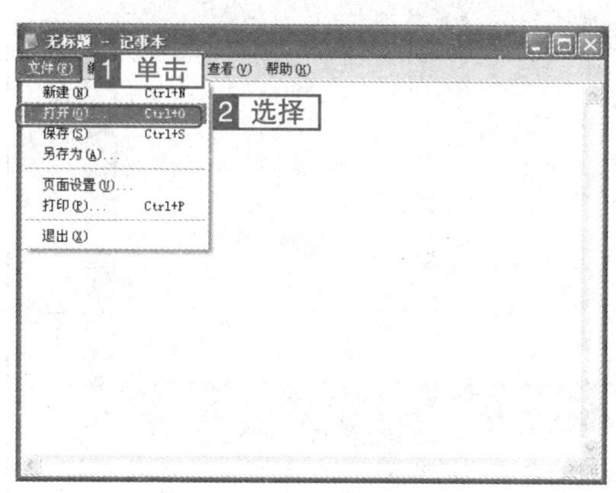

图 6-3　使用菜单打开文档

图 6-4　选择要打开的文档

5 选择【格式】菜单中的【自动换行】命令，如图 6-5 所示，使其前面出现"√"。

6 选择【编辑】菜单中的【时间 / 日期】命令，如图 6-6 所示；或者按快捷键【F5】。

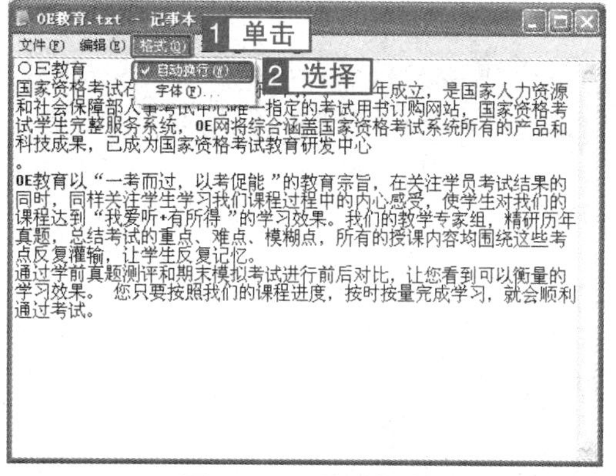

图 6-5　设置"自动换行"

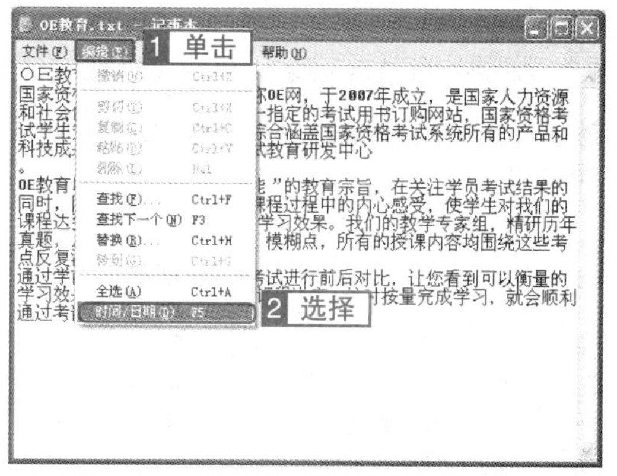

图 6-6　插入当前系统日期和时间

触类旁通

表 6-1　常用键盘操作

键位	功能	键位	功能
Home	移动到行首	Ctrl+Home	移动到文件开头
End	移动到行尾	Ctrl+End	移动到文件末尾
PageUp	上移一页	PageDown	下移一页

6.1.3　编辑记事本中的文本

考点级别：★★★

考点分析：

该考点的考查概率较高，其中查找和替换文本考查的概率较大，同时部分操作与对文件和文件夹的操作方法相同，比如复制、剪切等操作。

操作方式

类别	菜单	鼠标	快捷键	快捷菜单	其他方式
选择文本	【编辑】→【全选】	拖动	【Ctrl+A】	【全选】	鼠标单击开始位置，按【Shift】不放，再单击结束位置
删除文本	【编辑】→【删除】		【Delete】、【Backspace】	【删除】	
插入文本					将鼠标指针定位到要插入文本的位置，然后插入文本
复制文本	【编辑】→【复制】和【粘贴】		【Ctrl+C】和【Ctrl+V】	【复制】和【粘贴】	
剪切文本	【编辑】→【剪切】和【粘贴】		【Ctrl+X】和【Ctrl+V】	【剪切】和【粘贴】	
查找文本	【编辑】→【查找】; 【编辑】→【查找下一个】		【Ctrl+F】 【F3】		
替换文本	【编辑】→【替换】		【Ctrl+H】		

真题解析

◇**题 目 1**：将当前记事本中所有的“博客”替换为“微博”。

◇**考查意图**：本题考查的是在记事本中替换文本的操作方法，在本题中要求替换所有文本，所以应该选择【全部替换】操作。

◇**操作方法**：

1 选择【编辑】菜单中的【替换】命令，如图 6-7 所示；或者按快捷键【Ctrl+H】。

2 弹出“替换”对话框，在“查找内容”文本框中输入“博客”，在“替换为”文本框中输入“微博”，然后单击 全部替换(A) 按钮，如图 6-8 所示。

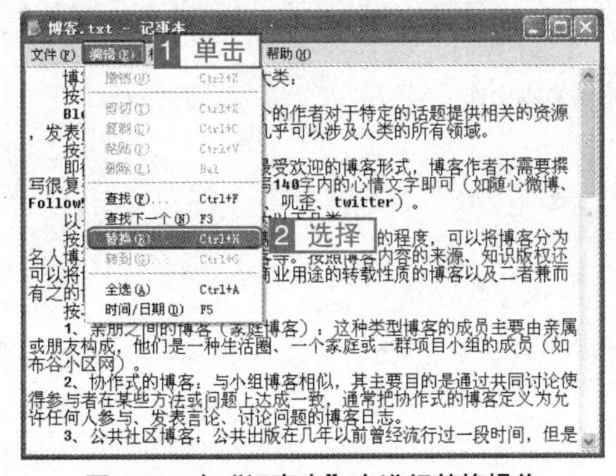

图 6-7 在“记事本”中进行替换操作

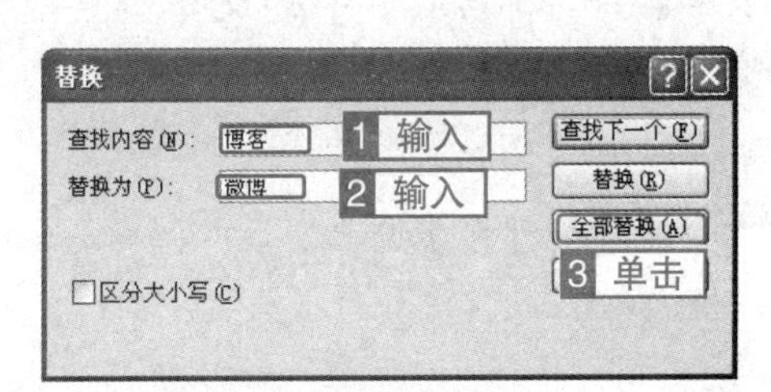

图 6-8 设置替换条件

◇题 目 2：移动记事本中的第一自然段到最后一个自然段后。

◇考查意图：本题考查的是在记事本中剪切和粘贴操作。

◇操作方法：

1 选择第一自然段文本，如图 6–9 所示。

2 选择【编辑】菜单中的【剪切】命令，如图 6–10 所示；或者按快捷键【Ctrl+X】；或者单击鼠标右键，在快捷菜单中选择【剪切】命令。

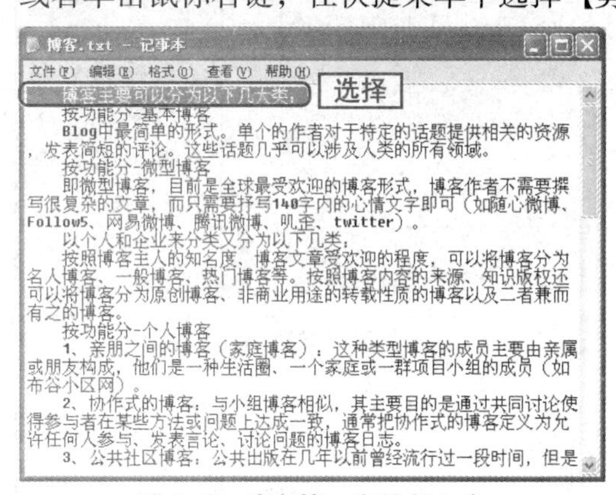

图 6–9 选中第一自然段文本

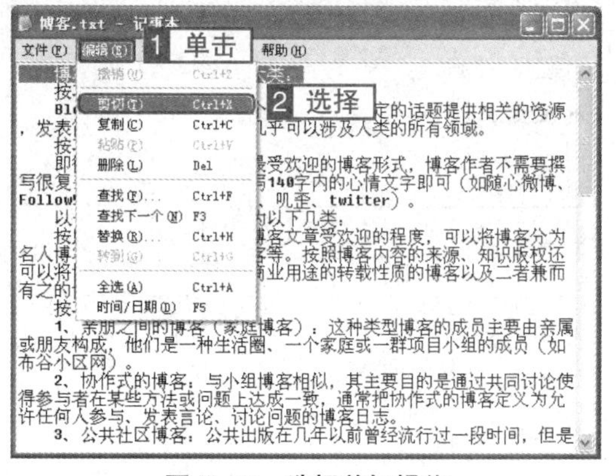

图 6–10 选择剪切操作

3 将鼠标定位到文本的最后，选择【编辑】菜单中的【粘贴】命令，如图 6–11 所示；或者按快捷键【Ctrl+V】；或者单击鼠标右键，在快捷菜单中选择【粘贴】命令。

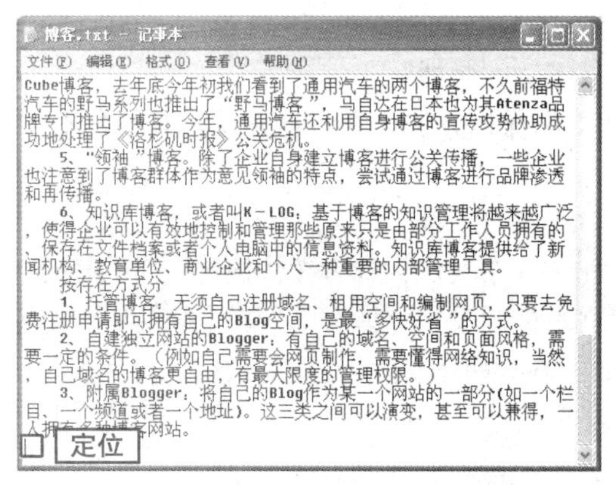

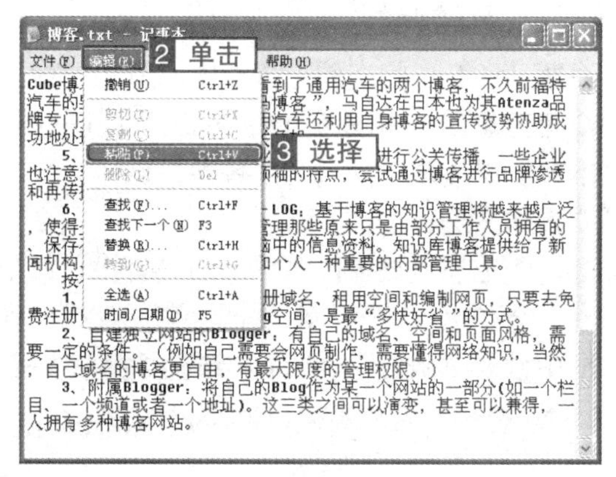

图 6–11 粘贴文本操作

6.1.4 打印记事本中的文本

考点级别：★

考点分析：

该考点的考查概率较低，但命题方式比较简单。如要求考生将当前记事本中的文本以 A5 纸型，“OE”为标头打印。

操作方式

类别	菜单	鼠标	快捷键	快捷菜单	其他操作方式
页面设置	【文件】→【页面设置】				
打印设置	【文件】→【打印】		【Ctrl+P】		

真 题 解 析

◇**题　　目：**请在打开的记事本中，将打印纸张的大小设置为 A5，标头为 OE，然后打印。

◇**考查意图：**本题考查的是在记事本中进行页面设置及打印的操作。

◇**操作方法：**

1 选择【文件】菜单中的【页面设置】命令，如图 6–12 所示。

2 弹出"页面设置"对话框，在"大小"下列拉列表框中选择"A5"，在"标头"文本框中输入"OE"，单击 确定 按钮，如图 6–13 所示。

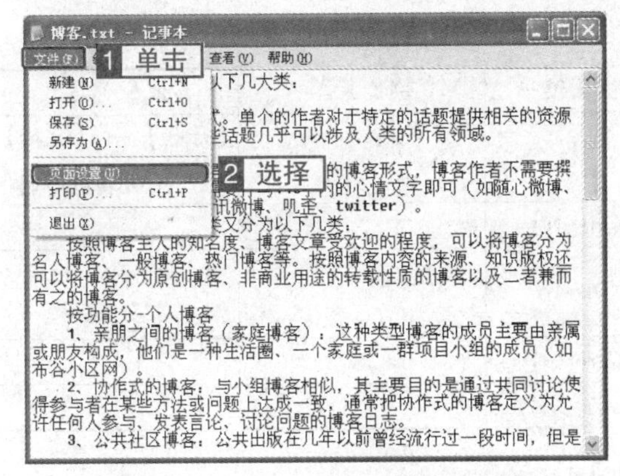

图 6–12　打开"页面设置"对话框

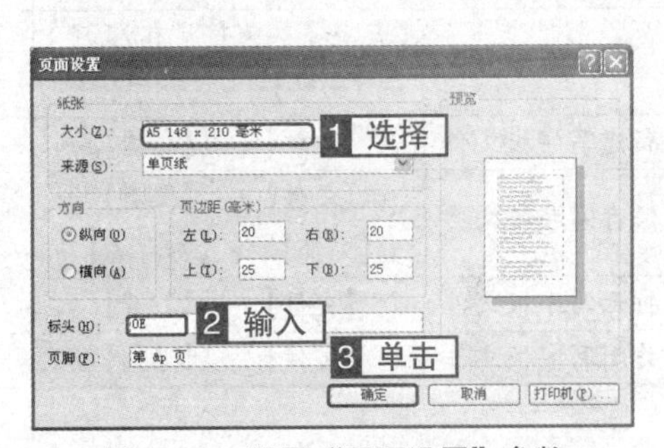

图 6–13　设置"页面设置"参数

3 选择【文件】菜单中的【打印】命令，如图 6–14 所示；或者按快捷键【Ctrl+P】。

4 弹出"打印"对话框，单击 打印(P) 按钮完成操作，如图 6–15 所示。

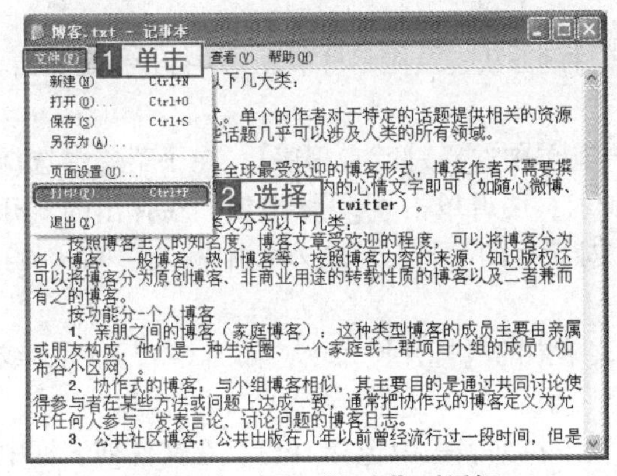

图 6–14　打开"打印"对话框

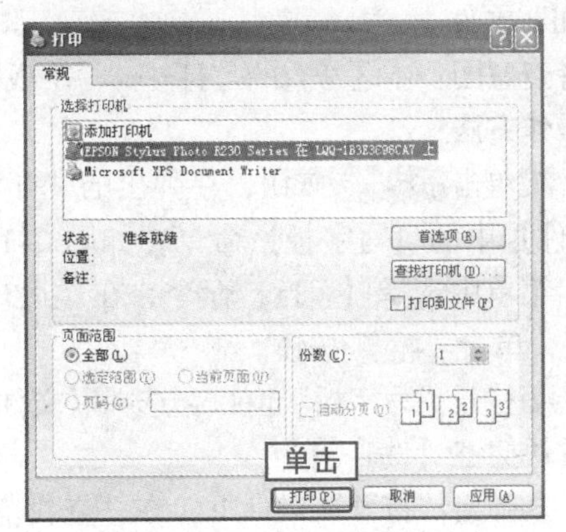

图 6–15　进行打印操作

6.2 写字板

写字板是 Windows XP 操作系统提供的一个字处理软件，它的功能比记事本强大，用户不仅可以利用它编辑 64KB 以上的文件，还可以进行段落格式设置、插入图像、图表等对象操作。

6.2.1 写字板文件的操作

考点级别： ★★★

考点分析：

该考点的考查概率较高，通常将几个操作结合起来考查，如要求新建写字板文件，并将其以“备份”为名称保存到 D 盘中等。

操作方式

类别	菜单	快捷键	快捷菜单	其他操作方式
打开写字板	【开始】→【所有程序】→【附件】→【写字板】			【开始】→【运行】→【wordpad.exe】
新建写字板文件	【文件】→【新建】	【Ctrl+N】		
保存写字板文件	【文件】→【保存】 【文件】→【另存为】	【Ctrl+S】		
打开写字板文件	【文件】→【打开】	【Ctrl+O】		
关闭写字板文件	【文件】→【退出】			

真 题 解 析

◇**题　　目：**启动“写字板”软件，打开 D 盘根目录下“OE 介绍”文件夹中的“介绍.rtf”文件。

◇**考查意图：**本题考查的是打开“写字板”软件的方法，及在“写字板”中打开指定文档。

◇**操作方法：**

1 单击 开始 按钮，在弹出的“开始”菜单中选择【所有程序】，在子菜单中选择【附件】中的【写字板】命令，如图 6–16 所示；或者单击 开始 按钮，在弹出的“开始”菜单中选择【运行】命令，在“运行”对话框的“打开”文本框中输入“Wordpad.exe”，单击 确定 按钮。

2 打开“写字板”窗口，选择【文件】菜单中的【打开】命令，如图 6–17 所示；或者按快捷键【Ctrl+O】。

3 弹出“打开”对话框，在“查找范围”下拉列表框中选择 D 盘，在文件列表框中选择“OE 介绍”文件夹，单击 打开(O) 按钮，如图 6–18 所示；或者双击列表框中的“OE 介绍”文件夹。

4 打开“OE 介绍”文件夹内容，在文件列表框中选择“介绍.rtf”文件，单击 打开(O) 按钮，如图 6-19 所示；或者双击列表框中的“介绍.rtf”文件。

图 6-16 打开“写字板”程序

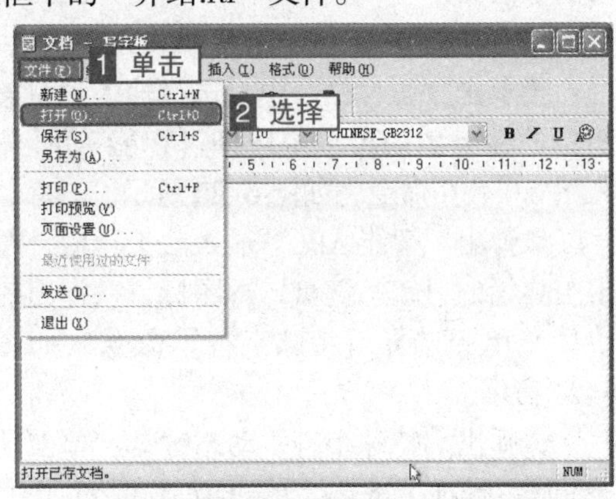

图 6-17 打开文档

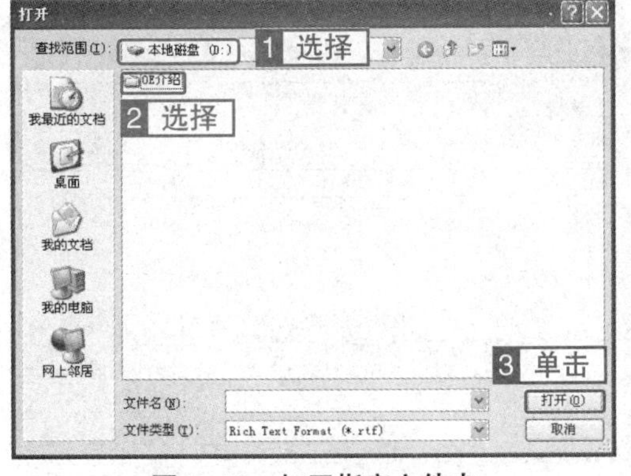

图 6-18 打开指定文件夹

图 6-19 打开指定文件

6.2.2 在写字板中输入文本

考点级别： ★★★

考点分析：

该考点的考查概率较高，输入文本的操作通常和其他考点结合起来考查，如要求选择一种中文输入法，在“写字板”程序窗口中输入“OE 教育”内容等。

操作方式

类别	菜单	快捷键	快捷菜单	其他操作方式
设置自动换行	【查看】→【选项】→【多信息文本】			
插入日期和时间	【插入】→【日期和时间】			
字符插入与改写状态		【Insert】		

◇**题 目 1**：桌面上有打开的写字板窗口，利用动态键盘输入特殊符号“§ №”。

◇**考查意图**：本题考查的是在已经打开的“写字板”软件中，使用动态键盘输入特殊符号的方法。

◇**操作方法**：

1 单击“语言栏”中【选择输入法】图标，在弹出的菜单中选择【智能 ABC 输入法 5.0 版】命令，如图 6–20 所示。

2 弹出“智能 ABC”输入法工具栏，右击工具栏的【动态键盘】图标，在弹出的快捷菜单中选择【特殊字符】命令，如图 6–21 所示。

3 弹出“特殊字符”动态键盘，单击动态键盘上的“§”，单击动态键盘上的“№”，如图 6–22 所示。

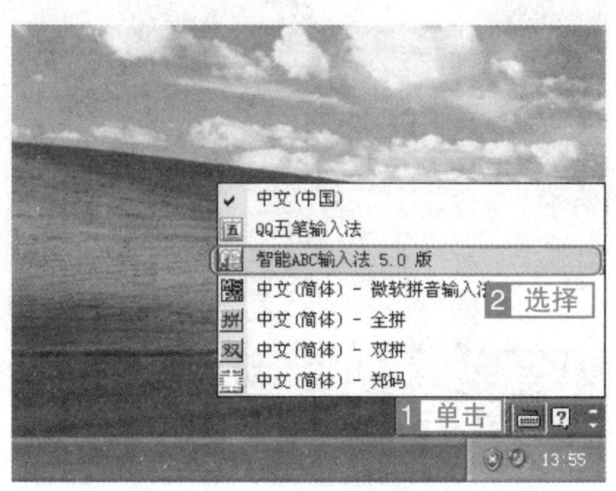

图 6–20 选择“智能 ABC 输入法 5.0 版”

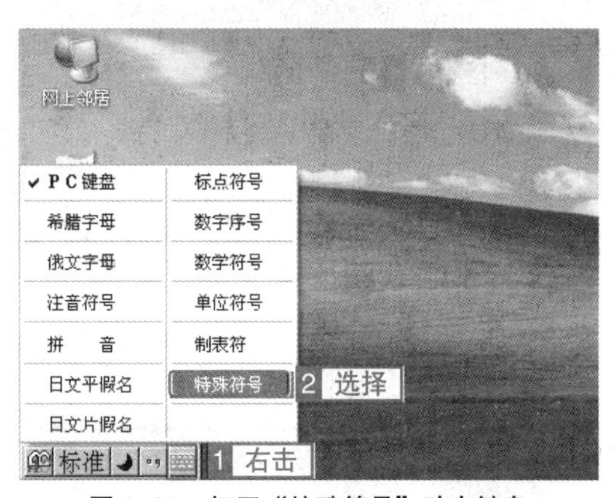

图 6–21 打开“特殊符号”动态键盘

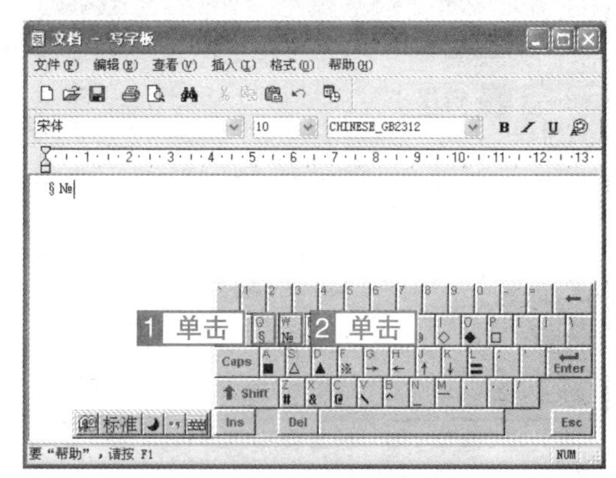

图 6–22 输入特殊字符

◇**题 目 2**：利用“运行”对话框打开“写字板”程序，在“写字板”程序中打开“我的文档”中的“OE 教育”文档，并插入系统时间日期，以文本类型保存在原位置。

◇**考查意图**：本题考查的是利用“运行”对话框打开“写字板”程序，在“写字板”中插入系统日期和时间，并保存此文档为文本类型。

◇**操作方法**：

1 单击“开始”按钮，在弹出的“开始”菜单中选择【运行】命令，打开“运行”对话框。

2 在“打开”文本框中输入“wordpad.exe”，单击“确定”按钮，如图 6–23 所示。打开“写字板”窗口。

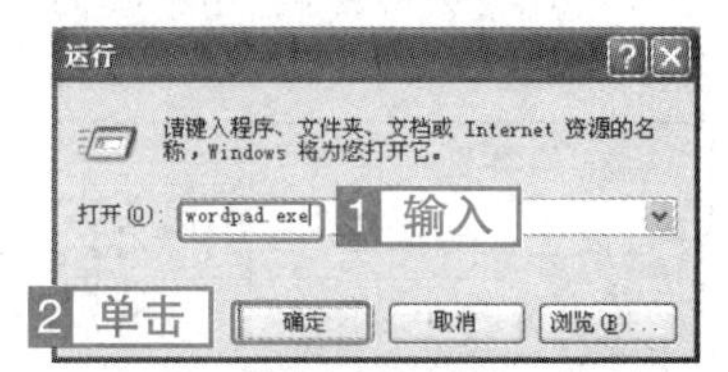

图 6–23 使用“运行”对话框打开写字板

3 选择【文件】菜单中的【打开】命令，如图 6–24 所示；或者按快捷键【Ctrl+O】。

4 弹出“打开”对话框，单击左侧“我的文档”按钮，然后在右侧列表框中选择“OE 教育”，单击“打开(O)”按钮，如图 6–25 所示。打开“OE 教育”文档窗口。

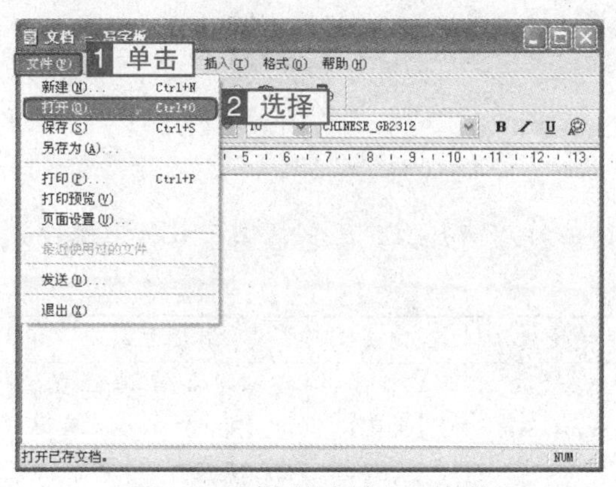

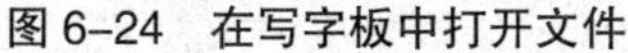

图 6-24　在写字板中打开文件

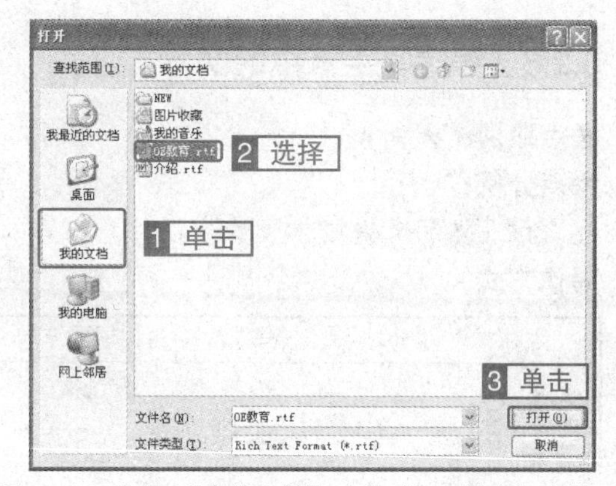

图 6-25　打开“我的文档”中的“OE 教育”文档

5 选择【插入】菜单中的【日期和时间】命令，如图 6-26 所示，弹出“日期和时间”对话框。

6 在“日期和时间”对话框中单击 确定 按钮，如图 6-27 所示。

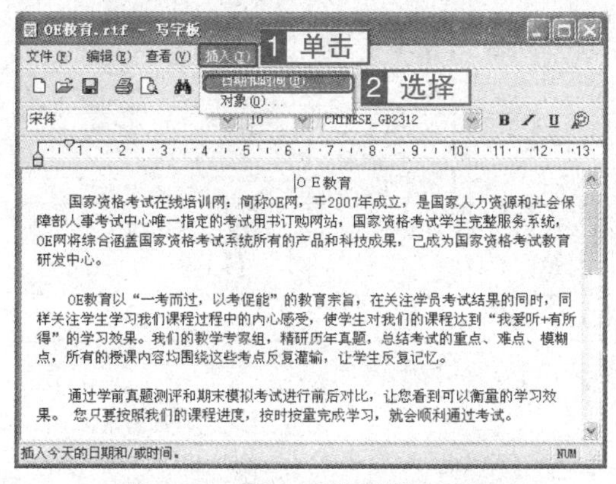

图 6-26　插入系统日期和时间

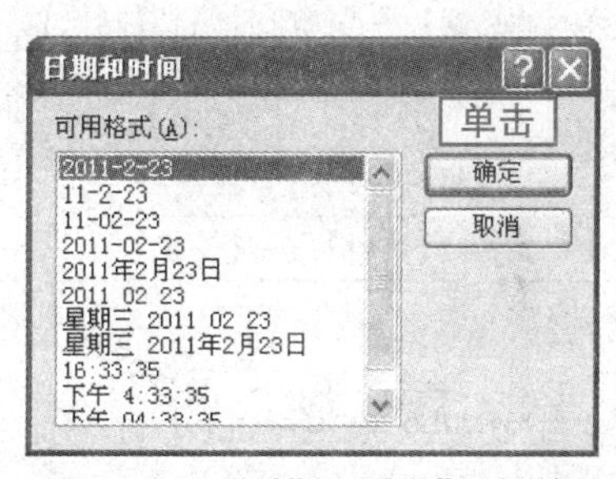

图 6-27　“时期和时间”对话框

7 选择【文件】菜单中的【另存为】命令，如图 6-28 所示。弹出“保存为”对话框。

8 在“保存为”对话框中的“保存类型”下拉列表框中选择【文本文档】命令，单击 保存(S) 按钮完成操作，如图 6-29 所示。

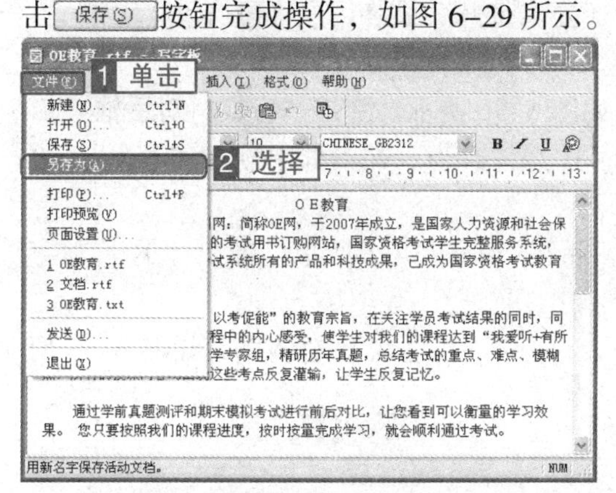

图 6-28　打开写字板“保存为”对话框

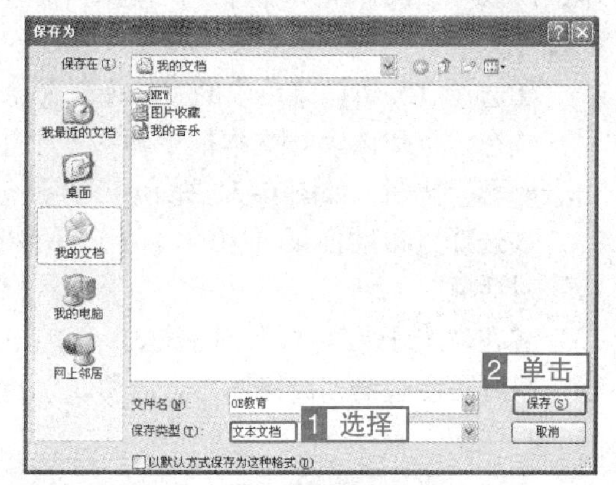

图 6-29　将文件保存为文本文档

6.2.3 编辑写字板中的文本

考点级别：★★★

考点分析：

该考点的考查概率较低，操作与记事本中的操作方法相同，比如复制、剪切等操作。

操作方式

类别	菜单	鼠标	快捷键	快捷菜单	其他方式
选择文本	【编辑】→【全选】	拖动	【Ctrl+A】	【全选】	鼠标单击开始位置，按【Shift】不放，再单击结束位置
删除文本	【编辑】→【删除】		【Delete】、【Backspace】	【删除】	
插入文本					将光标定位到要插入文本的位置，然后插入文本
复制文本	【编辑】→【复制】和【粘贴】		【Ctrl+C】和【Ctrl+V】	【复制】和【粘贴】	
剪切文本	【编辑】→【剪切】和【粘贴】		【Ctrl+X】和【Ctrl+V】	【剪切】和【粘贴】	
查找文本	【编辑】→【查找】；【编辑】→【查找下一个】		【Ctrl+F】【F3】		
替换文本	【编辑】→【替换】		【Ctrl+H】		

真 题 解 析

◇**题　　目：**桌面上有打开的“写字板”窗口，将“学生”替换为“考生”，利用窗口菜单□看写字板的“最终用户许可协议”。

◇**考查意图：**本题考查的是在写字板中替换文本的操作方法，在本题中要求替换所有文本，所以应该选择【全部替换】操作，命题中还要求打开“最终用户许可协议”对话框。

◇**操作方法：**

1 选择【编辑】菜单中的【替换】命令，如图 6–30 所示。弹出“替换”对话框。

2 在“查找内容”文本框中输入“学生”，在“替换为”文本框中输入“考生”，单击 全部替换(A) 按钮，如图 6–31 所示。

3 选择【帮助】菜单中的【关于写字板】命令，如图 6–32 所示。弹出“关于 写字板”对话框。

4 在“关于 写字板”对话框中，单击【最终用户许可协议】超链接，如图 6–33 所示。打开写字板的“最终用户许可协议”窗口。

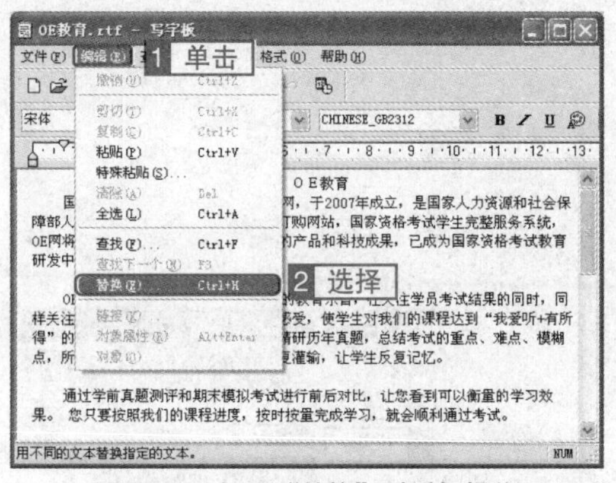

图 6-30　打开“替换”对话框操作

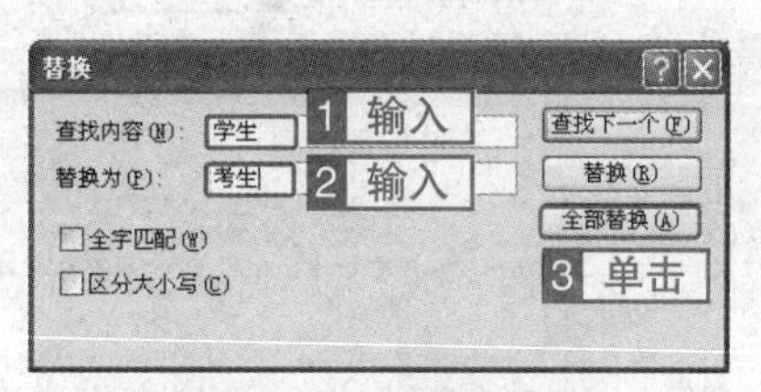

图 6-31　设置替换参数

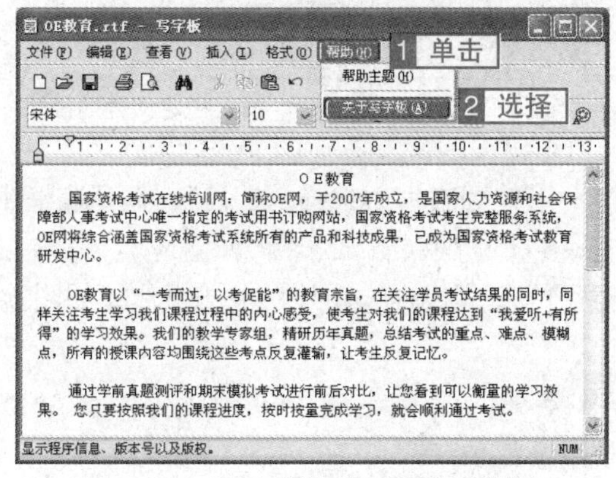

图 6-32　打开“关于写字板”对话框

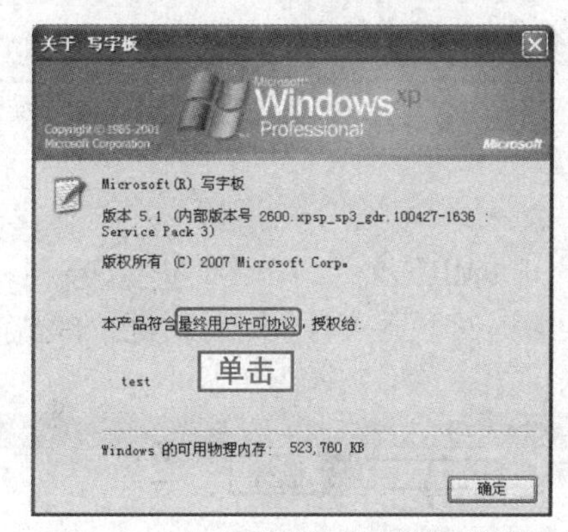

图 6-33　打开“最终用户许可协议”

6.2.4　插入对象

考点级别：★★★

考点分析：

该考点通常要求考生在文档中插入一张指定的图片，如要求使用写字板打开 E 盘中的“使用说明”文件，并将“我的文档”中的“封图”图片插入到文档的第一行。

操作方式

类别	菜单	快捷键	快捷菜单	其他方式
插入对象	【插入】→【对象】			

真 题 解 析

◇**题　　目：**桌面上有打开的写字板窗口，请在文档的标题之下插入图片“C:\OE.BMP”。

◇**考查意图：**本题主要考查的是在写字板文档中插入图片对象的方法。

◇**操作方法：**

1 在打开的写字板文档窗口中，将光标定位到标题下方，选择【插入】菜单中的【对象】命令，如图 6-34 所示。

2 弹出“插入对象”对话框，选择“由文件创建”单选项，单击浏览(B)...按钮，如图6–35所示。

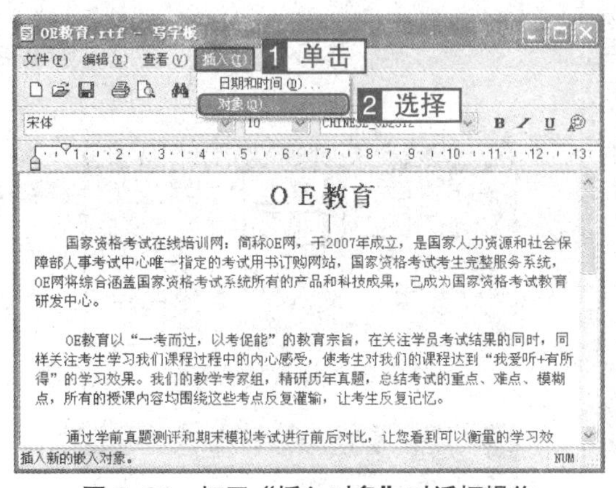

图 6–34　打开“插入对象”对话框操作

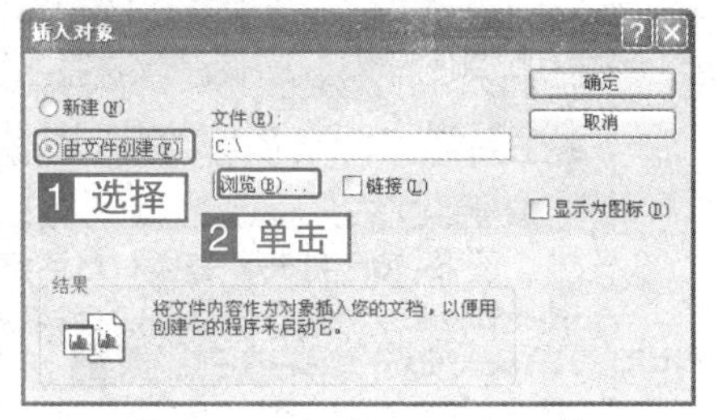

图 6–35　插入指定文件的操作

3 弹出“浏览”对话框，在“查找范围”下拉列表框中选择“C盘”，在列表框中选择“OE.BMP”文件，单击打开(O)按钮，如图6–36所示。

4 返回“插入对象”对话框，单击确定按钮完成插入图片对象的操作，如图6–37所示。

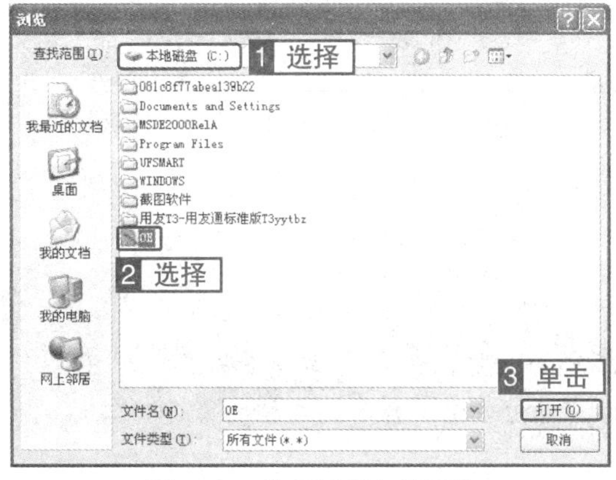

图 6–36　选择要插入的图片

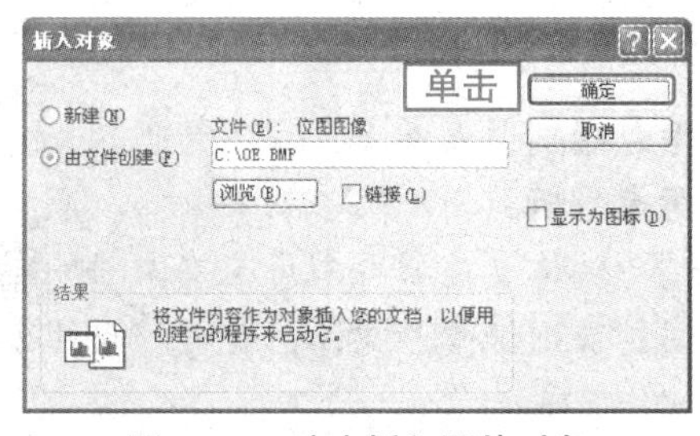

图 6–37　确定插入图片对象

6.2.5　格式化文本

考点级别：★★★

考点分析：

该考点命题比较简单，命题比较直接。通常考试中使用“字体”对话框进行设置即可，也可以使用格式栏进行设置。

操作方式

类别	菜单	快捷键	快捷菜单	其他操作方式
格式化文本	【格式】→【字体】			

真 题 解 析

◇题　　目：在桌面上有打开的写字板窗口，请将“OE 教育”字体颜色改为红色，字号改为 20，字体改为黑体，并居中显示。

◇考查意图：本题主要考查的是使用字体对话框设置写字板中的文本。

◇操作方法：

1 在写字板窗口中选择“OE 教育”文本，选择【格式】菜单中的【字体】命令，如图 6–38 所示。

2 弹出“字体”对话框，在“颜色”下拉列表框中选择“红色”，在“大小”列表框中选择“20”，在“字体”列表框中选择“黑体”，单击［确定］按钮完成设置操作，如图 6–39 所示。

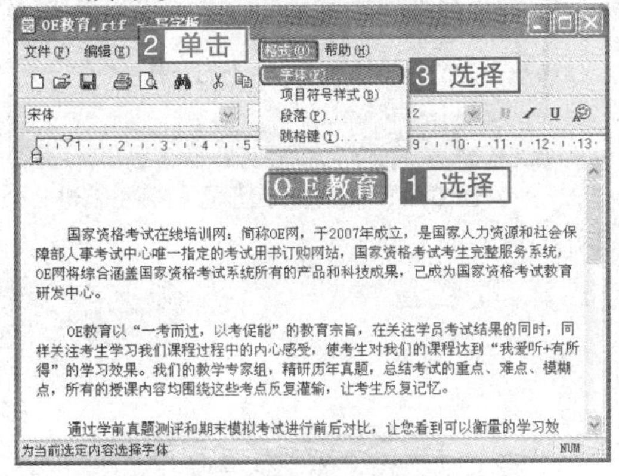

图 6–38　打开“字体”对话框

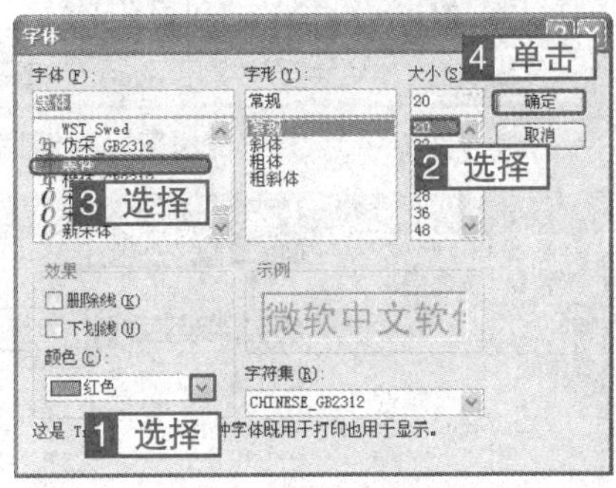

图 6–39　在“字体”对话框中设置参数

6.2.6　对段落进行排版

考点级别：★★★

考点分析：

该考点考查概率比较低，命题比较简单，命题比较直接。通常考试中使用“段落”对话框进行设置即可，也可以使用标尺进行排版。

操作方式

类别	菜单	快捷键	快捷菜单	其他方式
段落排版	【格式】→【段落】			

真 题 解 析

◇题　　目：利用标尺把写字板中第二段排版成左缩进 2 厘米，第三段设置为右对齐。

◇考查意图：本题主要考查的是使用段落对话框进行排版操作。

◇操作方法：

1 选择第二段的内容，如图 6–40 所示；或将插入点移至到第二段中。

2 拖动标尺中左缩进滑块至“2”位置，如图 6-41 所示。

3 选择第三段的内容，或将插入点移至到第三段中，选择【格式】菜单中的【段落】命令完成设置操作，如图 6-42 所示。

4 弹出“段落”对话框，在“对齐方式”下拉列表框中选择“右”，单击 确定 按钮，如图 6-43 所示。

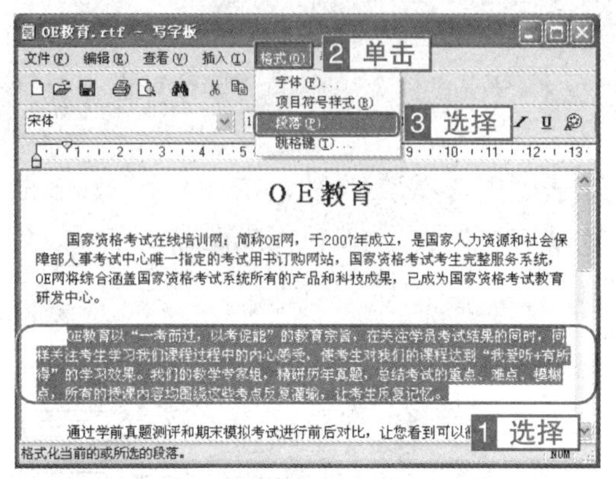

图 6-40 打开“段落”对话框

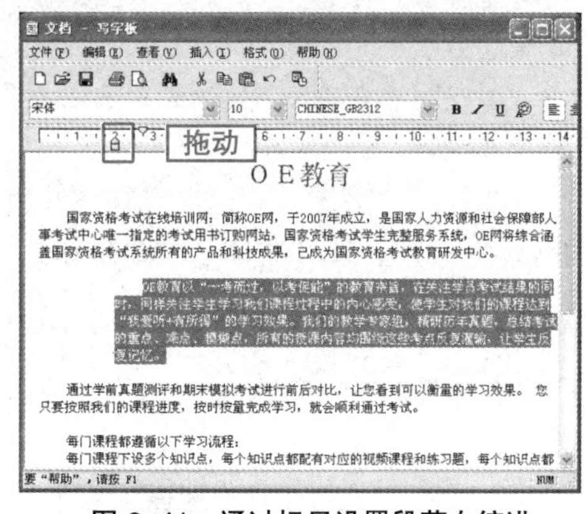

图 6-41 通过标尺设置段落左缩进

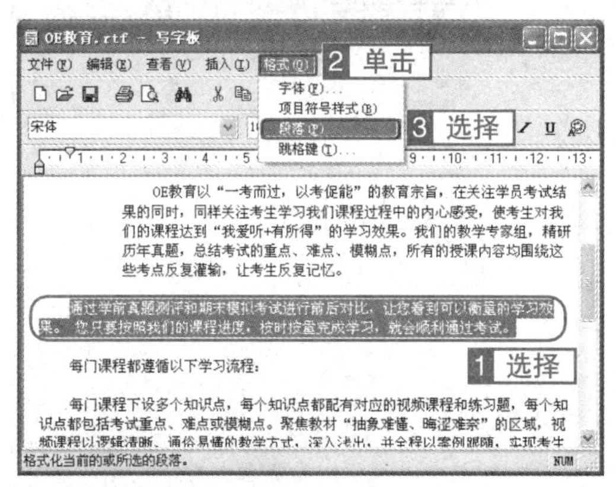

图 6-42 打开“段落”对话框

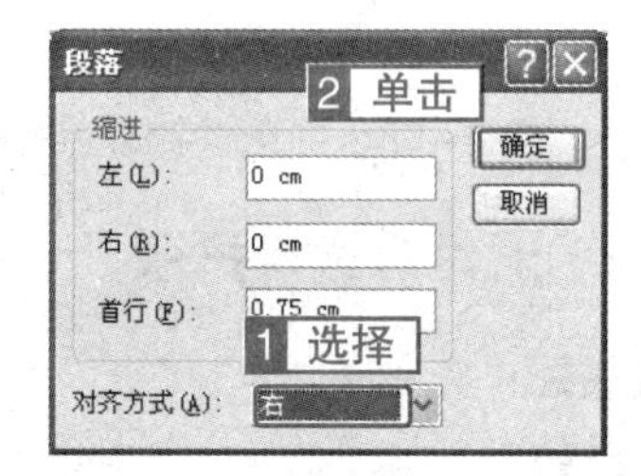

图 6-43 设置段落对齐方式

6.3 画图

画图是 Windows XP 操作系统提供的一个绘制图形的软件，它不仅可以绘制多种图形，而且具有色彩丰富的颜料盒，可以实现文件的编辑操作。

6.3.1 绘图前的准备

考点级别：★★★

考点分析：

该考点的考查概率较高，考点中的所有操作都是为绘制图像做准备的，因此大多数都包含在绘制图像的操作中，很少单独出现。

操作方式

类别	菜单	鼠标左键	鼠标右键	其他方式
打开画图	【开始】→【所有程序】→【附件】→【画图】			【开始】→【运行】→【mspaint.exe】
设置图面尺寸	【图像】→【属性】			
选择绘图工具		绘图工具		
设置线条宽度		线条样式		
设置绘图颜色		前景色	背景色	

真 题 解 析

◇**题　　目**：改变画布的大小为 15 厘米 *15 厘米。

◇**考查意图**：本题考查的是更改画图程序中画布尺寸的方法。

◇**操作方法**：

1 单击 开始 按钮，在弹出的“开始”菜单中选择【所有程序】项目，在子菜单中选择【附件】中的【画图】命令，如图 6–44 所示；或者单击 开始 按钮，在弹出的“开始”菜单中选择【运行】命令，在“运行”对话框的“打开”文本框中输入“mspaint.exe”，单击 确定 按钮。打开“画图”程序窗口。

2 在“画图”程序窗口中，选择【图像】菜单中的【属性】命令，如图 6–45 所示。弹出“属性”对话框。

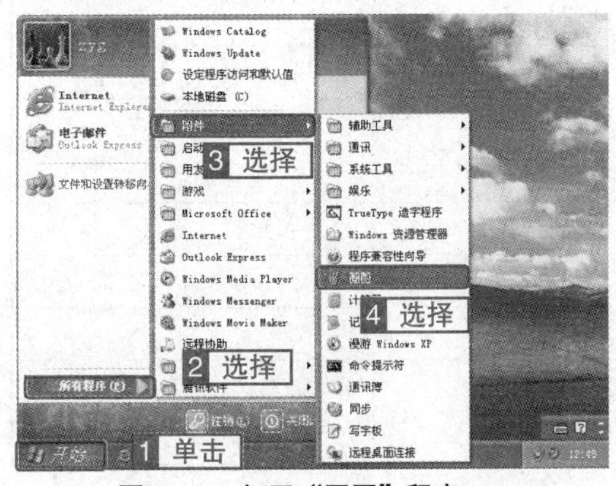

图 6–44　打开“画图”程序

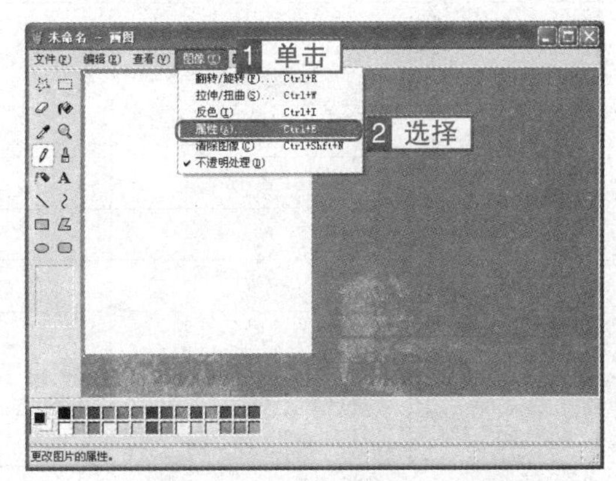

图 6–45　打开“属性”对话框

3 在“属性”对话框中选择“单位”选项组中的“厘米”单选项。

4 在“宽度”文本框中输入“15”。

5 在“高度”文本框中输入“15”，单击 确定 按钮完成设置操作，如图 6–46 所示。

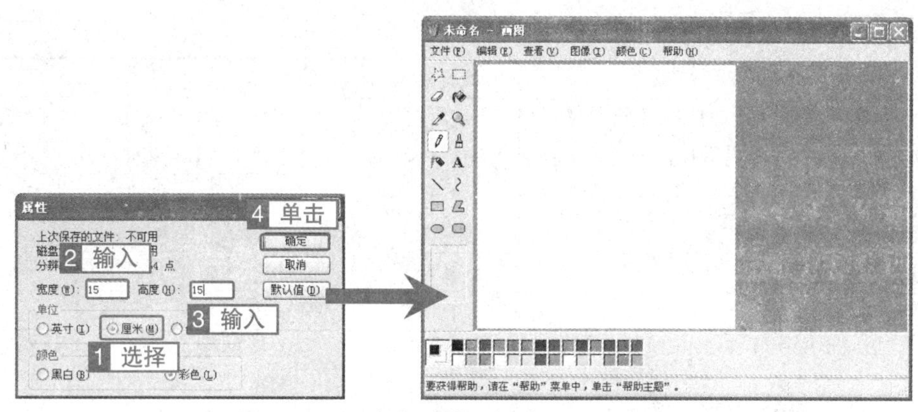

图 6–46　通过“属性”对话框设置画布尺寸

6.3.2　绘图操作

考点级别：★★★

考点分析：

该考点的考查概率较高，由于涉及的操作较多，因此命题形式比较多，主要集中在图形的绘制与文字输入这两方面。

操作方式

类别	工具箱	快捷键	快捷菜单	其他方式
画直线				【Shift】+
画曲线				
画矩形				【Shift】+或【Shift】+
画椭圆				【Shift】+
画多边形				
填充颜色				
“喷枪”工具				
擦除图形				
输入文字	A			
选择图形				

真 题 解 析

◇**题 目 1：**在画图窗口工作区画一个正方形，填充为黄色。

◇**考查意图：**本题考查的是绘制正方形的方法。

◇**操作方法：**

1 单击“工具箱”中的“矩形”工具。

2 将鼠标指针移动到工作区，当鼠标指针在画布中变为+时，按住【Shift】键不放的同时拖动鼠标即可画出正方形，如图 6–47 所示。

3 单击“工具箱”中的“填充”工具。

4 单击“颜色盒”中的黄色色块，更改前景色为黄色。

5 将鼠标指针移动到正方形内部，单击即可为正方形填充黄色，如图 6–48 所示。

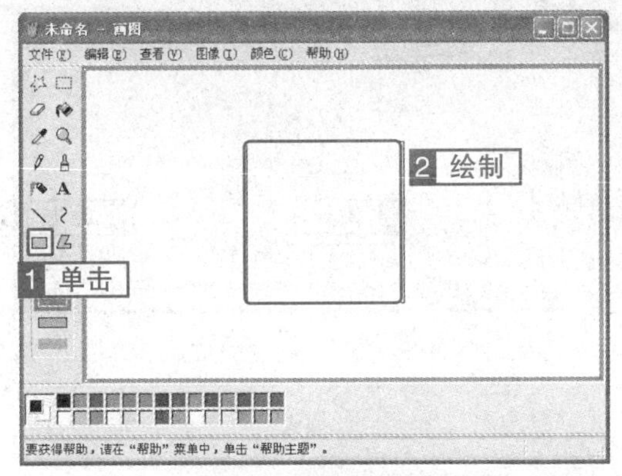

图 6–47 绘制正方形

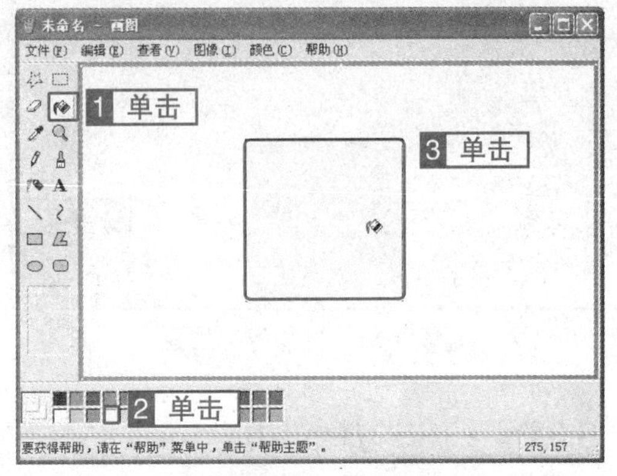

图 6–48 填充颜色

◇**题 目 2**：在画图窗口的图片上插入文字“九寨沟美景”，将该图片保存到“图片收藏”文件夹，文件名为“九寨沟美景”。

◇**考查意图**：本题考查的是在图片上插入文字及保存图像的方法。

◇**操作方法**：

1 选择“工具箱”中的“文字” A 工具。

2 当鼠标指针在画布中变为+时，拖动鼠标即可形成一个矩形文字编辑区域。

3 在文字编辑区域中输入“九寨沟美景”，如图 6–49 所示。

4 选择【文件】菜单中的【另存为】命令，如图 6–50 所示。打开“保存为”对话框。

图 6–49 在图片中添加文字

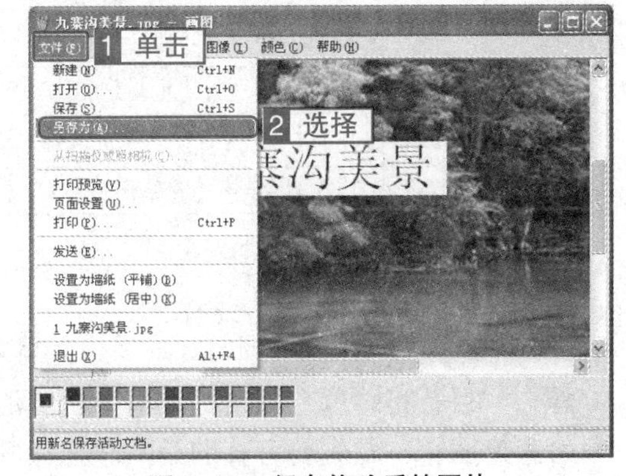

图 6–50 保存修改后的图片

5 在“保存为”对话框的“保存在”下拉列表框中选择“我的文档”项目。

6 选择列表框中的“图片收藏”文件夹，单击 打开(O) 按钮，如图 6–51 所示。打开“图片收藏”文件夹。

7 在“文件名”文本框中输入“九寨沟美景”，单击[保存(S)]按钮完成保存操作，如图6-52所示。

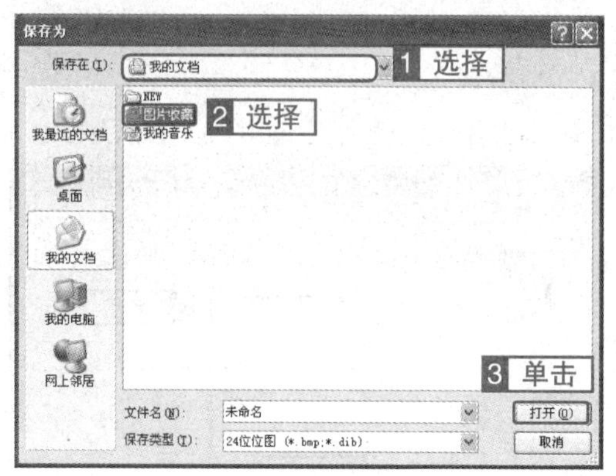

图6-51 选择保存位置

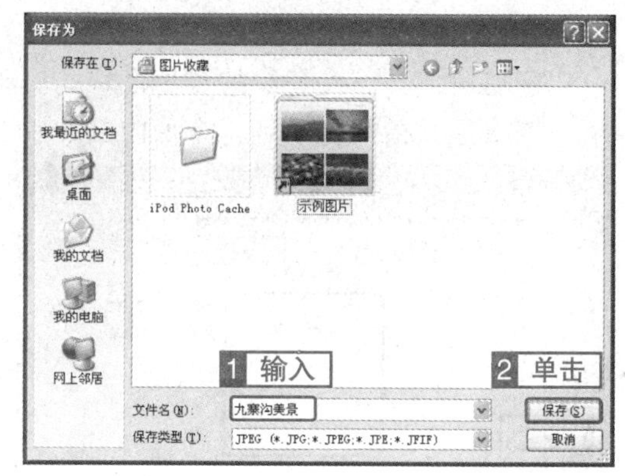

图6-52 保存文件

6.3.3 编辑选择的图形

考点级别：★★★

考点分析：

该考点考查概率比较高，在考试中单独出题的概率比较小，其中的一些操作可能和其他考点集中起来考查。

操作方式

类别	菜单	快捷键	鼠标	其他方式
复制选择的图形	【编辑】→【复制】 【编辑】→【粘贴】		【Ctrl】+拖动	
移动选择的图形			拖动	
保存图形	【文件】→【保存】 【文件】→【另存为】			
保存选择的区域	【编辑】→【复制到】			
清除选择的区域	【编辑】→【清除选定内容】	【Delete】		工具箱
清除全部图形	【图像】→【清除图像】			

真 题 解 析

◇**题　　目：**将螳螂左下角的不清楚区域清除。

◇**考查意图：**本题主要考查的是清除选择区域的方法。

◇**操作方法：**

1 选择“工具箱”中的“选定”工具。

2 在图中框选要清除的区域，如图6-53所示。

3 选择【编辑】菜单中的【清除选定内容】命令，如图6-54所示；或者按【Delete】键。

图 6–53　选择清除区域

图 6–54　清除选择区域

6.3.4　绘图技巧

考点级别： ★★★

考点分析：

该考点考查概率比较高，大多数命题是与其他考点结合起来考查的，如要求绘制一个图形，并将其设置为墙纸等。

操作方式

类别	菜单	快捷键	快捷菜单	其他方式
翻转与旋转图形	【图像】→【翻转 / 旋转】	【Ctrl+R】		
拉伸与扭曲图形	【图像】→【拉伸 / 扭曲】	【Ctrl+W】		
反转颜色	【图像】→【反色】	【Ctrl+I】		
设置为墙纸	【文件】→【设置为墙纸（平铺）】 【文件】→【设置为墙纸（居中）】			

真 题 解 析

◇题　　目：将画图中的图片反色，并将该图片设置为墙纸（居中）。

◇考查意图：本题主要考查画图中的反色操作，以及设置为墙纸的操作。

◇操作方法：

1 选择【图像】菜单中的【反色】命令，如图 6–55 所示。

2 选择【文件】菜单中的【设置为墙纸（居中）】命令，如图 6–56 所示。

图 6–55 反色操作

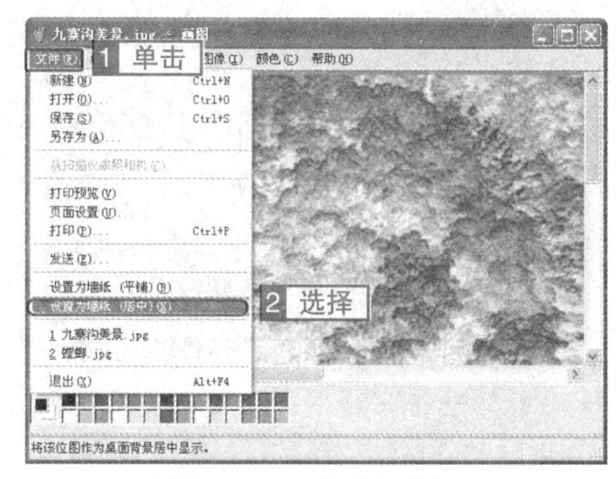

图 6–56 设置墙纸操作

6.4 计算器

Windows XP 中的“计算器”有两种工作方式：标准型和科学型。利用标准型计算器可以进行简单的算术运算，而科学型计算器可以进行复杂的函数运算和统计计算。

6.4.1 标准型计算器的使用

考点级别：★★

考点分析：

该考点的考查概率较高，通常命题方式为要求考生使用计算器进行数值计算操作。

操作方式

类别	菜单	快捷键	快捷菜单	其他方式
打开计算器	【开始】→【所有程序】→【附件】→【计算器】			【开始】→【运行】→【calc.exe】
切换到标准型	【查看】→【标准型】			

真 题 解 析

◇**题　　目：**打开计算器应用程序，计算（21+65）*5/6 的值，然后将计算器复位清零。

◇**考查意图：**本题考查打开计算器的方法及使用标准型计算器计算数值的操作。

◇**操作方法：**

1 单击 开始 按钮，在弹出的“开始”菜单中选择【所有程序】项目，在子菜单中选择【附件】中的【计算器】命令，如图 6–57 所示；或者单击 开始 按钮，在弹出的“开始”菜单中选择【运行】命令，在“运行”对话框的“打开”文本框中输入“calc.exe”，单击 确定 按钮。打开“计算器”程序窗口

2 依次单击“2”和“1”按钮，再单击“+”按钮，再单击“6”和“5”按钮，再单击“=”，括号内计算完毕，数值栏中为计算结果，如图 6–58 所示。

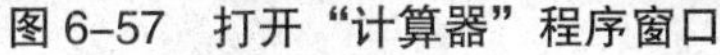

图 6–57　打开“计算器”程序窗口

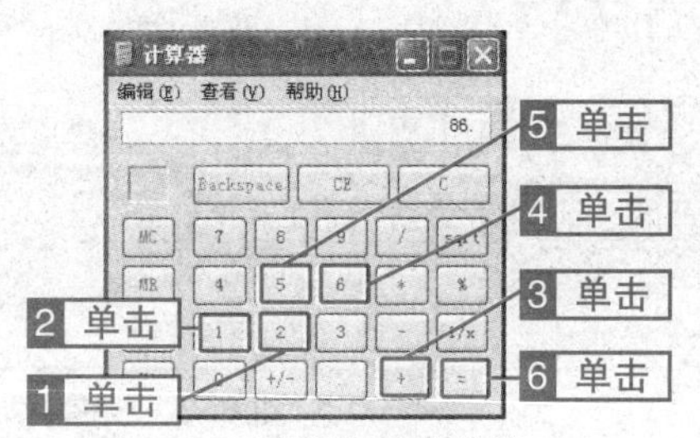

图 6–58　进行括号内计算

3 单击“*”和“5”按钮，再单击“/”和“6”按钮，单击“=”，显示在数值栏中的数字为计算结果。

4 单击[C]按钮，使计算器复位清零，如图 6–59 所示

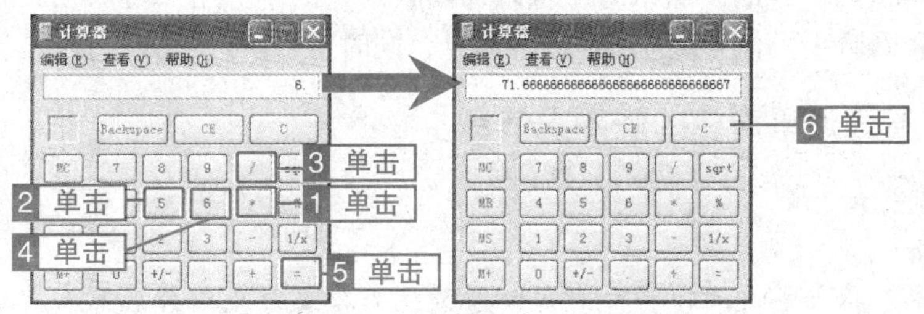

图 6–59　计算结果

6.4.2　科学型计算器的使用

考点级别： ★★

考点分析：

该考点的考查概率较高，通常命题方式为要求考生使用计算器进行数值进制转换操作。

操作方式

类别	菜单	快捷键	快捷菜单	其他方式
打开计算器	【开始】→【所有程序】→【附件】→【计算器】			【开始】→【运行】→【calc.exe】
切换到科学型	【查看】→【科学型】			

真 题 解 析

◇**题　　目：** 利用科学型模式将十进制数 172 转换成八进制。

◇**考查意图：** 本题考查利用科学型计算器进行十进制数与八进制数转换的操作。

◇**操作方法：**

1 选择“十进制”单选项，依次单击“1”、“7”和“2”按钮。

2 选择“八进制”单选项，数值框中为转换后的结果，如图 6-60 所示。

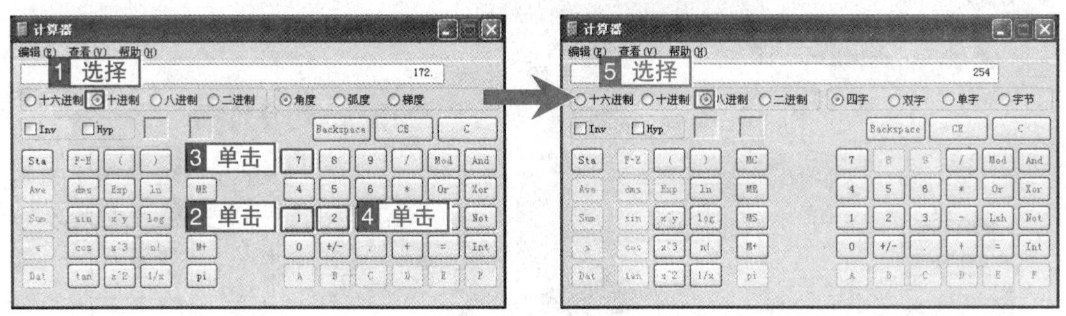

图 6-60 在科学型计算器中进行进制转换

6.5 通讯簿

Windows XP 中的“通讯簿”可以存储联系人信息。用户可以在“通讯簿”中添加联系人的电子邮件、电话、通信地址等信息，同时也可以进行分组管理。

6.5.1 管理通讯簿中的联系人信息

考点级别：★★★

考点分析：

该考点的考查概率较高，通常命题方式为要求考生新建联系人。

操作方式

类别	菜单	快捷键	快捷菜单	其他方式
打开通讯簿	【开始】→【所有程序】→【附件】→【通讯簿】			【开始】→【运行】→【wab.exe】
新建联系人	【文件】→【新建联系人】	【Ctrl+N】	【新建】→【新建联系人】	
查找联系人	【编辑】→【查找用户】	【Ctrl+F】	【查找用户】	

真 题 解 析

◇**题　　目：**请利用“开始”菜单打开“通讯簿”窗口，新建一个联系人，该人的姓名是“许文强”、电子邮件地址为“378611234@qq.com”、住宅邮政编码是“100875”、电话是“23842516”、移动电话号码是“13840162254”、公司名称为“霞飞”，公司所在国家为“中国”、所在城市为“上海”（请按题目顺序填写）。建立完毕，关闭通讯薄窗口。

◇**考查意图：**本题考查通过“开始”菜单打开“通讯簿”窗口的方法，以及新建联系人的操作。在新建联系人的过程中要按题目的顺序依次填写联系人的基本信息。

◇操作方法：

1 单击[开始]按钮，在弹出的“开始”菜单中选择【所有程序】，在子菜单中选择【附件】中的【通讯簿】命令，如图 6–61 所示。

2 打开“通讯簿”程序窗口，选择【文件】菜单中的【新建联系人】命令，如图 6–62 所示。

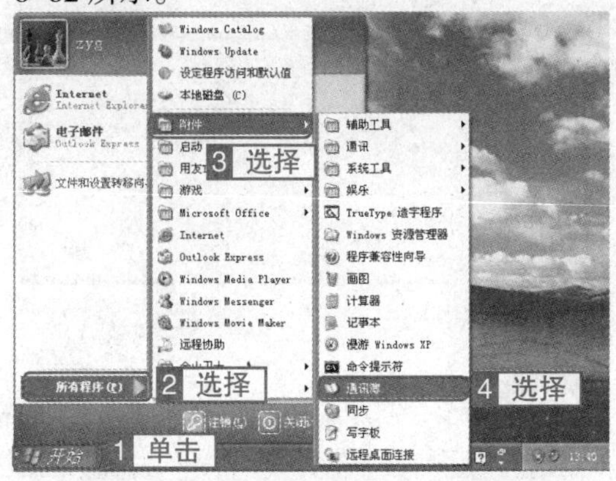

图 6–61　打开“通讯簿”窗口

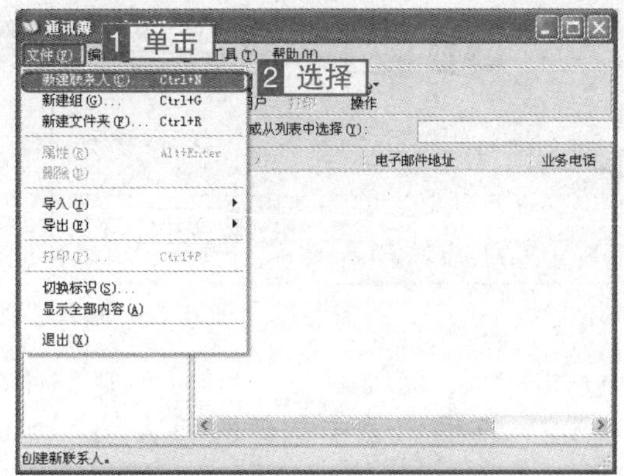

图 6–62　新建联系人

3 打开联系人的“属性”对话框，在“姓”文本框中输入“许”，在“名”文本框中输入“文强”，在“电子邮件地址”文本框中输入“378611234@qq.com”，然后单击[添加(A)]按钮，如图 6–63 所示。

4 单击“住宅”选项卡，在“邮政编码”文本框中输入“100875”，在“电话”文本框中输入“23842516”，在“移动电话”文本框中输入“13840162254”，如图 6–64 所示。

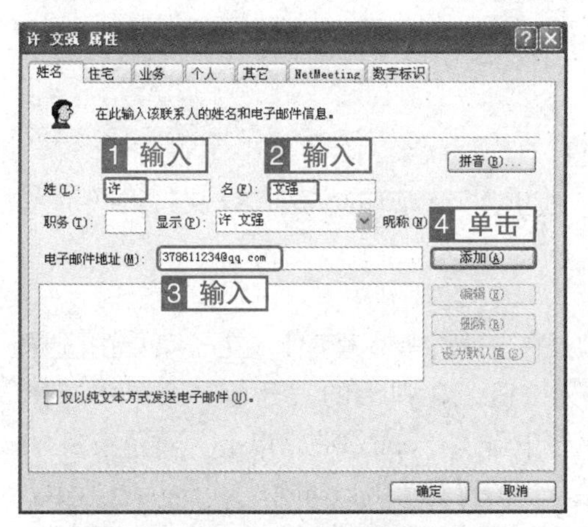

图 6–63　输入“姓名”选项卡内容

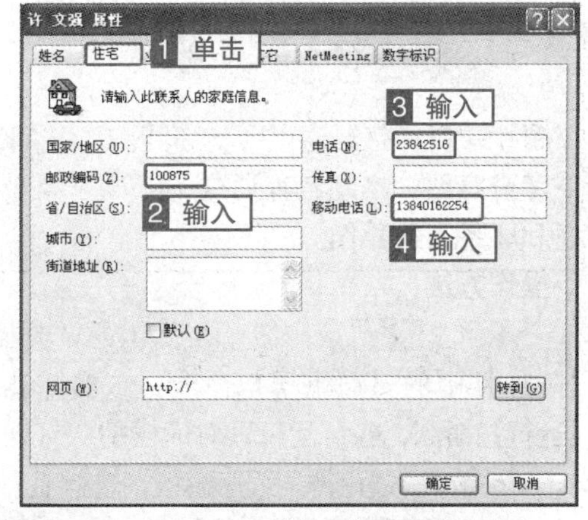

图 6–64　输入“住宅”选项卡内容

5 单击“业务”选项卡，在“公司”文本框中输入“霞飞”，在“国家 / 地区”文本框中输入“中国”，在“城市”文本框中输入“上海”，单击[确定]按钮。

6 返回“通讯簿”程序窗口，单击右上角[×]按钮，关闭“通讯簿”窗口，如图 6–65 所示。

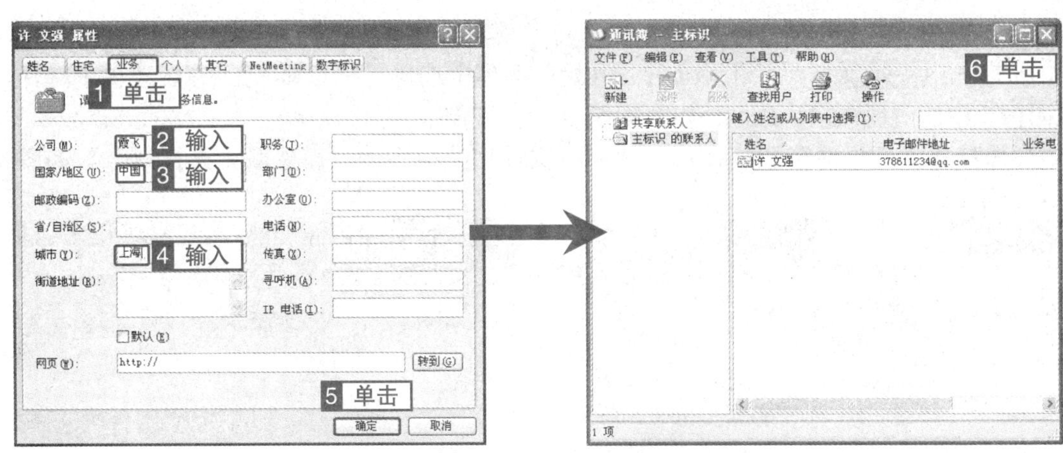

图 6-65 输入“业务”选项卡中的内容

6.5.2 在通讯簿中创建联系人组

考点级别： ★★★

考点分析：

该考点的考查概率较高，通常命题方式为要求考生新建一个联系人组，再添加联系人。

操作方式

类别	菜单	快捷键	快捷菜单	其他方式
新建联系人组	【文件】→【新建组】	【Ctrl+G】	【新建】→【新建组】	

真 题 解 析

◇**题　　目：** 打开通讯簿，新建一个“OE 学习组”，增加联系人“李丽”。

◇**考查意图：** 本题考查通过“开始”菜单打开“通讯簿”窗口的方法，以及新建联系人组和联系人的操作。

◇**操作方法：**

1 单击 开始 按钮，在弹出的“开始”菜单中选择【所有程序】，在子菜单中选择【附件】中的【通讯簿】命令；或者单击 开始 按钮，在弹出的“开始”菜单中选择【运行】命令，在“运行”对话框的“打开”文本框中输入“wab.exe”，单击 确定 按钮。

2 打开“通讯簿”程序窗口，选择【文件】菜单中的【新建组】命令，如图 6-66 所示。

3 打开“组 属性”对话框，在“组名”文本框中输入“OE 学习组”，单击 新建联系人(N) 按钮，如图 6-67 所示。

4 打开联系人“属性”对话框，在“姓”文本框中输入“李”，在“名”文本框中输入“丽”，单击 确定 按钮，如图 6-68 所示。

5 返回“OE 学习组 属性”对话框，单击 确定 按钮完成本题操作，如图 6-69 所示。

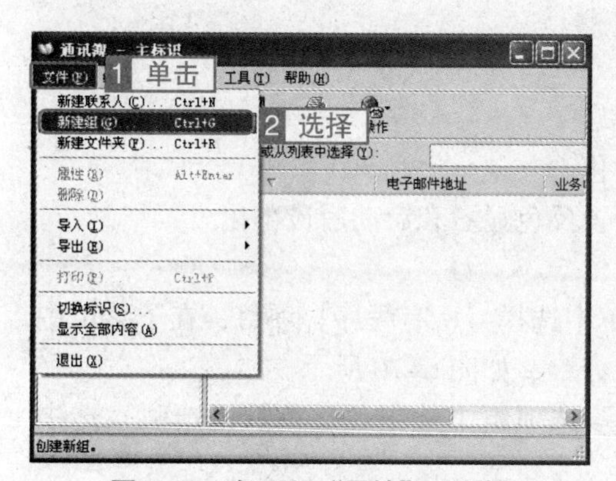

图 6-66　打开组"属性"对话框

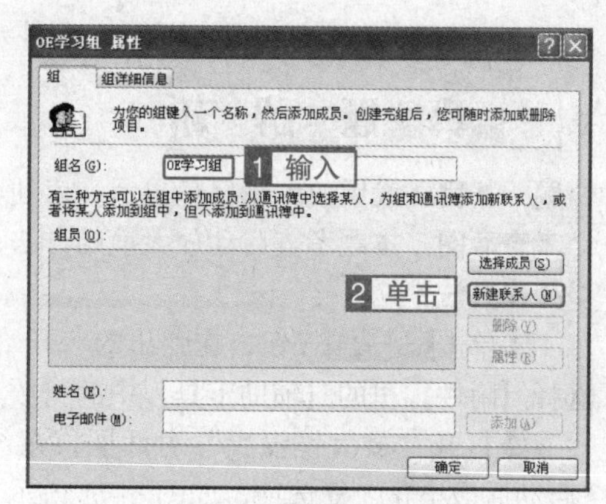

图 6-67　设置组名称

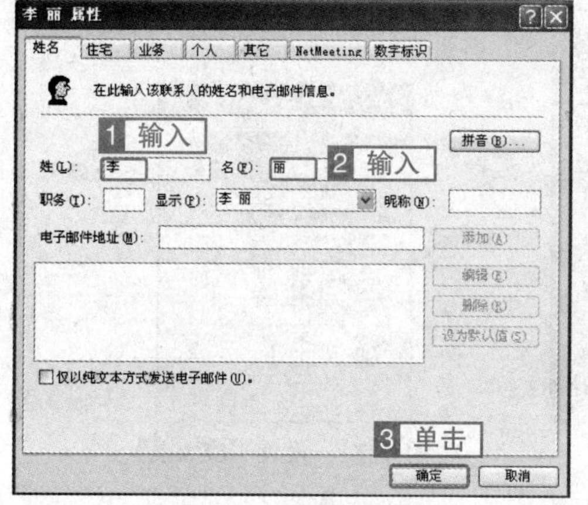

图 6-68　新建联系人

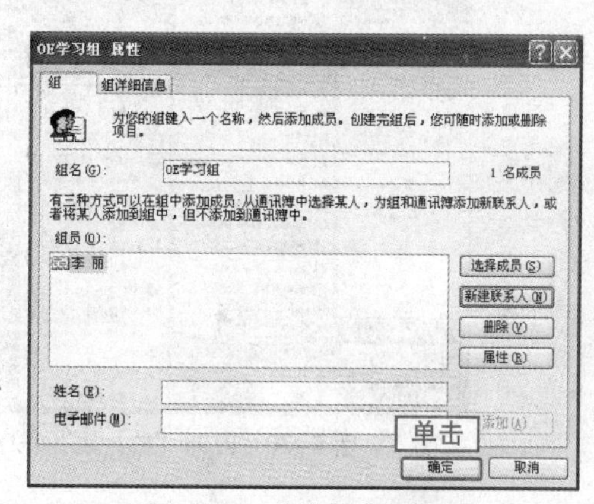

图 6-69　完成新建组操作

6.6　辅助工具

Windows XP 的辅助工具包括放大镜、辅助工具管理器、辅助功能向导和屏幕键盘。

6.6.1　放大镜

考点级别：★

考点分析：

该考点的考查概率较低，考生只需要了解启动"放大镜"程序的方法便可。

操作方式

类别	菜单	快捷键	快捷菜单	其他方式
启动放大镜	【开始】→【所有程序】→【附件】→【辅助工具】→【放大镜】			

真题解析

◇题　　目：设置放大镜反色显示，启动后最小化。

◇考查意图：本题考查启动放大镜的方法，并设置反色显示和启动后最小化。

◇操作方法：

1 单击 开始 按钮，在弹出的“开始”菜单中选择【所有程序】项目，在子菜单中选择【附件】里的【辅助工具】中的【放大镜】命令，如图6-70所示。

2 打开“放大镜设置”对话框，在“外观”选项组中选中“反色”复选项，选中“启动后最小化”复选项，如图6-71所示。

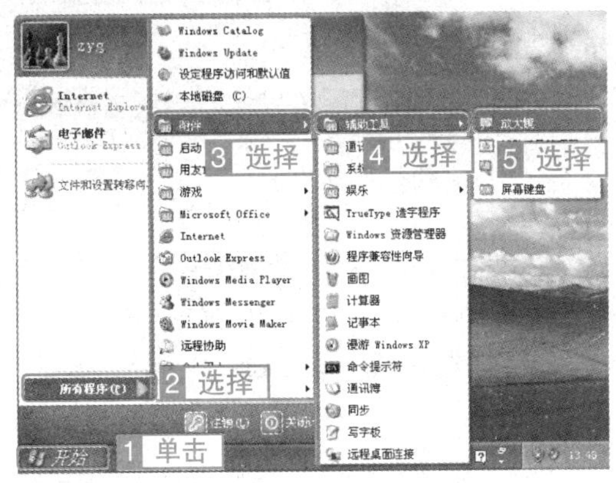

图6-70　打开“放大镜”程序

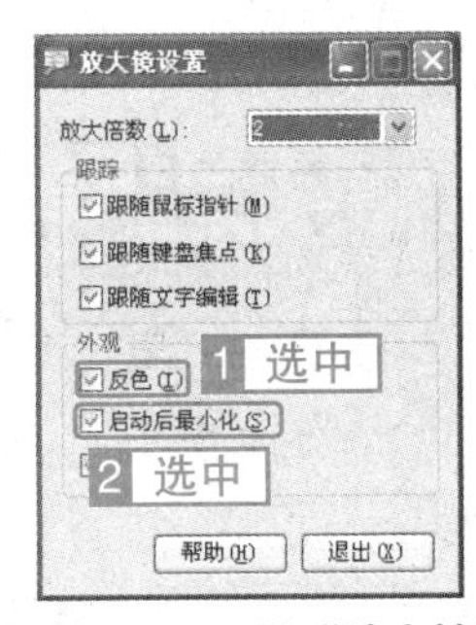

图6-71　设置“放大镜”

6.6.2　屏幕键盘的使用

考点级别：★

考点分析：

该考点的考查概率较低，考生只需要了解其用法即可。

操作方式

类别	菜单	快捷键	快捷菜单	其他方式
启动屏幕键盘	【开始】→【所有程序】→【附件】→【辅助工具】→【屏幕键盘】			

真题解析

◇题　　目：打开屏幕键盘，设置键盘为增强型键盘，块状布局，使用单击声响，在打开的文档中输入“oe”。

◇考查意图：本题考查启动屏幕键盘的方法，设置键盘为增强型键盘，块状布局，使用单击声响，并输入“oe”。

◇**操作方法：**

1 单击 开始 按钮，在弹出的“开始”菜单中选择【所有程序】，在子菜单中选择【附件】里的【辅助工具】中的【屏幕键盘】命令，如图 6-72 所示。

2 打开“屏幕键盘”窗口，选择【键盘】菜单中的【增强型键盘】命令，如图 6-73 所示。

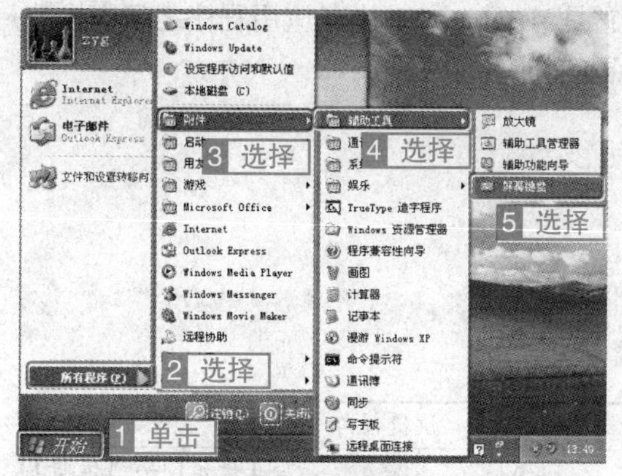

图 6-72 启动“屏幕键盘”窗口

图 6-73 设置“屏幕键盘”的键盘类型

3 选择【键盘】菜单中的【块状布局】命令，如图 6-74 所示。

4 选择【设置】菜单中的【使用单击声响】命令，如图 6-75 所示。

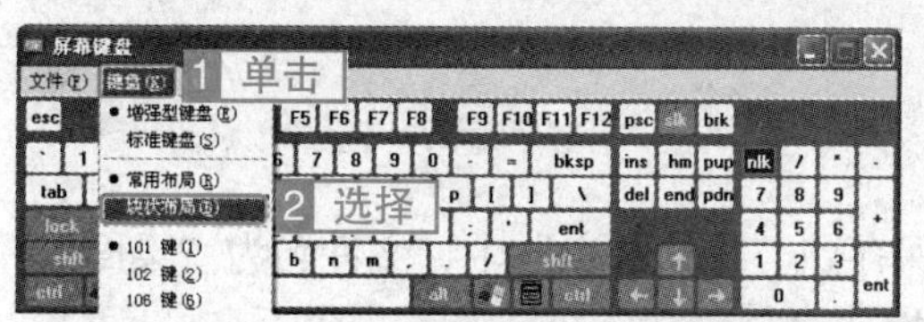

图 6-74 设置“屏幕键盘”键位分布方式

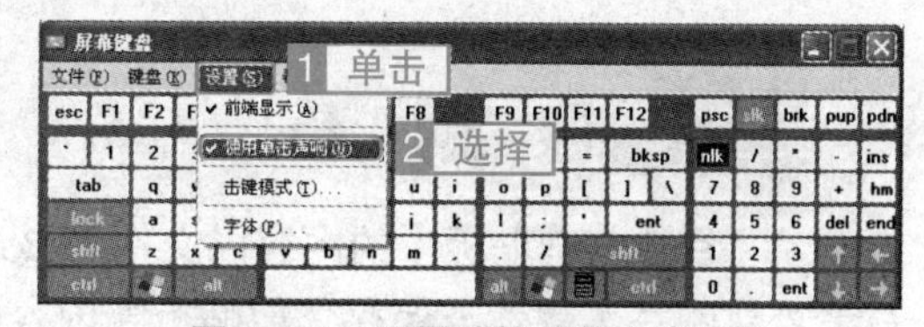

图 6-75 设置“使用单击声响”

5 在“屏幕键盘”窗口中依次单击“o”和“e”按钮，如图 6-76 所示。

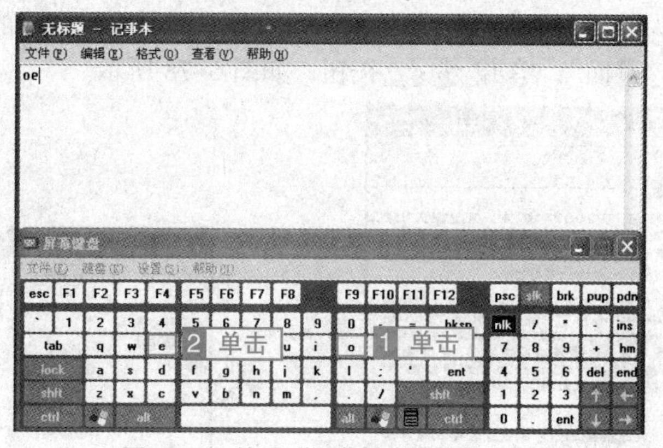

图 6-76 使用“屏幕键盘”输入文字

6.7 剪贴板

“剪贴板”是计算机内存中的一块区域，它是 Windows XP 中各应用程序之间交换数据的重要通道，是“剪切”和“复制”操作信息的临时存放空间。

6.7.1 使用剪贴板

考点级别：★

考点分析：

该考点的考查概率较低，命题比较简单。

操作方式

类别	菜单	快捷键	快捷菜单	其他方式
打开“剪贴簿查看器”	【开始】→【所有程序】→【附件】→【剪切簿查看器】			【开始】→【运行】→【clipbrd.exe】
保存“剪贴板”内容	【文件】→【另存为】			
清除“剪贴板”内容	【编辑】→【删除】	【Delete】		

真 题 解 析

◇**题　　目：**将剪贴板中的内容以文件的形式保存到“我的文档”中，文件名为“桌面”。

◇**考查意图：**本题考查保存“剪贴板”内容的操作。

◇**操作方法：**

1 选择【文件】菜单中的【另存为】命令，如图 6–77 所示。

2 弹出“另存为”对话框，在“保存在”下拉列表框中选择“我的文档”，在“文件名”文本框中输入“桌面”，单击 保存(S) 按钮，如图 6–78 所示。

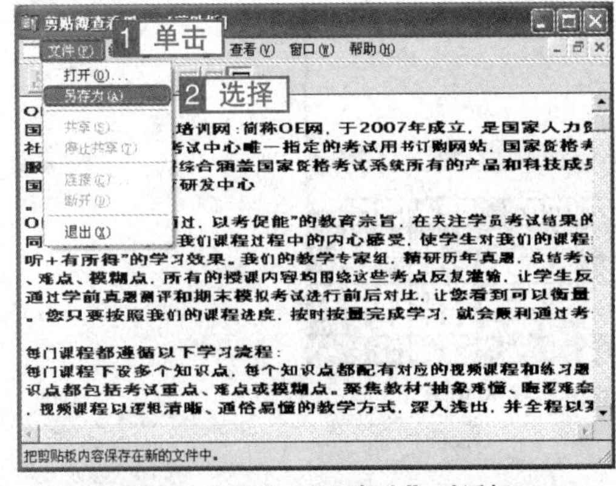

图 6–77　打开“另存为”对话框

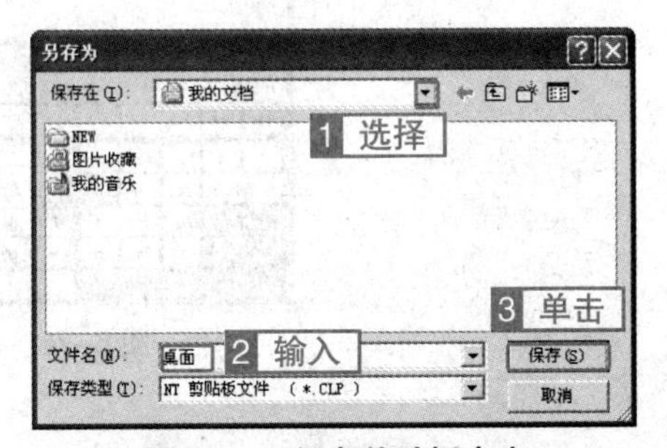

图 6–78　保存剪贴板内容

本章考点及其对应操作方式一览表

考点	考频	操作方式
打开记事本	★★★	【开始】→【所有程序】→【附件】→【记事本】
新建记事本文件	★★★	【文件】→【新建】
保存记事本文件	★★★	【文件】→【保存】
打开记事本文件	★★★	【文件】→【打开】
关闭记事本文件	★★★	【文件】→【退出】
在记事本中设置自动换行	★★★	【格式】→【自动换行】
在记事本中插入日期和时间	★★★	【编辑】→【时间 / 日期】
在记事本中选择文本	★★★	拖动鼠标
在记事本中删除文本	★★★	【编辑】→【删除】
在记事本中插入文本	★★★	将鼠标光标定位到要插入文本的位置，然后插入文本
在记事本中复制文本	★★★	【编辑】→【复制】和【粘贴】
在记事本中剪切文本	★★★	【编辑】→【剪切】和【粘贴】
在记事本中查找文本	★★★	【编辑】→【查找】;【编辑】→【查找下一个】
在记事本中替换文本	★★★	【编辑】→【替换】
在记事本中进行页面设置	★	【文件】→【页面设置】
在记事本中进行打印设置	★	【文件】→【打印】
打开写字板	★★★	【开始】→【所有程序】→【附件】→【写字板】
新建写字板文件	★★★	【文件】→【新建】
保存写字板文件	★★★	【文件】→【保存】或【另存为】
打开写字板文件	★★★	【文件】→【打开】
关闭写字板文件	★★★	【文件】→【退出】
在写字板中设置自动换行	★★★	【查看】→【选项】→【多信息文本】
在写字板中插入日期和时间	★★★	【插入】→【日期和时间】
字符插入与改写状态	★★★	【Insert】
在写字板中选择文本	★★★	【编辑】→【全选】
在写字板中删除文本	★★★	【编辑】→【删除】
在写字板中插入文本	★★★	将鼠标光标定位到要插入文本的位置，然后插入文本
在写字板中复制文本	★★★	【编辑】→【复制】和【粘贴】
在写字板中剪切文本	★★★	【编辑】→【剪切】和【粘贴】
在写字板中查找文本	★★★	【编辑】→【查找】或【查找下一个】
在写字板中替换文本	★★★	【编辑】→【替换】
在写字板中插入对象	★★★	【插入】→【对象】
在写字板中格式化文本	★★★	【格式】→【字体】
在写字板中段落排版	★★★	【格式】→【段落】
打开画图	★★★	【开始】→【所有程序】→【附件】→【画图】

续表

设置图面尺寸	★★★	【图像】→【属性】
选择绘图工具	★★★	绘图工具
设置线条宽度	★★★	线条样式
设置绘图颜色	★★★	前景色:鼠标单击色块;背景色:鼠标右击色块
画直线	★★★	或【Shift】+
画曲线	★★★	
画矩形	★★★	、、【Shift】+、【Shift】+
画椭圆	★★★	
画多边形	★★★	
填充颜色	★★★	
"喷枪"工具	★★★	
擦除图形	★★★	
输入文字	★★★	A
选择图形	★★★	
复制选择的图形	★★★	【编辑】→【复制】和【粘贴】
移动选择的图形	★★★	拖动
保存图形	★★★	【文件】→【保存】;【文件】→【另存为】
保存选择的区域	★★★	【编辑】→【复制到】
清除选择的区域	★★★	【编辑】→【清除选定内容】
清除全部图形	★★★	【图像】→【清除图像】
翻转与旋转图形	★★★	【图像】→【翻转/旋转】
拉伸与扭曲图形	★★★	【图像】→【拉伸/扭曲】
反转颜色	★★★	【图像】→【反色】
设置为墙纸	★★★	【文件】→【设置为墙纸(平铺)】;【文件】→【设置为墙纸(居中)】
打开计算器	★★	【开始】→【所有程序】→【附件】→【计算器】
切换到标准型计算器	★★	【查看】→【标准型】
切换到科学型计算器	★★★	【查看】→【科学型】
打开通讯簿	★★★	【开始】→【所有程序】→【附件】→【通讯簿】
新建联系人	★★★	【文件】→【新建联系人】
查找联系人	★★★	【编辑】→【查找用户】
新建联系人组	★	【文件】→【新建组】
启动放大镜	★	【开始】→【所有程序】→【附件】→【辅助工具】→【放大镜】
启动屏幕键盘	★	【开始】→【所有程序】→【附件】→【辅助工具】→【屏幕键盘】
打开"剪贴簿查看器"	★	【开始】→【所有程序】→【附件】→【剪切簿查看器】
保存"剪贴板"内容	★	【文件】→【另存为】
清除"剪贴板"内容	★	【编辑】→【删除】

通 关 真 题

CD 注：以下测试题可以通过光盘【实战教程】→【通关真题】进行测试。

第 1 题 利用快捷键复制第一段粘贴到最后一段。

第 2 题 利用快捷键剪切第一段粘贴到最后一段。

第 3 题 设置当前文档打印纸张大小为 A5，页脚为 OE。

第 4 题 用快捷键将插入点上移一页。

第 5 题 用快捷键将插入点移动到当前行的行首。

第 6 题 用快捷键将插入点移动到当前行的行尾。

第 7 题 用快捷键将插入点移动到文本的开头。

第 8 题 用快捷键将插入点移动到文本的尾部。

第 9 题 利用屏幕键盘，在已打开的记事本里输入“abcd”。

第 10 题 移动第一自然段到文章末尾，然后清除全部内容。

第 11 题 用查找命令查找文本中“学生”出现的位置。

第 12 题 在记事本中用查找命令，查找第一个“博客”出现的位置。

第 13 题 将当前记事本设置为“自动换行”，所有文本的字形为“黑体”，在文章末尾插入当前计算机的日期。

第 14 题 将 Windows XP 初始画面放入剪贴板，然后粘贴到写字板。

第 15 题 当前输入法处在中文标点符号状态，请在打开的写字板窗口中输入英文标点符号“<>！& @ # %”。

第 16 题 将“Microsoft Office Excel97-2003”插入到写字板中，然后切换回写字板界面。

第 17 题 将写字板由默认状态的“插入”模式转换到“改写”模式，然后输入“OE 教育 oeoe.com”

第 18 题 请打开“我的文档”文件夹中的“剪贴板文件.CLP”，并将其内容粘贴到写字板中。

第 19 题 设置写字板在录入文字时“按窗口大小自动换行”。

第 20 题 在打开的写字板窗口，利用菜单栏将第一段设置为首行缩进 3 厘米，利用“文件”菜单将当前文本打印。

第 21 题 桌面上有打开的写字板窗口，设置文字按窗口大小自动排列，写字板度量单位为厘米，在窗口中利用动态键盘输入大写的希腊字母“ξ φ”。

第 22 题 在打开的“写字板”文档中已经输入了一些文字，请将这些文字全部选中以后在下面一行的位置，以图片的形式粘贴所选择的文字。

第 23 题 在桌面上有打开的写字板窗口，调出格式栏。

第 24 题 通过运行命令启动画图程序。

第25题 画两条垂直的直线，在这两条直线的右上角画一条与这两条直线成45度的直线，线条使用最粗的线宽、红色。

第26题 设置黄色为画图程序的前景色，灰色为背景色，然后画一条黄色曲线，灰色的圆角正方形。

第27题 在画图窗口，利用滚动条操作显示图片右下角美餐。

第28题 将画图窗口的图片水平方向拉伸到150%，扭曲30度，然后清除图像。

第29题 请打开“画图”应用程序窗口，并隐藏工具箱和颜料盒。

第30题 请打开“我的文档”文件夹中的剪贴板文件“JTB.clp”，并将其内容粘贴到“画图”中。

第31题 请利用快捷键进行窗口切换，使画图成为当前应用程序。

第32题 请在“画图”窗口中打开“图片收藏”文件夹中的“OE.BMP”文件，将图片放大两倍，扩大画布，在左下角绘制一轮黄色的圆月，保存后将其设置为墙纸（居中）。

第33题 请在“画图”窗口打开“图片收藏”文件夹中的“OE.BMP”文件，以全屏幕的方式查看图片。

第34题 用橡皮擦清除图片上的“oeoe.com”，将图片旋转180度。

第35题 在画图程序中，设置纸张大小为A6，缩放比例为150%。

第36题 在画图窗口垂直翻转图片，并复制右侧的小熊到左下角。

第37题 在画图窗口中，请改变窗口的高度和宽度以便使图片在窗口内全部显示出来。

第38题 擦除全部图形。

第39题 选定上边的绵羊图片，将它复制到“我的文档”的“图片收藏”中。

第40题 在“画图”窗口中打开“我的文档”文件夹中的文件“OE.BMP”，将图像反色显示。再将绘图区扩大为宽度480，高度360，然后把图像区拉伸，水平方向为140%，垂直方向为130%。将该文件原地保存，文件类型为24位位图，名称不变，然后将图像设置为墙纸（居中），最后关闭画图窗口（请按题目所给顺序操作）。

第41题 用快捷键将当前屏幕内容以图片形式存储到剪贴板中，并用快捷键保存到画图窗口中。

第42题 在画图窗口中打开“我的文档”文件夹中的“OE.BMP”，将该图片放入剪贴板，再在该画图窗口打开“我的文档”文件夹中的“光芒.jpg”，将刚刚放入剪贴板中的图片粘贴到画图窗口，并移动到画面中央，然后将文件保存到C盘根文件夹下，文件名为“OE 教育.jpg”。

第43题 计算32的8次方的值。

第44题 计算59049的10次方根的值。

第45题 计算96的平方根。

第46题 用科学型计算器计算90、85、98的平均值，再计算标准差。

第47题 请打开“计算器”应用程序，利用科学型模式计算Log100的值。

第48题 请打开计算器应用程序，利用科学型模式计算3的6次方。

第49题 请利用“计算器”将十进制数123转换成二进制数（使用键盘输入数字）。

第50题 为“共享联系人”中的“合作方联系人”组增加一个尚未输入信息的成员“刘丽”，“职务”为“试题编辑”，邮箱为“OE1234567@sina.com”。

第51题 在“共享联系人”新建一个组，组名为“合作方联系人”，选择“oe”、“李涵”为“合作方联系人”组的成员。

第52题 在“通讯簿”中查找姓名为“oe”的联系人。

第53题 在“通讯簿”中修改联系人“oe”的邮箱，添加“oeoe1234567@sohu.com”，并将“oeoe1234567@sohu.com”设置为默认电子邮件。

第54题 请利用“开始”菜单打开“放大镜”，做如下设置：将“放大位数”改为4，在“跟踪”中选择“跟随鼠标指针”，在外观中选择“显示放大镜”。然后将“任务栏和「开始」菜单属性”对话框中的“分组相似任务栏按钮”放大。

第55题 将屏幕键盘设置成“标准键盘”，键盘键数设置为106键，设置“屏幕键盘”中键位显示文字的字形为粗体。

第56题 用运行对话框打开剪贴板。

第57题 请将当前Windows XP画面放入剪贴板，然后粘贴到写字板。

第58题 请将活动的“日期和时间属性”对话框放入剪贴板，然后粘贴到画图中。

第59题 请将已经存在于剪贴板中的文件，放入写字板，并清除剪贴板的内容。

第60题 清除剪贴板中的内容。

第61题 清除剪贴簿查看器窗口中的内容。

Windows XP 多媒体娱乐工具包括录音机、多媒体播放器（Windows Media Player）、影像处理软件（Windows Movie Maker）。本章主要介绍它们的使用。

本章考点

掌握的内容★★★

录音机基本操作

编辑声音文件

将声音添加到文档

使用 Windows Media Player

Windows Media Player 媒体库操作

管理 Windows Media Player 播放列表

熟悉的内容★★

使用 Windows Movie Maker 捕获视频

使用 Windows Movie Maker 编辑电影

使用 Windows Movie Maker 完成电影

了解的内容★

Windows Media Player 的设置

7.1 录音机

录音机是 Windows XP 操作系统提供的一个小型的便于使用的应用程序，用户可以利用它录制、播放、混合和编辑 wav 格式的声音文件，也可以将声音链接插入到某个文档中。

7.1.1 录音机基本操作

考点级别：★★★

考点分析：

该考点的考查概率较高，通常以录制一段声音，然后保存此声音来命题。

操作方式

类别	菜单	快捷键	操作按钮	其他方式
打开录音机	【开始】→【所有程序】→【附件】→【娱乐】→【录音机】			【开始】→【运行】→【sndrec32.exe】
录制声音			●	
停止播放或录制			■	
播放声音			▶	
保存声音文件	【文件】→【保存】或【另存为】			
调整声音质量	【文件】→【属性】			

真 题 解 析

◇**题 目 1**：用“运行”对话框启动录音机程序。

◇**考查意图**：本题考查了使用“运行”对话框打开“录音机”程序的操作。

◇**操作方法**：

1 单击 开始 按钮，在弹出的“开始”菜单中选择【运行】命令。

2 打开“运行”对话框，在“打开”文本框中输入“sndrec32.exe”，单击 确定 按钮，如图 7-1 所示。

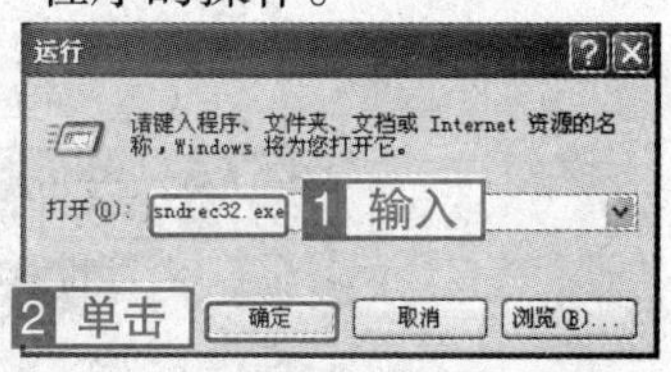

图 7-1 通过“运行”对话框启动“录音机”

◇**题 目 2**：录制一段长度为 120 秒的声音文件，文件保存为“文件试讲”，文件格式为“MPEG layer-3”，属性为“11.025kHz，8 位，单声道，0KB/ 秒”，并将声音格式保存为“新的声音”。

◇**考查意图**：本题考查了使用“录音机”程序录制声音文件、保存声音文件的操作以及声音格式转换的操作。

◇**操作方法**：

1 单击“录音机”程序窗口中的“录制” ● 按钮，当录音时间为 120 秒时，单击“停止” ■ 按钮，如图 7-2 所示。

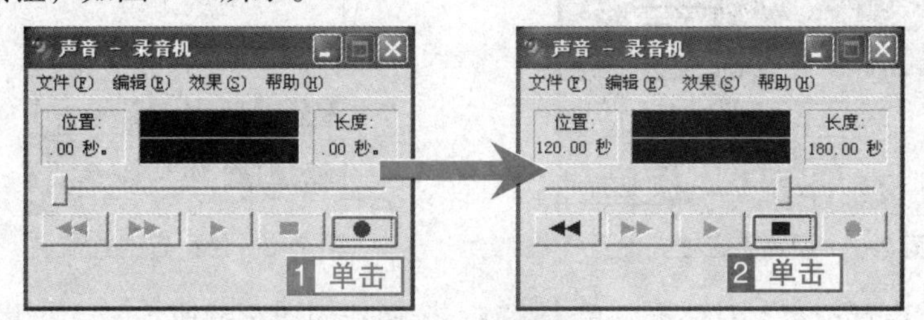

图 7-2 录制声音

2 选择【文件】菜单中的【保存】命令，如图 7-3 所示。

3 弹出“另存为”对话框，在“文件名”文本框中输入“文件试讲”，单击 保存(S) 按钮，如图 7-4 所示。

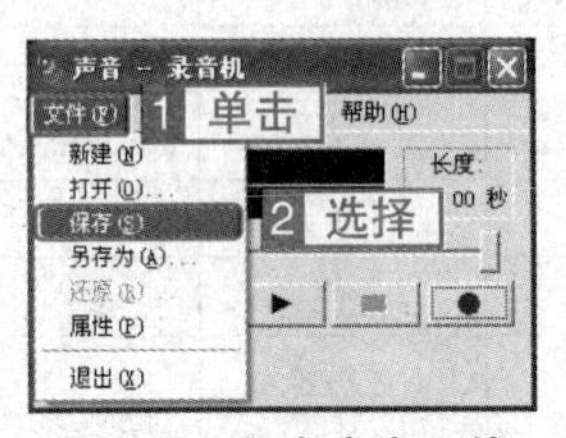

图 7–3 保存声音文件

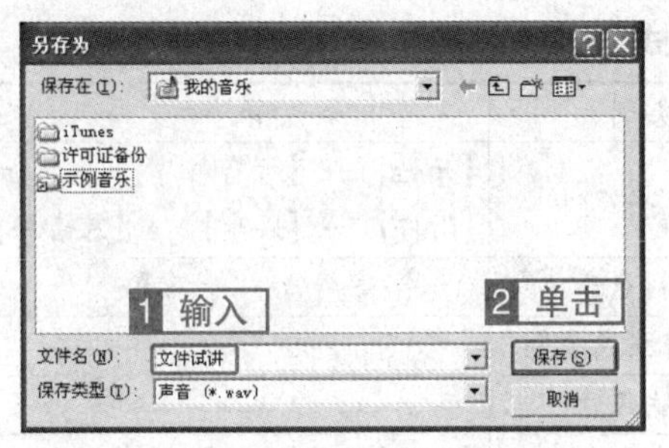

图 7–4 “另存为”对话框

4 选择【文件】菜单中的【属性】命令，如图 7–5 所示。

5 弹出“声音 的属性”对话框，单击 立即转换(C)... 按钮，如图 7–6 所示。

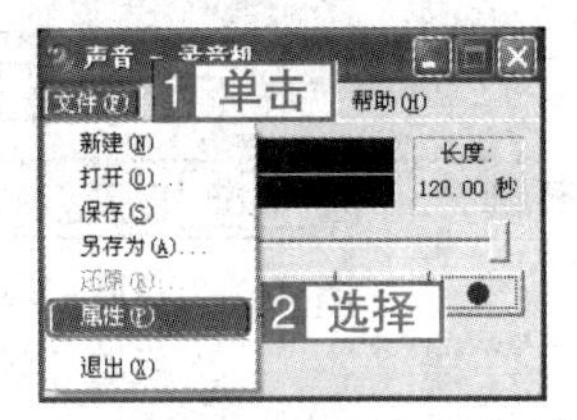

图 7–5 打开“声音的属性”对话框

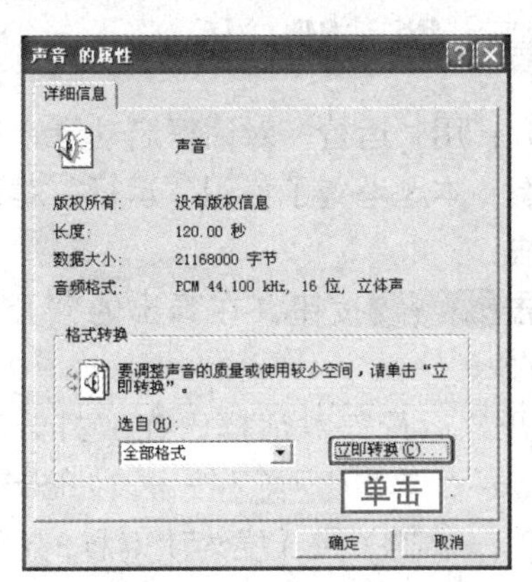

图 7–6 “声音的属性”对话框

6 弹出“声音选定”对话框，在“格式”下拉列表框中选择“MPEG Layer–3”，在“属性”下拉列表框中选择“8 kBit/s, 11,025 Hz, Mono 0 KB/ 秒”，单击 另存为(S)... 按钮，如图 7–7 所示。

7 弹出“另存为”对话框，在“将这个格式另存为”文本框中输入“新的声音”，单击 确定 按钮，如图 7–8 所示。

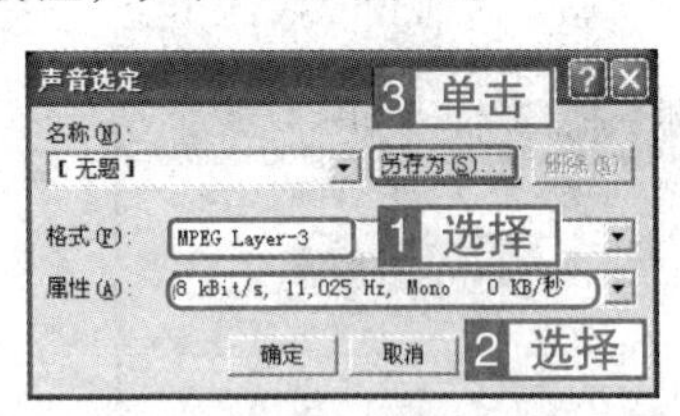

图 7–7 设置声音格式参数

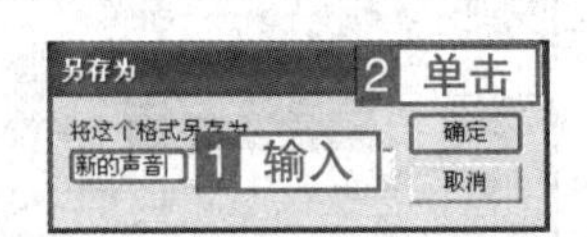

图 7–8 为声音格式命名

8 返回“声音选定”对话框，单击 确定 按钮，如图 7–9 所示。

9 返回“声音 的属性”对话框，单击 确定 按钮完成本题操作，如图 7–10 所示。

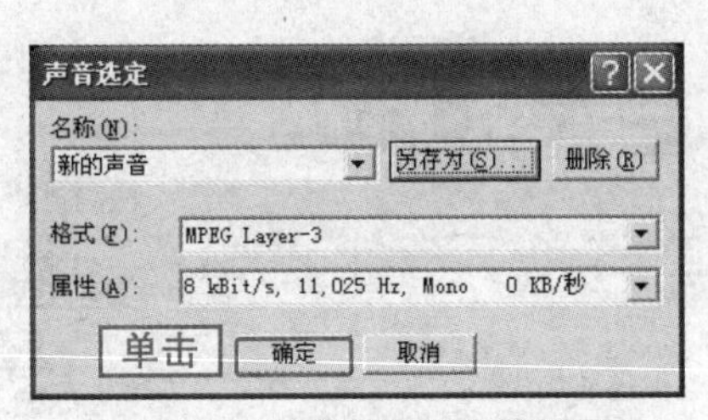

图 7–9 完成声音格式的设置

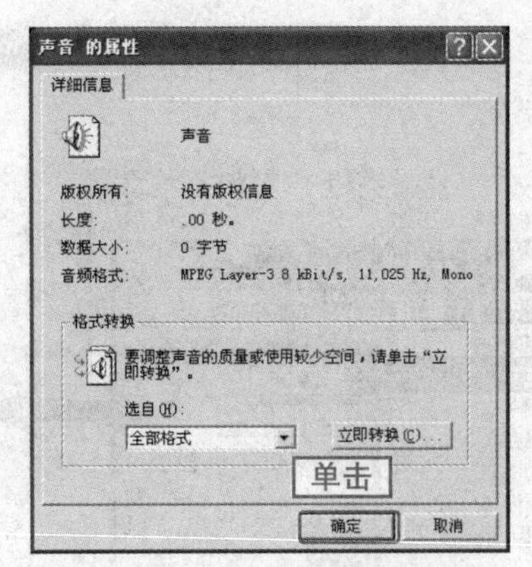

图 7–10 完成声音格式的转换

7.1.2 编辑声音文件

考点级别：★★★

考点分析：

该考点的考查概率较高，在考试中通常以删除部分声音文件或混合一段声音来命题。

操作方式

类别	菜单	快捷键	操作按钮	其他方式
混合声音文件	【编辑】→【与文件混音】			
删除部分声音	【编辑】→【删除当前位置以前的内容】或【删除当前位置以后的内容】			
插入声音文件	【编辑】→【插入文件】			
修改声音效果	【效果】			

真 题 解 析

◇题 目 1：从录音机打开 C 盘目录下的“满江红诗朗诵.wav”文件将它与同一目录下的文件“江山多娇.wav”混音，将其播放一次后保存到 C 盘根目录下文件名为“满江红配乐诗朗诵.wav”。

◇考查意图：本题考查了在“录音机”中混合声音文件的方法的操作。

◇操作方法：

1 选择【文件】菜单中的【打开】命令。

2 弹出“打开”对话框，在“查找范围”下拉列表框中选择“C 盘”，在文件列表框中选择“满江红诗朗诵.wav”文件，单击 打开(O) 按钮，如图 7–11 所示。

3 选择【编辑】菜单中的【与文件混音】命令。

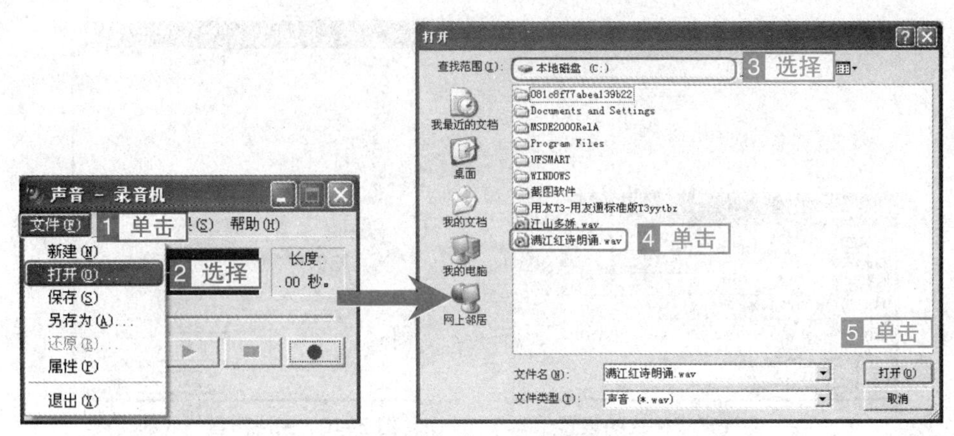

图 7-11　打开声音文件

4 弹出“混入文件”对话框，在“查找范围”下拉列表框中选择“C 盘”，在文件列表框中选择“江山多娇.wav”文件，单击 打开(O) 按钮，如图 7-12 所示。

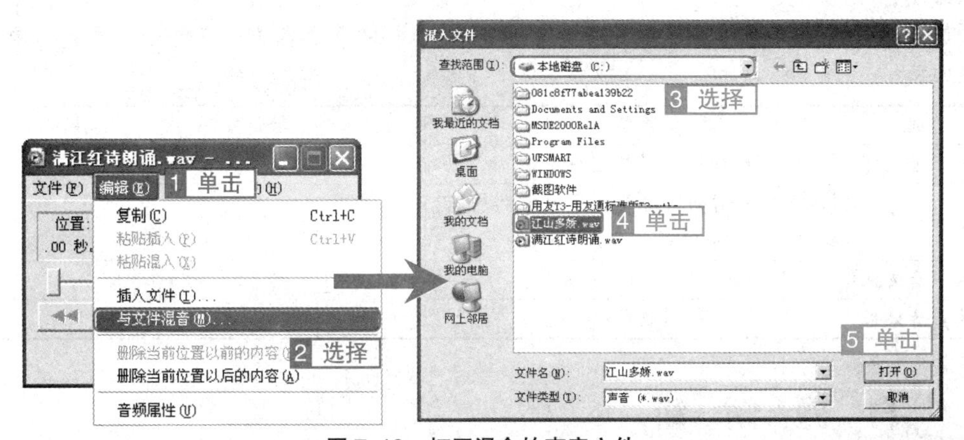

图 7-12　打开混合的声音文件

5 单击“录音机”的 ▶ 按钮，播放声音文件，如图 7-13 所示。

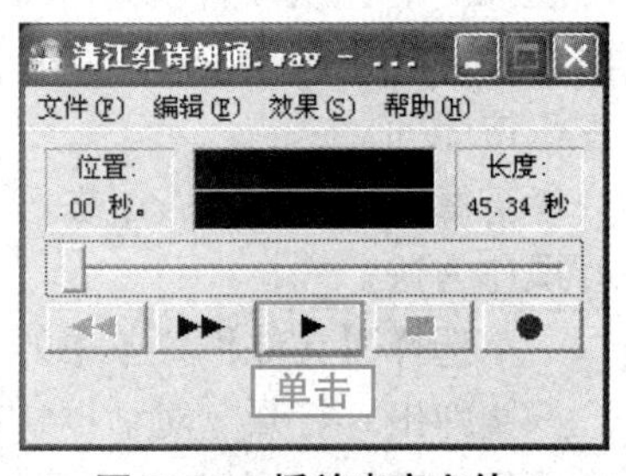

图 7-13　播放声音文件

6 选择【文件】菜单中的【另存为】命令。

7 弹出“另存为”对话框，在“保存在”下拉列表框中选择“C 盘”，在“文件名”文本框中输入“满江红配乐诗朗诵”，单击 保存(S) 按钮将混音后的文件保存，如图 7-14 所示。

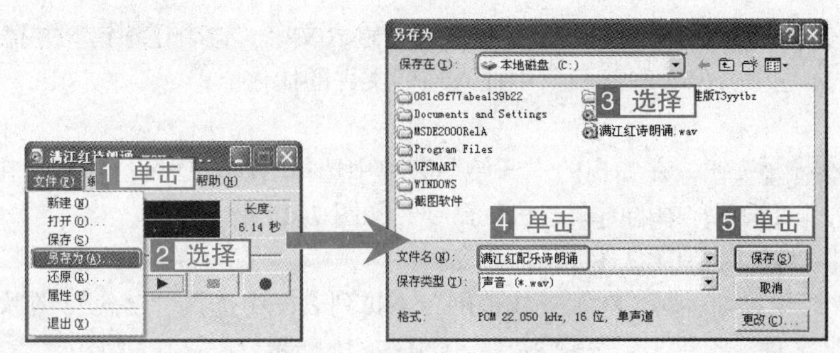

图 7–14　保存混合后的文件

◇**题　目 2**：当前录音机里有打开的声音文件"民族大合唱.wav"，拖动滑动杆到 4 秒钟的位置，并删除 4 秒以前的内容。

◇**考查意图**：本题考查的是删除声音文件中部分声音的操作。

◇**操作方法**：

1 拖动滑动杆到 4 秒的位置，如图 7–15 所示。

2 选择【编辑】菜单中的【删除当前位置以前的内容】命令，进行删除操作，如图 7–16 所示。

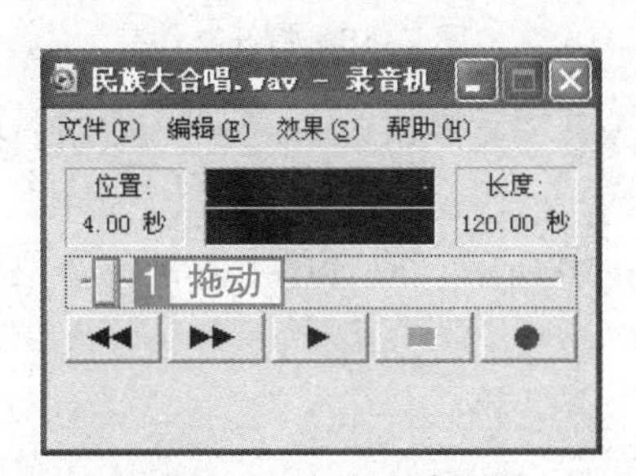

图 7–15　定位移动位置

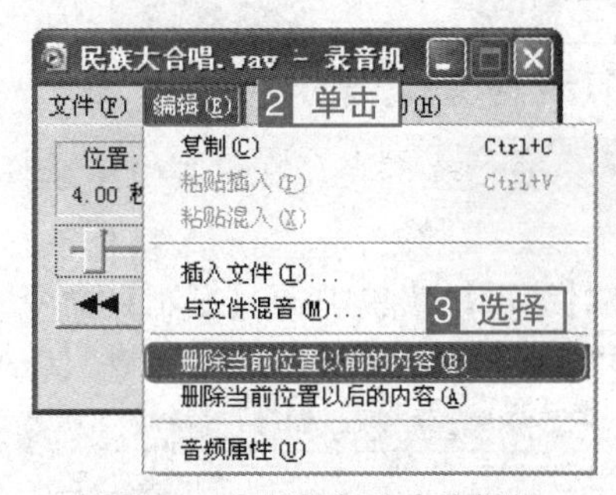

图 7–16　删除部分声音操作

7.1.3　将声音添加到文档

考点级别：★★★

考点分析：

该考点的考查概率较高，在考试中通常以复制声音文件到一个文档中命题。

操作方式

类别	菜单	快捷键	操作按钮	其他方式
插入到文档中	【编辑】→【复制】			
链接的文档中	【编辑】→【复制】			

真 题 解 析

◇**题　　目**：打开"录音机"程序，从"录音机"中打开 C 盘"wav"文件夹下的波形文件“share.wav”并且复制到“写字板”，在图标下输入文字“这个还不错”并播放。

◇**考查意图：**本题考查向“写字板”中插入声音文件的操作。

◇**操作方法：**

1 单击 开始 按钮，在弹出的“开始”菜单中选择【所有程序】项目，在子菜单中选择【附件】里【娱乐】中的【录音机】命令，如图 7-17 所示。

2 选择【文件】菜单中的【打开】命令。

3 弹出“打开”对话框，在“查找范围”下拉列表框中选择“C 盘”，在文件列表框中选择“wav”文件夹，单击 打开(O) 按钮，如图 7-18 所示。

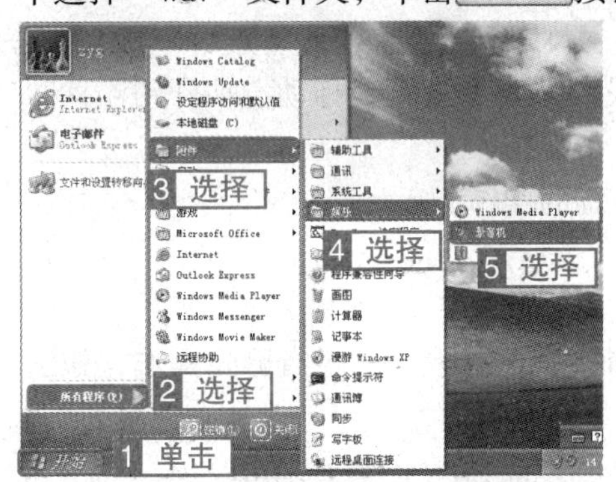

图 7-17　打开“录音机”应用程序窗口

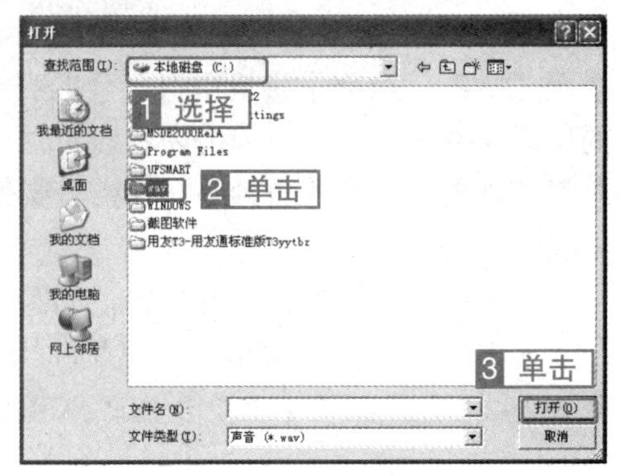

图 7-18　打开文件夹

4 打开“wav”文件夹，在列表框中选择“share.wav”文件，单击 打开(O) 按钮，如图 7-19 所示。

5 选择【编辑】菜单中的【复制】命令，如图 7-20 所示；或者单击右键，在快捷菜单中选择【复制】命令；或者按快捷键【Ctrl+C】。

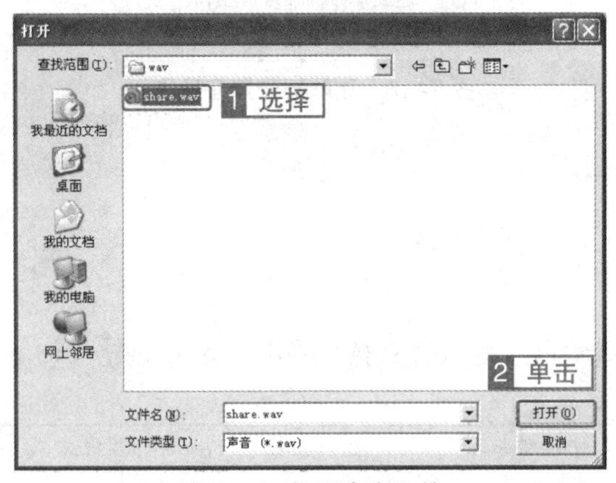

图 7-19　打开声音文件

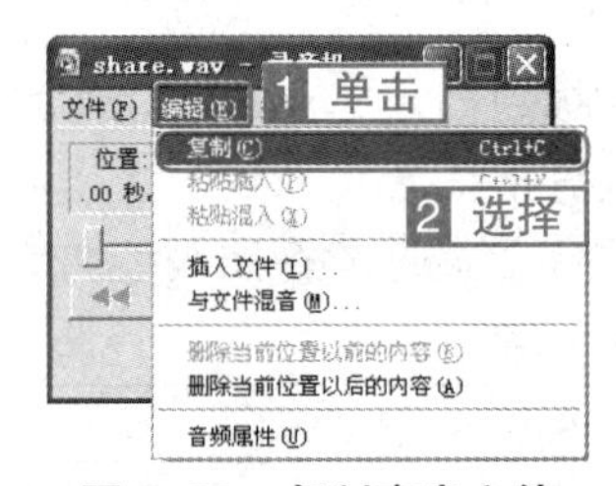

图 7-20　复制声音文件

6 单击 开始 按钮，在弹出的“开始”菜单中选择【所有程序】项目，在子菜单中选择【附件】中的【写字板】命令。

7 打开“写字板”窗口，选择【编辑】菜单中的【粘贴】命令，如图 7-21 所示；或者单击右键，在快捷菜单中选择【粘贴】命令；或者按快捷键【Ctrl+V】。将声音文件插入到写字板文档中。

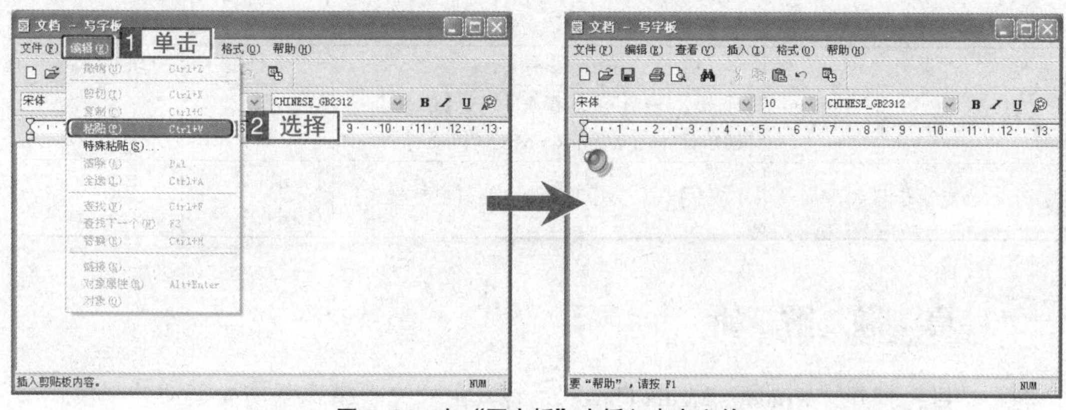

图 7–21　向“写字板”中插入声音文件

8 按【Enter】键将插入点移动到下一行，输入“这个还不错”，如图 7–22 所示。

9 右击图标，在弹出的快捷菜单中选择【录音机文档 对象】中的【播放】命令，如图 7–23 所示；或者双击图标。播放此声音文件。

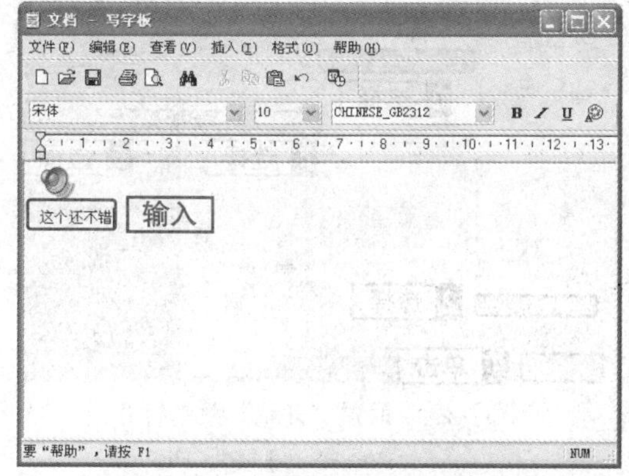

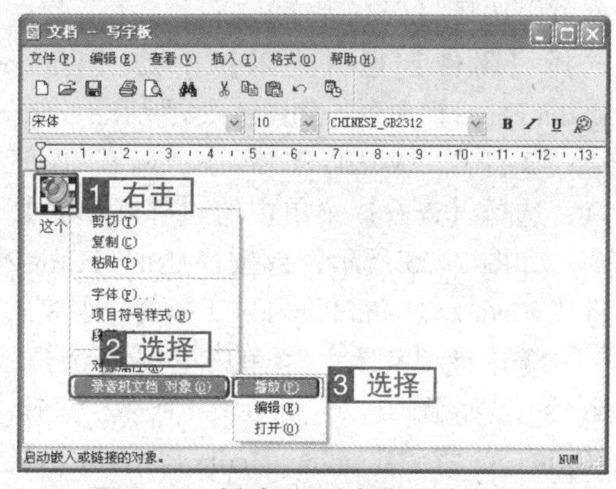

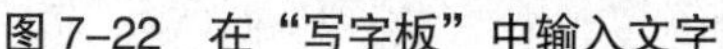

图 7–22　在“写字板”中输入文字

图 7–23　播放“写字板”中的声音文件

7.2　Windows Media Player

Windows Media Player 是 Windows XP 操作系统提供的一个多媒体播放器应用程序，用户可以利用它来播放和组织计算机及 Internet 上的数字媒体资源，还可以使用该播放机播放 DVD、创建自己的 CD、收听广播等。

7.2.1　使用 Windows Media Player

考点级别：★★★

考点分析：

该考点的考查概率较高，在考试中通常以更改播放器外观进行命题，如将“Windows Media Player”切换到外观模式。

操作方式

类别	菜单	快捷键	其他方式
启动 Windows Media Player	【开始】→【所有程序】→【附件】→【娱乐】→【Windows Media Player】		
改变显示模式	【查看】→【外观模式】或【完整模式】	【Ctrl+1】或【Ctrl+2】	

真题解析

◇**题　　目：**打开“Windows Media Player”，将其由“完整模式”切换至“外观模式”，然后切换回“完整模式”。

◇**考查意图：**本题考查更改“Windows Media Player”外观模式的操作。

◇**操作方法：**

1 单击 开始 按钮，在弹出的“开始”菜单中选择【所有程序】项目，在子菜单中选择【附件】里【娱乐】中的【Windows Media Player】命令，如图 7-24 所示。

2 打开“Windows Media Player”程序窗口，选择【查看】菜单中的【外观模式】命令，如图 7-25 所示；或按快捷键【Ctrl+2】，将“Windows Media Player”切换到外观模式。

3 选择【查看】菜单中的【完整模式】命令，如图 7-26 所示；或按快捷键【Ctrl+1】，将“Windows Media Player”切换到完整模式。

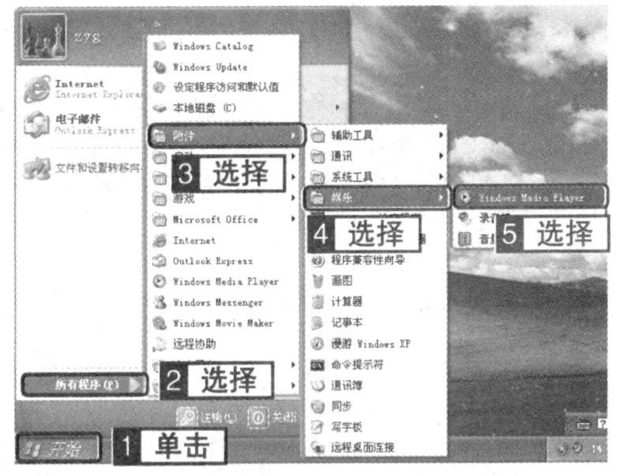

图 7-24　通过“开始”菜单打开 Windows Media Player

图 7-25　切换到“外观模式”

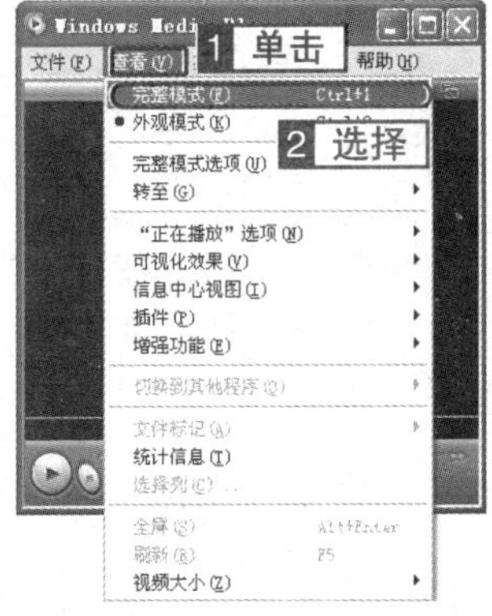

图 7-26　切换到“完整模式”

7.2.2　Windows Media Player 的设置

考点级别： ★

考点分析：

该考点的考查概率较小，由于 Windows Media Player 的设置的选项很多，但都是通过“选项”对话框进行设置的，考生只要掌握“选项”对话框的打开操作即可。

操作方式

类别	菜单	快捷菜单	快捷键	其他方式
设置 Windows Media Player	【工具】→【选项】			

真 题 解 析

◇**题　　目：** 设置“Windows Media Player”的可视化效果为“魔幻”。

◇**考查意图：** 本题考查设置“Windows Media Player”中可视化效果的操作。

◇**操作方法：**

1 单击 开始 按钮，在弹出的“开始”菜单中选择【所有程序】项目，在子菜单中选择【附件】里【娱乐】中的【Windows Media Player】命令。

2 打开“Windows Media Player”程序窗口，选择【工具】菜单中的【选项】命令，如图 7–27 所示。

3 弹出“选项”对话框，单击“插件”选项卡，在“可视化效果”列表框中选择“魔幻”选项，单击 确定 按钮完成设置操作，如图 7–28 所示。

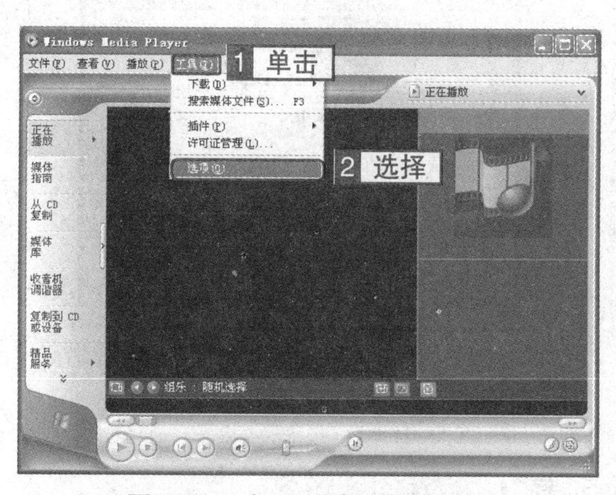

图 7–27　打开“选项”对话框

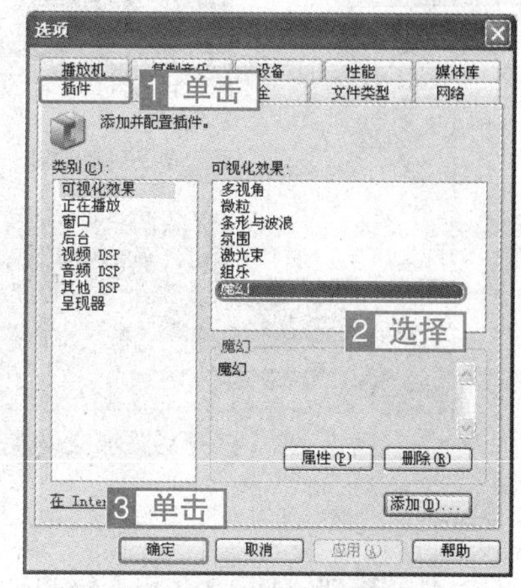

图 7–28　设置可视化效果

7.2.3　Windows Media Player 媒体库操作

考点级别： ★★★

考点分析：

该考点的考查概率较大，命题比较简单，如将 C 盘根目录下“音乐”文件夹中的所有音乐添加到媒体库中。

操作方式

类别	菜单	快捷菜单	快捷键	其他方式
向媒体库中添加音频和视频文件	【文件】→【添加到媒体库】			
删除媒体库中的文件		【从库中删除】		

真 题 解 析

◇**题　　目：**请利用“开始”菜单打开“Windows Media Player”窗口，将D盘根目录下“xgq”文件夹下的歌曲添加到媒体库。

◇**考查意图：**本题考查的是向“Windows Media Player”的媒体库中添加一个文件夹的操作。

◇**操作方法：**

1 单击开始按钮，在弹出的“开始”菜单中选择【所有程序】项目，在子菜单中选择【附件】里【娱乐】中的【Windows Media Player】命令。

2 打开“Windows Media Player”程序窗口，单击【文件】菜单，选择【添加到媒体库】子菜单中的【添加文件夹】命令，如图7–29所示。

3 弹出“添加文件夹”对话框，在“选择文件夹”列表框中选择D盘中的“xgq”文件夹，单击确定按钮完成添加文件夹的操作，如图7–30所示。

图7–29　打开“添加文件夹”对话框

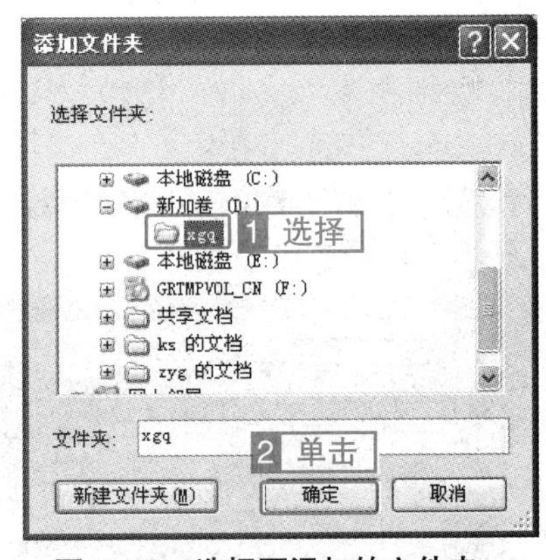

图7–30　选择要添加的文件夹

7.2.4　管理Windows Media Player播放列表

考点级别：★★★

考点分析：

该考点的考查概率较大，通常以新建播放列表或对播放列表排序命题，如将“我的播放列表”中的“心中的日月”移动到列表的第二位。

操作方式

类别	菜单	快捷菜单	快捷键	其他方式
创建播放列表	【文件】→【新建播放列表】			【媒体库】→【播放列表】→【新建播放列表】
添加媒体文件		添加媒体文件		
临时添加到播放列表		【排队】		
重新排列播放列表				【上移】或【下移】按钮
播放播放列表		【播放】		
刻录音频 CD	【文件】→【复制】→【复制到音频 CD】			

真 题 解 析

◇**题　　目：**播放“播放列表 2”，将“心中的日月”移动到播放列表的第二位。

◇**考查意图：**本题考查播放播放列表，以及调整播放列表的排列顺序的操作。

◇**操作方法：**

1 单击 开始 按钮，在弹出的“开始”菜单中选择【所有程序】项目，在子菜单中选择【附件】里【娱乐】中的【Windows Media Player】命令。

2 打开“Windows Media Player”程序窗口，单击【媒体库】按钮，选择“媒体库”信息左侧窗格中的“播放列表 2”项目，单击 播放列表(A) 按钮，如图 7–31 所示；或者右击“媒体库”信息左侧窗格中的“播放列表 2”项目，在快捷菜单中选择【播放】命令。

3 选择右侧窗格中“心中的日月”项目，单击【上移】按钮，移动到列表的第二位，如图 7–32 所示。

图 7–31　播放播放列表

图 7–32　调整播放列表项目的排序

7.3　Windows Movie Maker

Windows Movie Maker 是 Windows XP 操作系统提供的一个制作电影片段的工具，它可以对导入的音频、视频剪辑和图片进行编辑整理，还可以将用户制作的影片保存为电影文件。

7.3.1 使用 Windows Movie Maker 捕获视频

考点级别：★★

考点分析：

该考点的考查概率较高，通常要求考生导入媒体文件或图片，如导入“我的图片”文件夹下的所有图片。

操作方式

类别	菜单	快捷菜单	快捷键	其他操作方式
启动 Windows Movie Maker	【开始】→【所有程序】→【Windows Movie Maker】			【开始】→【运行】→【moviemk.exe】
创建收藏	【工具】→【新收藏文件夹】			
导入媒体文件	【文件】→【导入到收藏】		【Ctrl+I】	“任务”窗格→【捕获视频】

真 题 解 析

◇**题　　目：**在打开的WindowsMovieMaker窗口中将“D:\三亚风光”目录中的图片全部导入。

◇**考查意图：**本题考查向 Windows Movie maker 的收藏中导入图片的操作。

◇**操作方法：**

1 单击 开始 按钮，在弹出的“开始”菜单中选择【所有程序】项目，在子菜单中选择【Windows Movie Maker】命令，如图 7-33 所示。

2 打开“Windows Movie Maker”应用程序窗口，单击任务窗格中的【导入图片】超链接，如图 7-34 所示。

3 弹出“导入文件”对话框，在“查找范围”中选择“D 盘”，在文件列表框中选择“三亚风光”文件夹，单击 导入(M) 按钮，如图 7-35 所示。

4 打开“三亚风光”文件夹，在列表框中选择所有图片，单击 导入(M) 按钮，如图 7-36 所示。

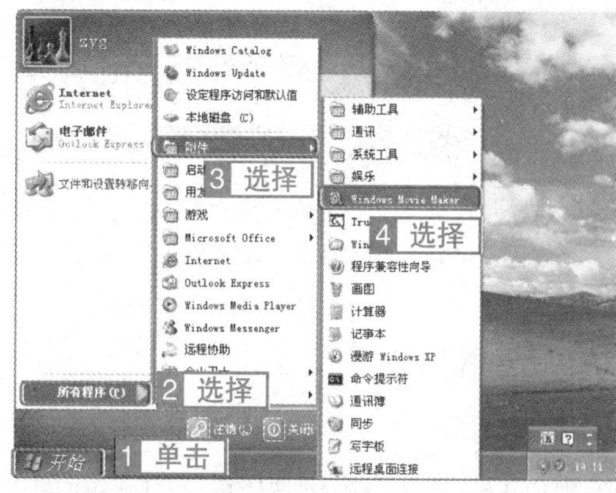

图 7-33　启动 Windows Movie Maker

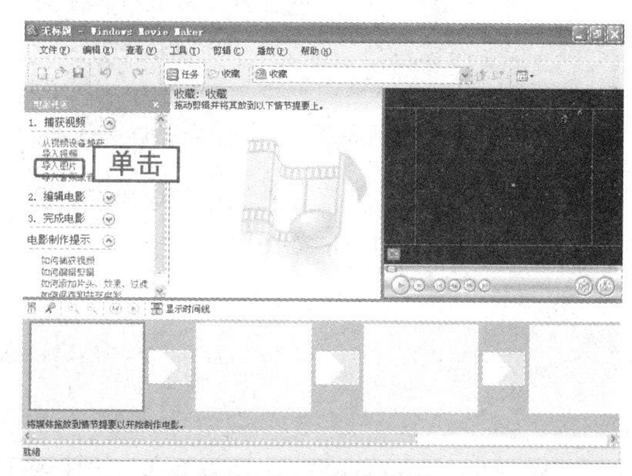

图 7-34　导入图片

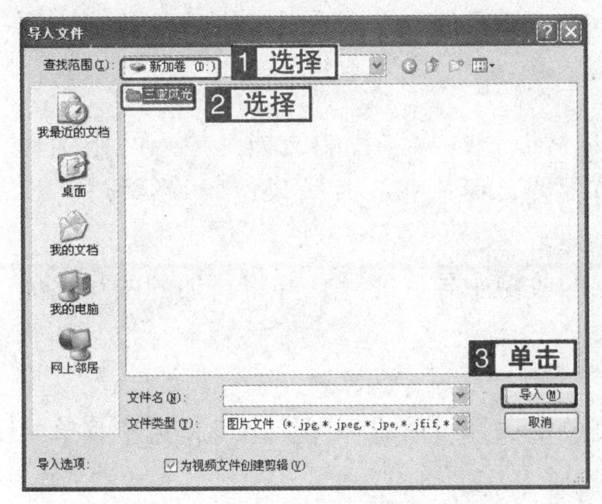

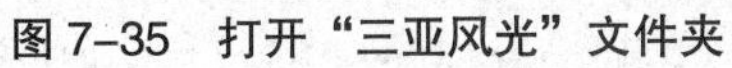
图 7–35　打开“三亚风光”文件夹

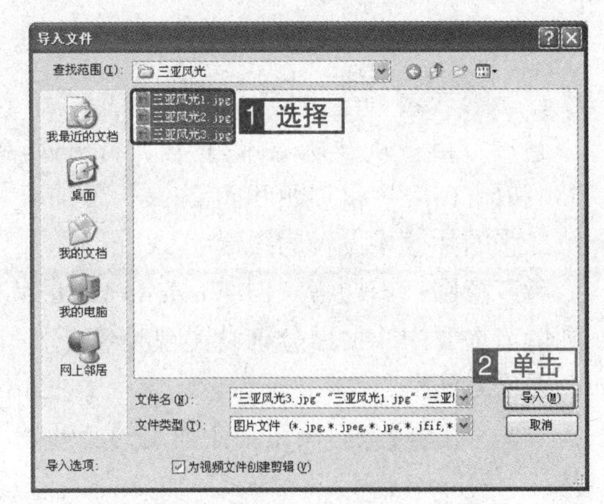

图 7–36　导入文件夹中的所有文件

7.3.2　使用 Windows Movie Maker 编辑电影

考点级别：★★

考点分析：

该考点的考查概率较高，通常情况会将几个知识点集中考查，如从“我的文档”导入两张图片“颐和园 1.jpg”和“颐和园 2.jpg”添加至情节提要，第一张图片效果设置为缓慢放大，第二张图片效果设置为缓慢缩小。

操作方式

类别	菜单	快捷菜单	快捷键	其他操作方式
添加剪辑	【剪辑】→【添加到情节提要】或【添加到时间线】			拖动项目到“情节提要”或“添加到时间线”
删除剪辑	【编辑】→【删除】	【删除】	【Delete】	
剪裁剪辑	【剪辑】→【设置起始剪裁点】和【设置终止剪裁点】			拖动剪辑的剪裁手柄
拆分剪辑	【剪辑】→【拆分】			
合并拆分剪辑	【剪辑】→【合并】			
创建视频过渡	【工具】→【视频过渡】			“收藏”窗格中选择“视频过渡”；“电影任务”窗格中选择“查看视频过渡”
添加视频效果	【工具】→【视频效果】	【视频效果】		“收藏”窗格中选择“视频效果”；“电影任务”窗格中选择“查看视频效果”
添加片头或片尾	【工具】→【片头和片尾】			“电影任务”窗格中选择“制作片头或片尾”

真题解析

◇**题　　目**：从开始菜单打开“Windows Movie Maker”，从“我的文档”导入两张图片“颐和园 1.jpg”和“颐和园 2.jpg”添加至情节提要，第一张图片效果设置为缓慢放大，第二张图片效果设置为缓慢缩小。

◇**考查意图**：本题考查向 Windows Movie Maker 的收藏中导入图片，并将新加的图片添加到情节提要中，最后分别设置视频效果。

◇**操作方法**：

1 单击 开始 按钮，在弹出的“开始”菜单中选择【所有程序】项目，在子菜单中选择【Windows Movie Maker】命令。

2 打开“Windows Movie Maker”应用程序窗口，单击任务窗格中的【导入图片】超级链接。

3 弹出“导入文件”对话框，在“查找范围”中选择“我的文档”，在文件列表框中选择“颐和园 1.jpg”和“颐和园 2.jpg”文件，单击 导入(M) 按钮，如图 7-37 所示。

4 右击“收藏”窗格中“颐和园 1.jpg”图片，在弹出的快捷菜单中选择【添加至情节提要】命令，如图 7-38 所示。

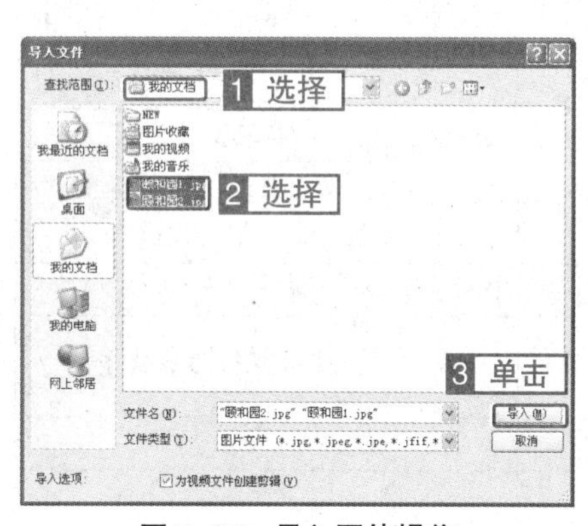

图 7-37　导入图片操作

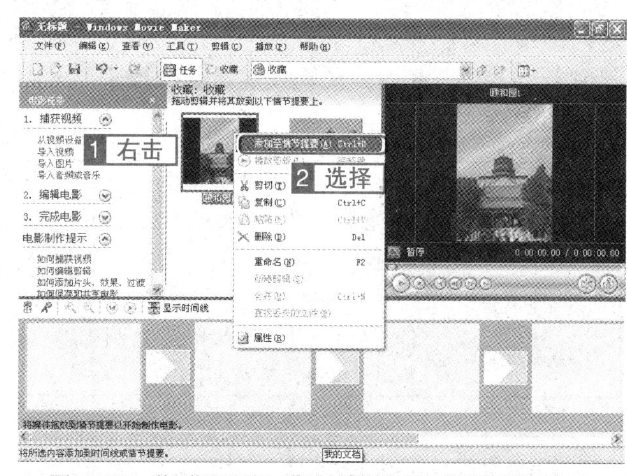

图 7-38　将“颐和园 1”图片添加到“情节提要”中

5 右击“收藏”窗格中“颐和园 2.jpg”图片，在弹出的快捷菜单中选择【添加至情节提要】命令，如图 7-39 所示。

6 单击“情节提要”中“颐和园 1”剪辑，选择【工具】菜单中的【视频效果】命令，如图 7-40 所示。

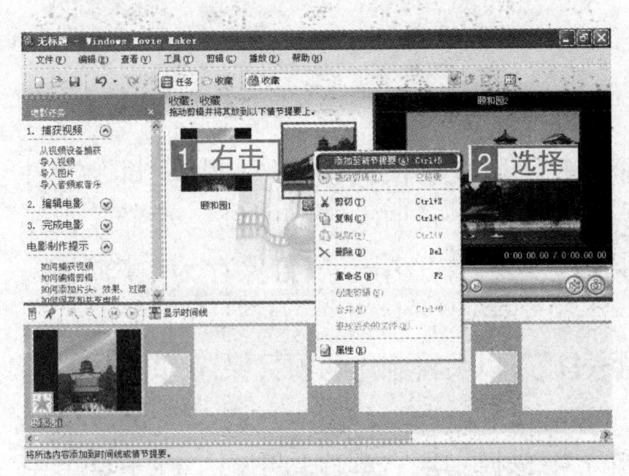

图 7-39　将“颐和园 2”图片添加到“情节提要”中

图 7-40　打开“视频效果”窗格

7 单击“情节提要”中“颐和园 1”剪辑，右击“视频效果”窗格中的“缓慢放大”项目，在快捷菜单中选择【添加至情节提要】命令，如图 7-41 所示。

8 单击“情节提要”中“颐和园 2”剪辑，右击“视频效果”窗格中的“缓慢缩小”项目，在快捷菜单中选择【添加到情节提要】命令，如图 7-42 所示。

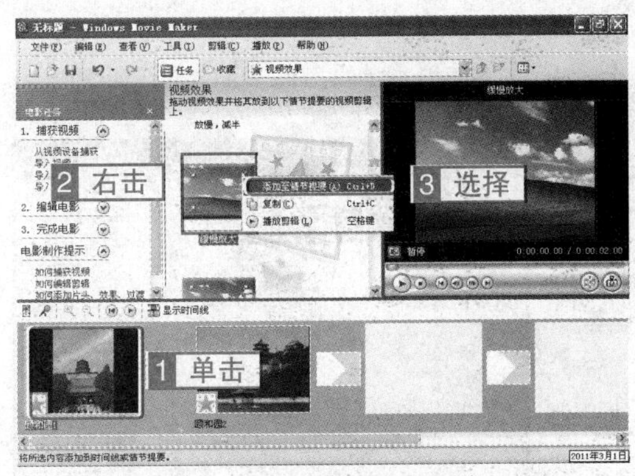

图 7-41　设置“颐和园 1”的视频效果为“缓慢放大”

图 7-42　设置“颐和园 2”的视频效果为“缓慢缩小”

7.3.3　使用 Windows Movie Maker 完成电影

考点级别：★★

考点分析：

该考点的考查概率较高，通常情况会与前面的知识点集中考查。

操作方式

类别	菜单	快捷菜单	快捷键	其他方式
保存项目	【文件】→【保存项目】或【将项目另存为】		【Ctrl+S】或【F12】	
保存电影文件	【文件】→【保存电影文件】		【Ctrl+P】	

真 题 解 析

◇**题　　目：** 请在“Windows Movie Maker”窗口中打开D盘根目录下“视频项目”文件夹中的“珊瑚.MSWMM”项目文件，在剪辑1和剪辑2之间加入“蝴蝶结，水平”视频过渡，剪辑2和剪辑3之间加入“滑动”视频过渡。操作完毕将项目保存为电影文件，保存位置为“我的视频”文件夹，文件名为“美丽的珊瑚”，其他选项默认。

◇**考查意图：** 本题主要考查了设置剪辑间的视频过渡，以及将制作的项目保存为电影剪辑。

◇**操作方法：**

1 单击开始按钮，在弹出的“开始”菜单中选择【所有程序】项目，在子菜单中选择【Windows Movie Maker】命令。

2 打开“Windows Movie Maker”窗口，选择【文件】菜单中的【打开项目】命令，如图7–43所示；或者按钮快捷键【Ctrl+O】。

3 弹出“打开项目”对话框，在“查找范围”下拉列表框中选择“D盘”，在文件列表框中选择“视频项目”文件夹，单击打开(O)按钮，如图7–44所示。

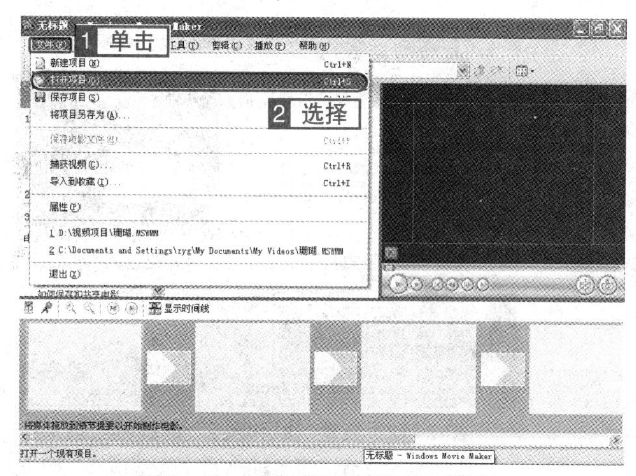

图7–43　打开“打开项目”对话框

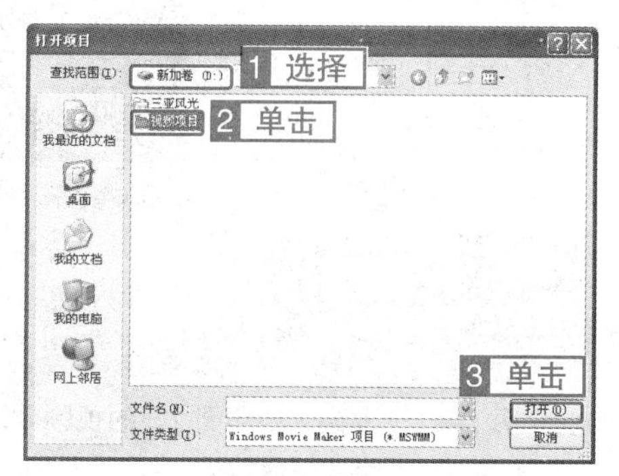

图7–44　打开“视频项目”文件夹

4 打开“视频项目”文件夹，在列表框中选择“珊瑚.MSWMM”，单击打开(O)按钮，如图7–45所示。

5 打开“珊瑚”项目，选择【工具】菜单中的【视频过渡】命令，打开“视频过渡”窗格，如图7–46所示。

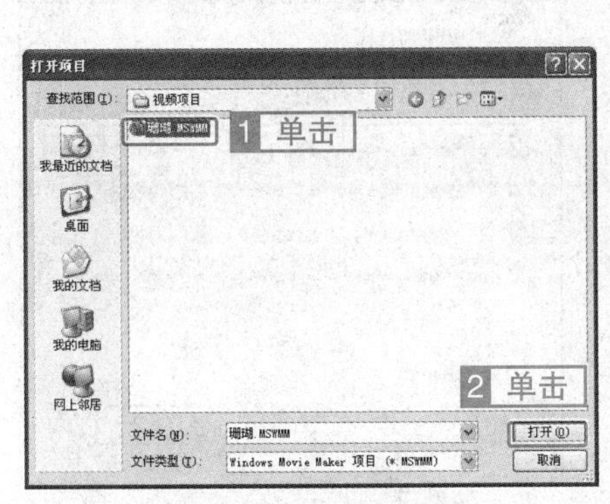

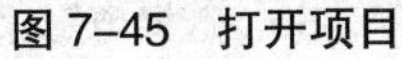

图 7-45　打开项目

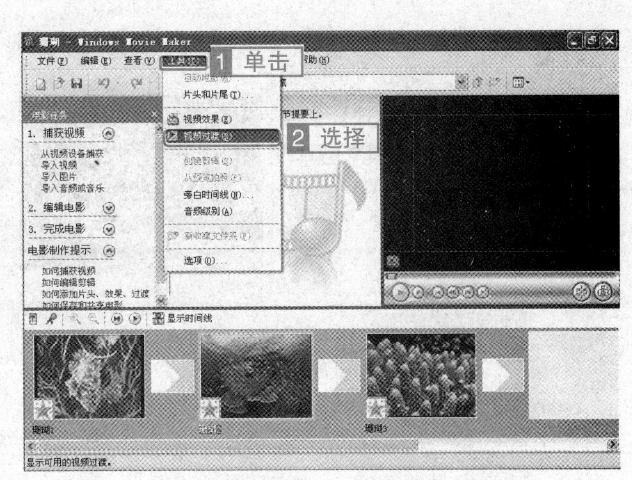

图 7-46　打开“视频过渡”窗格

6 单击“情节提要”中的“珊瑚 2”剪辑，右击“视频过渡”窗格中的“蝴蝶结，水平”项目，在快捷菜单中选择【添加至情节提要】命令，如图 7-47 所示。

7 单击“情节提要”中的“珊瑚 3”剪辑，右击“视频过渡”窗格中的“滑动”项目，在快捷菜单中选择【添加至情节提要】命令，如图 7-48 所示。

图 7-47　设置“蝴蝶结，水平”视频过渡

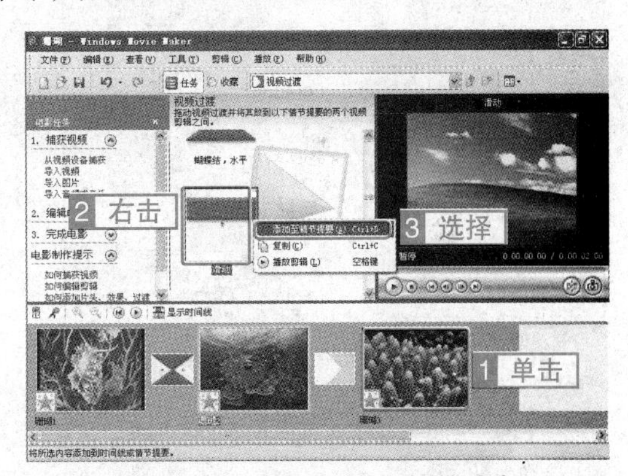

图 7-48　设置“滑动”视频过渡

8 选择【文件】菜单中的【保存电影文件】命令，如图 7-49 所示。

9 打开“保存电影向导”的“电影位置”对话框，选择“我的电脑”项目，单击下一步(N) >按钮，如图 7-50 所示。

10 打开“已保存的电影文件”对话框，在“为所保存的电影输入文件名”文本框中输入“美丽的珊瑚”，在“选择保存电影的位置”下拉列表框中输入“我的视频”，单击下一步(N) >按钮，如图 7-51 所示。

11 打开“电影设置”对话框，单击下一步(N) >按钮，如图 7-52 所示。

图 7-49 打开“保存电影向导”

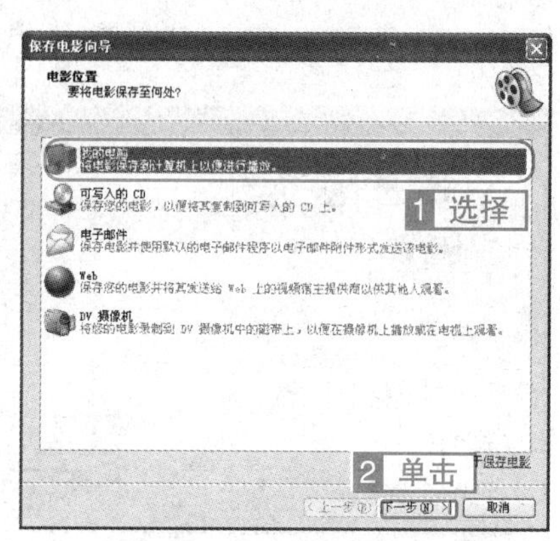

图 7-50 选择电影保存位置

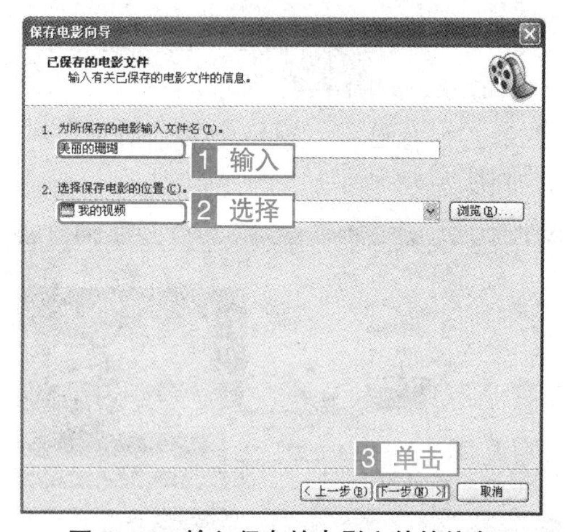

图 7-51 输入保存的电影文件的信息

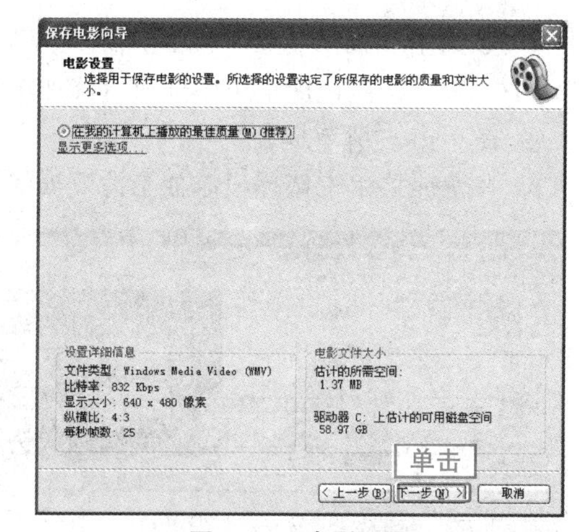

图 7-52 电影设置

12 打开“正在完在‘保存电影向导’”对话框，单击 完成 按钮完成保存操作，如图 7-53 所示。

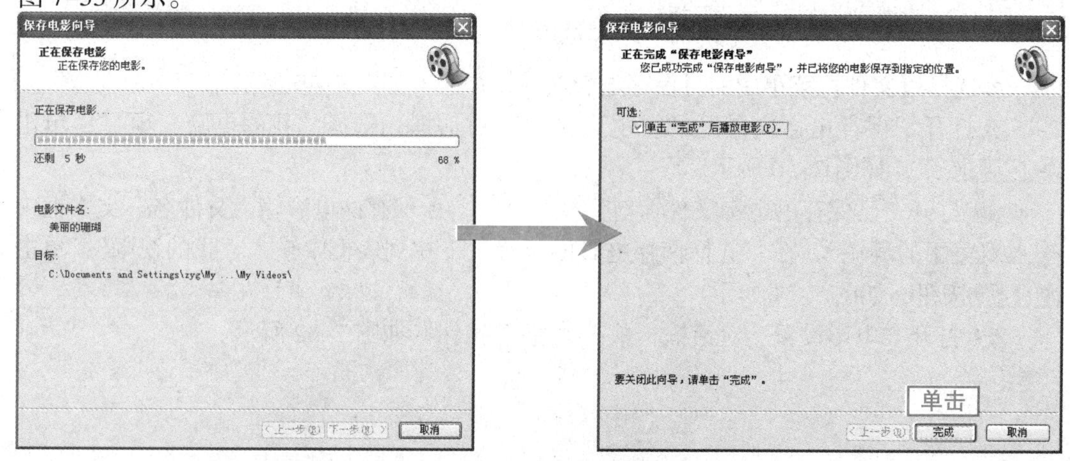

图 7-53 完成保存电影操作

本章考点及其对应操作方式一览表

考点	考频	操作方式
打开录音机	★★★	【开始】→【所有程序】→【附件】→【娱乐】→【录音机】
录制声音	★★★	●
停止播放或录制	★★★	■
播放声音	★★★	▶
保存声音文件	★★★	【文件】→【保存】或【另存为】
调整声音质量	★★★	【文件】→【属性】
混合声音文件	★★★	【编辑】→【与文件混音】
删除部分声音	★★★	【编辑】→【删除当前位置以前的内容】或【删除当前位置以后的内容】
插入声音文件	★★★	【编辑】→【插入文件】
修改声音效果	★★★	【效果】
将声音插入到文档中	★★★	【编辑】→【复制】
将声音链接的文档中	★★★	【编辑】→【复制】
启动 Windows Media Player	★★★	【开始】→【所有程序】→【附件】→【娱乐】→【Windows Media Player】
改变显示模式	★★★	【查看】→【外观模式】或【完整模式】
设置 Windows Media Player	★	【工具】→【选项】
向媒体库中添加音频和视频文件	★★★	【文件】→【添加到媒体库】
删除媒体库中的文件	★★★	【从库中删除】
创建播放列表	★★★	【文件】→【新建播放列表】
向播放列表添加媒体文件	★★★	【添加到播放列表】
临时添加到播放列表	★★★	【排队】
重新排列播放列表	★★★	【上移】或【下移】按钮
播放播放列表	★★★	【播放】
刻录音频 CD	★★★	【文件】→【复制】→【复制到音频 CD】
启动 Windows Movie Maker	★★	【开始】→【所有程序】→【Windows Movie Maker】
创建收藏	★★	【工具】→【新收藏文件夹】
导入媒体文件	★★	【文件】→【导入到收藏】
添加剪辑	★★	【剪辑】→【添加到情节提要】或【添加到时间线】
删除剪辑	★★	【编辑】→【删除】
剪裁剪辑	★★	【剪辑】→【设置起始剪裁点】和【设置终止剪裁点】
拆分剪辑	★★	【剪辑】→【拆分】
合并拆分剪辑	★★	【剪辑】→【合并】
创建视频过渡	★★	【工具】→【视频过渡】

续表

添加视频效果	★★	【工具】→【视频效果】
添加片头或片尾	★★	【工具】→【片头和片尾】
保存项目	★★	【文件】→【保存项目】或【将项目另存为】
保存电影文件	★★	【文件】→【保存电影文件】

通关真题

CD 注：以下测试题可以通过光盘【实战教程】→【通关真题】进行测试。

第1题 请利用“开始”菜单打开“录音机”窗口，利用“录音机”录制长度为120秒的一段音乐，然后将该声音文件保存到“我的文档”下，文件名为“Happy.wav”，要求格式为“IMA ADPCM”，属性为“8.000kHz，4位，立体声7KB/秒”，保存该格式名称为“IMA”（麦克风已安装调试）。

第2题 用“开始”菜单打开“录音机”窗口，利用“录音机”录制长度为40秒的一段音乐，然后将该声音文件保存到G盘根目录下，文件名为“music.wav”（要求格式为“CCITTA-Law”属性为“8.000kHz，8位，单声道7KB/秒”，自己保存该格式名称为“CCITT”）。

第3题 请利用“开始”菜单打开“录音机”窗口，利用“录音机”录制长度为120秒的一段音乐，然后将该声音文件保存到E盘根目录下，文件名为“120s.wav”，要求格式为“IMA ADPCM”，属性为“22.050 kHz，4位，单声道10KB/秒”保存该格式名称为“radio1”。

第4题 请利用“开始”菜单打开“录音机”窗口，找到“录音机”窗口E盘根目录下的“一声部.wav”文件，将其复制后，在同一个“录音机”窗口打开该目录下的“二声部.wav”，将刚刚复制的文件“粘贴混入”，最后将混合了两个声音的文件保存到E盘根目录下，文件名为“和声.wav”，要求保存为“CD音质”。

第5题 当前录音机里有打开的声音文件“民族大合唱.wav”，改变文件的声音属性为“播放格式”，反向播放声音文件，然后为文件添加回音，保存在“我的文档”中。

第6题 利用“开始”菜单打开“录音机”窗口，在录音机窗口中打开“C:\民歌\乌苏里船歌.wav”，将其复制在同一个录音机窗口。打开“小河淌水.wav”，在5秒的位置进行粘贴插入，最后将插入了其他音乐的“小河淌水.wav”保存在E盘根目录下，文件格式不变。

第7题 在“录音机”窗口打开C盘根目录下“民族歌曲大联唱.wav”波形文件，将其“加大音量”1次后再“加速”1次，然后播放一遍视听效果后，保存到“我的音乐”文件夹中，文件名为“加速后的民族歌曲大联唱.wav”。

第8题 在录音机窗口中打开“C:目录\民歌\乌苏里船歌.wav”，在5秒的位置插入文件“小河淌水.wav”，最后将插入了其他音乐的“小河淌水.wav”保存在E盘根目录下，文件格式不变。

第9题 通过“开始”菜单打开录音机程序，打开E盘根目录下的“张学友东成西就.wav”，播放一次，再在其后插入同一目录下的“赵传爱要怎么说出口.wav”，从头播放一次，最后另存在桌面上，命名为“music”。

第 10 题 从“开始”菜单打开“录音机”，打开 E 盘“杂项”文件夹中的“简单爱.wav”，播放一遍，听一次效果，再为其增大音量一次，减速一次，并保存到桌面上，文件名为“简单爱(调整).wav”。

第 11 题 请利用“开始”菜单打开“录音机”窗口，在“录音机”窗口打开 C 盘根目录下的“配乐诗朗诵—满江红.wav”波形文件，将其复制后粘贴到“写字板”窗口，在图标的下方输入“民族英雄岳飞的诗满江红配乐朗诵”字样，将声音文件播放一遍后，将该文件保存在“我的文档”下，文件名为“满江红配乐朗诵.doc”。

第 12 题 打开“录音机”，从“录音机”中打开 D 盘“mywav”文件夹下的波形文件“share.wav”并且复制到“写字板”，在图标下输入文字“这个还不错”并播放，再保存到 E 盘根目录下，名为“分享.doc”

第 13 题 打开录音机，从录音机中打开 E 盘根目录下的波形文件“黄河颂.wav”，复制到写字板中并播放一次。并在图标旁输入文字:“好听”，再保存到“我的文档”中，名为“黄河颂”。

第 14 题 启动 Windows Media Player。

第 15 题 设置“Windows Media Player”单击最小化时切换至“最小播放机模式”，然后将其还原到“完整模式”。

第 16 题 设置“Windows Media Player”每月检查更新一次，“播放机启动时显示‘媒体指南’”，“播放后将音乐文件添加到媒体库”。

第 17 题 设置所有文件类型将“Windows Media Player”作为其默认播放机，自动将购买的音乐添加到媒体库中，从媒体库删除文件的同时也将相应文件从计算机中删除。

第 18 题 仅从媒体库中删除“我的播放列表”中自定义的“播放列表 2”。

第 19 题 设置“Windows Media Player”重复播放，播放速度为“快速”，显示“字幕”，并增大音量。

第 20 题 当前 Windows Media Player 正在播放歌曲，请先暂停播放，然后设置播放时的“可视化效果”为“组乐”中的“流星雨”，并观看其效果。

第 21 题 将桌面上的“poker face.mp3”添加到“播放列表 2”，将“分开旅行.wma”临时添加到播放列表排队等待。

第 22 题 新建播放列表“快节奏”。

第 23 题 在 Windows Media Player 中，创建一个名称为“水木年华”的播放列表，其中包含三首歌曲（歌曲在“E:\music”中）。

第 24 题 启动“Windows Movie Maker”。

第 25 题 在“Windows Movie Maker”窗口中打开 D 盘根目录下“视频项目”文件夹中的“珊瑚.MSWMM”项目文件，为电影添加片头，片头文字为“珊瑚礁是这样形成的”，字体为华文新魏，颜色为天蓝色。文字效果为“片头，两行”中的“淡化，淡入淡出”。操作完毕将文档保存为电影文件，保存位置为“我的视频”文件夹，文件名为“珊瑚礁的形成”。其他选项默认。